STATISTIQUE

GÉOLOGIQUE, MINÉRALOGIQUE, MÉTALLURGIQUE
ET PALÉONTOLOGIQUE

DU DÉPARTEMENT DU GARD

STATISTIQUE

GÉOLOGIQUE,

MINÉRALOGIQUE, MÉTALLURGIQUE

ET

PALÉONTOLOGIQUE

DU DÉPARTEMENT

DU GARD

Ouvrage accompagné de planches et d'une carte géologique en 5 grandes feuilles, à l'échelle de $\frac{1}{86,400}$

PAR

EMILIEN DUMAS

Membre de la Société géologique de France et de plusieurs autres Sociétés savantes.

PREMIÈRE PARTIE

A PARIS
chez ARTHUS BERTRAND,
libraire de la Société de géographie
rue Hautefeuille, 21.

A NIMES
chez PEYROT-TINEL, libraire.

A ALAIS
chez BRUGUEIROLLE et Ce.

1875

Nimes. — Imprimerie Clavel-Ballivet, rue Pradier, 12.

NOTE DE L'ÉDITEUR

Comme la *Carte géologique du Gard*, dont la cinquième et dernière feuille vient de paraître, l'ouvrage que nous publions aujourd'hui est le fruit des longues et consciencieuses recherches d'un homme qui avait consacré sa vie à la science. Le département du Gard, qui l'avait vu naître, a été l'objet le plus constant de ses études : durant quarante années d'observations et de courses à travers ce département, dont la constitution géologique est si variée, Emilien Dumas avait recueilli une immense quantité de notes et de matériaux à l'appui de la belle carte qu'il dressait à mesure. Ces matériaux, il les avait classés, quelques années avant sa mort, dans un ordre si parfait, qu'on peut presque dire qu'à chaque tiroir de cette collection correspond une page du Texte explicatif de la Carte géologique : chaque terrain du Gard y est représenté par toutes ses variétés de roches, par toutes ses productions et tous ses accidents minéralogiques, enfin, par tous ses fossiles, distribués, eux aussi, suivant une méthode rigoureuse. — Quant aux notes, il nous serait difficile de dire pourquoi l'auteur ne les avait pas publiées de son vivant : depuis 1856, en effet, l'ouvrage que nous livrons au public était complet ou à peu près. C'est à peine s'il y manquait les *Notions générales de géologie*, que l'auteur voulait placer en tête de son livre, et quelques détails de statistique à rechercher dans les administrations locales. Avec le concours obligeant de quelques anciens amis d'Emilien Dumas, il nous a été facile de retrouver les documents qui manquaient au Texte, mais nous avons dû nous résigner à laisser subsister l'importante lacune des *Notions générales*, sans pouvoir même profiter de quelques chapitres où l'auteur avait exposé, avec une grande simplicité de style et une clarté parfaite, les premières bases de cette science qu'il connaissait si bien.

Un tel ouvrage doit, par sa nature même et surtout par sa date déjà ancienne, présenter quelques lacunes : c'est ainsi qu'on notera, dans le chapitre consacré au Lias, l'absence d'une importante subdivision de ce terrain, la zone à *Avicula contorta* qui n'avait pas encore été découverte dans le Gard. Mais Emilien Dumas, depuis que l'éveil avait été donné sur cette subdivision nouvelle, soupçonnait l'existence dans le Gard du fossile qui la caractérise : il dit, en effet, dans une note de son manuscrit, que *c'est à la base de l'Infra-lias qu'elle doit être recherchée.* On sait que, depuis lors, cette zone a été positivement constatée aux environs de Saint-Jean-du-Gard et de Robiac, où M. Dieulafait, de Draguignan, l'a soigneusement étudiée (voir *Bulletin de la Société géologique de France*, t. XXVI, p. 398, 11 janvier 1869). Nous aurions pu être tenté de faire disparaître cette lacune, mais nous avons préféré avant tout respecter pieusement le texte primitif.

Nous devons à l'obligeance de M. Paul Gervais, membre de l'Institut, les belles planches de fossiles qui accompagnent le second volume. Ces planches, dont le savant professeur a bien voulu diriger l'exécution, ont été figurées par M. Delahaye, dessinateur au Muséum d'histoire naturelle.

La *troisième partie* de ce livre, consacrée à l'étude des *Exploitations et de l'Industrie minérale*, est très-complète jusqu'à la date de 1854 ; mais depuis cette époque l'industrie du département a beaucoup progressé, en sorte que cette partie du Texte est aujourd'hui fort en retard sur bien des points. Néanmoins, on y trouvera beaucoup de documents précieux encore et qui seront toujours utiles à l'histoire de l'Industrie de notre riche département.

Nous avons cru faire œuvre utile en publiant le Texte explicatif de la Carte géologique du Gard, en reprenant la publication de cette Carte interrompue depuis si longtemps, et en rééditant la feuille de l'arrondissement d'Alais, dont la première édition était épuisée. Nous avons été soutenu dans cette entreprise, quelquefois difficile, par les encouragements de tous les anciens amis d'Emilien Dumas et surtout par l'ardent désir que nous avions de voir couronner l'œuvre du savant dont la mémoire nous est chère à tant de titres.

LOMBARD-DUMAS.

Sommières, 20 septembre 1875.

MESSIEURS LES MEMBRES DU CONSEIL GÉNÉRAL DU GARD

C'est sous vos auspices que nous faisons paraître cet ouvrage, complément indispensable de la carte géologique dont nous vous devons les moyens de publication.

Qu'il me soit permis, Messieurs, en vous le dédiant, de joindre à cet hommage des remercîments pour les nombreux témoignages d'estime dont vous n'avez cessé de m'entourer et pour vos encouragements qui ont si puissamment contribué à soutenir mon zèle et à me faire supporter avec patience les fatigues de mes longues explorations.

EMILIEN DUMAS.

INTRODUCTION

AVERTISSEMENT. — Plan de cet ouvrage. — Ordre des descriptions géologiques. — Caractères paléontologiques des terrains. — Etendue des descriptions. — Cartes et coupes géologiques. — Mode de coloration. — Ensemble des lettres et des signes employés sur les cartes. — Collections géologiques et paléontologiques de l'auteur. — Travaux divers relatifs au département du Gard. — Tribut de reconnaissance de l'auteur.

L'ouvrage que nous publions aujourd'hui est le fruit de plusieurs années d'observations sur la constitution physique et géologique du département du Gard et des contrées environnantes. Il est destiné à servir d'explication à la carte géologique de ce département dont la dernière feuille, l'arrondissement d'Uzès, vient de paraître (1). Avertissement.

Comme cet ouvrage ne s'adresse pas exclusivement aux géologues, mais qu'il est destiné à tous les habitants du pays, nous nous sommes décidé à donner quelquefois des explications générales dont la connaissance est indispensable aux personnes peu versées dans l'étude de la géologie.

Nous avons divisé cet ouvrage en quatre parties : la Plan de l'ouvrage.

(1) La première feuille de cette carte, comprenant l'arrondissement du Vigan, a paru en 1844 ; celle de l'arrondissement d'Alais, en 1846 ; celle de l'arrondissement de Nimes, en 1850, et celle de l'arrondissement d'Uzès, en 1874, quatre ans après la mort de l'auteur. La feuille des coupes paraîtra en même temps que cet ouvrage.

première intitulée CONSTITUTION PHYSIQUE, traite d'une manière générale de la position astronomique, des limites et de l'étendue du département; elle comprend ensuite l'*orographie* qui s'occupe de la configuration extérieure du sol, de sa division naturelle, de l'altitude des montagnes, etc...; l'*hydrographie*, qui traite de la circulation souterraine des eaux ou de l'origine des sources, ainsi que des eaux superficielles qui coulent ou qui sont stagnantes à la surface du sol. Cette première partie est terminée par un tableau général de tous les cours d'eau qui s'observent dans le département.

La *seconde partie*, sous le nom de CONSTITUTION GÉOLOGIQUE, comprend la description particulière des terrains considérés sous les rapports minéralogique, géognostique et paléontologique.

A la suite de la description de chaque terrain nous avons eu soin d'indiquer le régime de son hydrographie souterraine.

Ordre des descriptions.

Quant à l'ordre que nous avons suivi dans nos descriptions, notre marche est la succession naturelle des terrains dans leur ordre chronologique : nous avons décrit d'abord les terrains massifs, ou non stratifiés, dits terrains ignés; puis les terrains stratifiés ou neptuniens, en commençant par les terrains les plus anciens. En effet, les couches les plus modernes étant le plus souvent le résultat de la destruction des masses préexistantes, il semble plus logique, dans une peinture naturelle, d'entrer en matière avec les premiers travaux de la nature qu'avec ses créations les plus récentes (1).

(1) Bien que nous adoptions, dans nos descriptions, la *série ascendante*, nous donnerons cependant toujours le détail des strates qui composent les diverses

La *troisième partie,* sous le titre de EXPLOITATIONS, INDUSTRIE MINÉRALE, indique les substances utiles exploitées dans les terrains décrits dans la seconde partie ; elle fait connaître les documents historiques qui ont rapport à leur découverte et contient des notions sur leur exploitation.

Enfin, la *quatrième partie,* intitulée ITINÉRAIRE MINÉRALOGIQUE DES COMMUNES, consiste en un dictionnaire par arrondissement et par ordre alphabétique des communes du département : il indique sommairement les divers terrains, les mines minières, les carrières, l'altitude, la superficie, le régime des eaux, l'indication précise des gîtes paléontologiques et minéralogiques remarquables, et enfin les curiosités naturelles de chacune de ces communes.

Débris organiques fossiles.

Pour la paléontologie, qui est l'étude des corps organisés fossiles, nous avons indiqué, à la suite de la description particulière de chaque groupe ou de chaque étage, les espèces que nous avons recueillies sur toute la surface du sol compris dans notre atlas géologique; mais nous avons eu soin de marquer d'un signe particulier * celles qui se rencontrent hors du département du Gard.

A la suite de la seconde partie, après la description particulière des terrains, nous avons décrit et figuré quelques espèces nouvelles que nous avons rencontrées dans

parties du sol en commençant par les assises supérieures ou, en d'autres termes, en allant de haut en bas, parce que les coupes de détail, disposées de cette manière, ont le grand avantage de présenter la série des assises dans le même ordre de superposition que celui qu'elles occupent réellement dans la nature, ce qui permet de les comparer plus aisément. Mais des numéros d'ordre placés en allant de bas en haut, à la tête de chaque *étage, groupe, sous-groupe* ou *assise,* indiqueront toujours l'ordre de série ascendante suivi dans la description.

diverses formations, et nous avons donné, sous le titre de *Tableau des corps organisés fossiles*, une liste générale de tous les fossiles cités.

Etendue des descriptions.

Nos descriptions ne s'arrêteront pas toujours aux limites administratives du département du Gard : nous serons souvent forcé de les franchir pour aller chercher sur d'autres points l'explication de plusieurs phénomènes isolés qui se rattachent à des faits plus généraux.

Cartes et coupes géologiques.

La carte géologique a été gravée sur pierre, à Paris, par par M. Charles Avril qui a fait preuve, dans ce travail, d'une grande habileté (1).

Elle est divisée en quatre feuilles comprenant chacune un des arrondissements communaux qui composent le département du Gard. Cette carte ayant été dressée avant les travaux de l'Etat-Major dans nos contrées, nous avons dû nous servir des cartes de Cassini dont l'échelle est de 1 pour 86 400, de telle sorte qu'un millimètre linéaire y représente $86^{m}4$, et 1 millimètre carré, 74 ares 6946, ou 74 ares 70 environ. Mais, en copiant Cassini, nous l'avons revu et corrigé en ce qui concerne l'indication des routes et des cours d'eau au moyen des plans du cadastre ou d'après nos propres observations. Le relief orographique a été surtout rectifié : nous y avons fait les changements qu'une étude approfondie des rapports de la surface avec la structure du sol nous a démontrés nécessaires.

(1) M. Wuhrer, successeur de M. Ch. Avril, a fait profiter la carte d'Uzès de tous les progrès accomplis dans la gravure depuis vingt-cinq ans. (*L'éditeur*).

Etendue des cartes.

Les cartes comprennent les parties des départements voisins, limitrophes du Gard, dont la constitution géologique est souvent trop intimement reliée avec celle de ce département pour en être séparée. C'est ainsi que la carte de l'arrondissement du Vigan a dû recevoir assez d'extension du côté des départements de l'Aveyron et de la Lozère, afin qu'elle pût contenir en totalité le vaste massif granitique enclavé sur ce point de la chaîne des Cévennes au milieu du terrain de transition. Lorsque nous avons dressé cette carte, le cadastre de cette partie du département n'était pas encore achevé, en sorte que nous n'avons pu nous en servir pour rectifier ce que les cartes de Cassini ont de défectueux, surtout pour le tracé hydrographique.

La carte de l'arrondissement d'Alais comprend la totalité du grand bassin houiller voisin de cette ville, bien que l'extrémité septentrionale de ce bassin soit comprise dans le département de l'Ardèche.

Dans la feuille de l'arrondissement de Nimes, nous avons pensé qu'il serait intéressant de comprendre l'ensemble du delta du Rhône, qui s'étend depuis Aigues-mortes jusqu'à Fos, et d'y indiquer les divers changements que le lit du Rhône a subis dans cet immense delta. Cette raison nous a obligé de donner à cette feuille une dimension beaucoup plus grande que celle des trois autres.

Enfin, dans la carte de l'arrondissement d'Uzès, nous avons voulu indiquer aussi les terrains qui bordent le cours du Rhône sur la rive gauche, afin d'avoir ainsi l'ensemble des formations qui encaissent le fleuve depuis le Pont-Saint-Esprit jusqu'à la mer (1).

(1) Les notes laissées par l'auteur sur cette partie de son œuvre n'étaient pas assez complètes pour qu'il ait été possible de remplir l'intention qu'il exprime ici. — *L'éditeur*.

Tous les chefs-lieux de commune sont scrupuleusement indiqués sur nos cartes, mais nous avons cru devoir supprimer beaucoup de noms inutiles et ne conserver que ceux des localités les plus remarquables ou qui sont situées sur les limites géologiques ou dans le voisinage de quelque gisement important.

L'orthographe de plusieurs noms de localités a été altérée soit dans le cadastre, soit dans Cassini. Nous avons rectifié ces erreurs et nous avons toujours eu soin de substituer le véritable nom des granges et des métairies au nom du propriétaire.

Feuille des coupes géologiques.

Notre cinquième feuille de l'atlas comprend les coupes géologiques dont les diverses directions sont indiquées sur les cartes par des lignes droites ou brisées, accompagnées de lettres. Ces profils sont destinés à représenter exactement le relief du sol, ainsi que l'ordre de superposition des masses minérales qui le constituent. On y a placé quelquefois en perspective, sur les deuxième et troisième plans, les côtés qui forment les flancs des vallées, afin que l'on pût se faire une idée plus nette de l'ensemble du relief du sol; ces plans sont nécessairement teintés plus légèrement que les premiers.

Ces coupes, dessinées sur les lieux, ont été tracées d'après un grand nombre d'observations barométriques que nous avons faites avec tout le soin possible.

Nous avons adopté pour toutes les coupes la même échelle de longueur que pour la carte, c'est-à-dire celle de 1 millimètre pour $86^{m}4$; mais afin que les inégalités du sol fussent plus sensibles, nous avons adopté pour les hauteurs dans les trois coupes de l'arrondissement du Vigan et dans les quatre premières de l'arrondissement d'Alais, l'échelle de 1 millimètre pour $43^{m}2$, soit une échelle deux fois plus grande ; pour la cinquième coupe de l'arrondissement d'Alais comme pour celles de l'arrondissement d'Uzès, une échelle quatre fois plus grande, et six fois plus grande enfin pour les coupes de l'arrondissement de Nimes. Cette augmentation était nécessaire, parce que dans cette dernière région les aspérités et les dépressions du sol sont beaucoup moins considérables que dans les trois autres arrondissements.

Enfin nous avons cru devoir ajouter au texte de petites vignettes gravées sur bois où nous donnons une COUPE THÉORIQUE GÉNÉRALE de tous les terrains reconnus dans le département du Gard, et des COUPES GÉOLOGIQUES PARTICULIÈRES, établies sur une plus grande échelle, destinées à faire connaître avec détails les localités les plus importantes.

Carte d'assemblage.

Comme il eût été incommode de suivre les descriptions géologiques et difficile d'en bien saisir l'ensemble sur la grande carte de détail, nous avons joint à ce livre une petite carte d'assemblage qui servira à indiquer la position respective des quatre arrondissements et les terrains principaux qui composent le département.

Coloration des cartes et des coupes.

C'est au moyen de teintes conventionnelles qu'on exprime sur les cartes et sur les coupes géologiques la composition du sol. Mais le choix de ces couleurs n'est pas indifférent et l'emploi d'un assez grand nombre de teintes offre souvent d'assez grandes difficultés.

Nous nous sommes efforcé d'empêcher la confusion des nuances les plus fréquemment juxtaposées et nous avons fait en sorte que les couleurs les plus pures et les plus faciles à étendre indiquassent les terrains qui occupent les plus grandes surfaces.

C'est ainsi que nous avons employé le *rose carmin* pour indiquer le granite; le *vert de vessie* pour les schistes de transition; le *jaune de Mars* pour les calcaires de transition; l'*encre de Chine* pour le terrain houiller; la *laque violette* pour le trias; le *bistre* pour le lias; le *jaune gomme-gutte foncée* pour les marnes supraliasiques; le *rouge sang-dragon* pour l'oolite inférieure; le *bleu de Prusse* pour l'oxfordien; le *bleu cobalt* pour le corallien; la *gomme-gutte* très-claire pour le néocomien; l'*indigo* pour les argiles aptiennes; le *brun de Mars* pour le gault; le *carmin foncé* pour l'étage du grès lustré ferrugineux; la *teinte neutre* pour l'étage charbonneux lacustre; le *violet clair* pour le calcaire jaune et le calcaire gris à *gryphœa columba;* la *cendre verte* pour les sables et argiles réfractaires; le *vert cobalt* pour le calcaire à hippurites; la *terre de Sienne brûlée* pour la formation lacustre; le *minium très-clair* pour la molasse coquillière; la *terre de Sienne naturelle* pour le dépôt subapennin; le *jaune indien* pour les dunes et sables marins actuels (cordon littoral), et un vert très-clair, dit *vert de Prusse,* pour les alluvions fluviatiles modernes.

Nous avons réservé, comme on le voit, les nuances minérales d'une nature pâteuse, par conséquent difficiles à étendre et qui auraient rendu indistincts le dessin ou l'écriture des cartes, pour les petites touches, c'est-à-dire pour indiquer les roches qui occupent un espace très-restreint: c'est ainsi que le gypse a été indiqué par le *minium;* le porphyre par le *cinabre;* le fraidronite par le *bleu smalt;* le calcaire cristallin par le *rouge de Venise* et le tuf calcaire par un mélange de *jaune de chrôme et de minium.*

Nous avons distingué les calcaires dolomitiques par des hâchures verticales en *rouge carmin,* tracées sur les diverses teintes du terrain jurassique.

Il est regrettable qu'un système de coloration ne puisse pas être admis pour toutes les cartes, ainsi que le font observer les auteurs de la Carte géologique de la France : il est reconnu aujourd'hui qu'il doit varier suivant l'étendue de la carte, les distinctions géologiques que son échelle permet de tracer et la nature des terrains qui s'y trouvent compris.

Comme la perception des couleurs diffère dans chaque individu et que, d'ailleurs, les nuances sont sujettes à changer plus ou moins avec le temps sous l'influence de l'air et de la lumière, nous avons placé, ainsi que cela se pratique généralement, une lettre particulière, quelquefois suivie d'un signe ou d'un chiffre, sur la légende, à côté de chaque teinte. Cette lettre et ce chiffre sont reproduits près des limites des surfaces que doit occuper la couleur. Ils sont destinés à la faire reconnaître et à éviter ainsi les erreurs ou les méprises auxquelles son altération pourrait donner lieu.

Voici le tableau de l'ensemble des lettres et autres signes que nous avons employés.

Terrains modernes.	A	Alluvions modernes fluviatiles et paludiennes.
		Alluvions marines.
		Alluvions anciennes ou Diluvium.
	T	Tuf calcaire.
Terrain tertiaire.	S	Etage supérieur tertiaire (**dépôt subapennin**).
	M^{oL}	Etage moyen tertiaire (**molasse coquillière**).
	L	Etage inférieur tertiaire (**formation lacustre**).
Terrain crétacé.	C^5	Calcaire à hippurites (**Turonien, d'Orbigny**).
	C^{4d}	Grès et sables à argiles réfractaires (**Ucétien, nobis**).
	C^{4c}	Calcaire jaune, calcaire gris à *Gryphæa Çolumba* (Turonien, d'Orb.)
	C^{4b}	Etage charbonneux lacustre (**Paulétien, nobis**).
	C^{4a}	Sables et grès lustré ferrugineux, sans fossiles (**Tavien, nobis**).
	C^{3c}	Grès et sables à *Orbitolina concava* (**Cénomanien, d'Orbigny**).
	C^{3b}	Gault sableux. } (**Albien, d'Orbigny**).
	C^{3a}	Calcaire à *Orbitolina lenticulata*. } (**Albien, d'Orbigny**).
	C^2	**Aptien.**
	C^1	Formation néocomienne.
Terrain jurassique.	J^3	Groupe corallien. } **Etage moyen du système oolitique.**
	J^2	Groupe oxfordien. } **Etage moyen du système oolitique.**
	J^1	Etage inférieur du système oolitique.
	J	Marnes supra-liasiques.
	J'	Lias (**calcaire à gryphées**).
Terrain triasique.	K	Keuper (**terrain triasique**).
Terrain houiller.	H	Terrain houiller.
Terrain de transition.	M	Terrain talqueux (**terrain primitif**).
	P	Calcaire métamorphique (**calcaire primitif**).
Terrains d'épanchement.	G^1	Terrain granitique.
		Porphyre.
		Fraidronite.
	C	Calcaire éruptif.
	G	Gypse dans toutes les formations.
	D	Dolomies dans toutes les formations.

Ensemble des lettres et des signes employés sur les cartes.

Les alluvions marines (appareil littoral) se distinguent par le dessin et ne portent pas de lettre indicatrice.

Les alluvions anciennes (diluvium) sont marquées par des hâchures obliques et interrompues. Nous avons préféré ce genre d'indication parce qu'il permet d'exprimer au dessous le terrain sur lequel repose le diluvium.

La lettre D, gravée sur la carte à côté d'une des lettres indicatrices du terrain jurassique, indique que les calcaires de l'étage qu'elle désigne sont dolomitiques. Ainsi par exemple J^1D exprime les dolomies de l'oolite inférieure; J^2D celles du groupe oxfordien.

Tous les gîtes de substances minérales et les exploitations de ces mêmes substances, les usines qui s'y rattachent, les limites de concession, les gisements de débris organiques fossiles, les cavernes et les brèches osseuses, les eaux minérales, les carrières, les tuileries, etc... sont indiqués sur nos cartes au moyen de signes conventionnels dont l'explication se trouve sur la légende.

On trouvera sans doute, comme nous, que nous aurions pu être plus heureux dans le choix de ces lettres ou de ces signes, mais nous ferons observer que ce manque d'unité dans notre travail provient de ce que nos cartes ont été publiées d'une manière successive, c'est-à-dire à mesure que nos recherches étaient terminées dans un arrondissement. Il est résulté de ce mode de publication que nous avons été forcé, en avançant dans notre travail, d'établir dans les terrains des subdivisions nouvelles, souvent importantes pour la géologie locale et que, dans l'origine, nous n'avions pas soupçonnées ou que nous avions jugé inutile de signaler. C'est ce qui nous est surtout arrivé dans la publication de notre dernière carte, celle de l'arrondissement d'Uzès, où nous nous sommes après coup décidé à indiquer des subdivisions nouvelles dans le terrain du grès vert, pensant qu'il serait intéressant pour l'industrie minérale de suivre le développement de l'étage à lignite qui est une source de richesses pour cette partie du département du Gard.

Il nous reste à faire observer qu'afin d'éviter la multiplicité des couleurs sur un petit espace, nous n'avons pas jugé à propos de figurer, sur les cartes des arrondissements du Vigan et d'Alais, le terrain d'alluvions fluviatiles modernes déposé le long des cours d'eau qui traversent ces deux arrondissements, ce dépôt étant d'ailleurs en général assez restreint. Mais pour les cartes de Nimes et d'Uzès nous avons indiqué les alluvions des bords du Rhône, des étangs et des marais, parce que le terrain alluvien recouvre, dans ces divers points, une surface très-considérable.

Collections.

Enfin, dans les explorations diverses auxquelles notre travail a donné lieu, nous avons recueilli une suite nombreuse de toutes les roches, minéraux et débris organiques fossiles qu'on rencontre dans le département du Gard et dans les contrées qui l'avoisinent.

Ces diverses collections, composées de plus de 10,000 échantillons classés avec ordre et qui sont autant de pièces à l'appui de nos descriptions, se trouvent déposées dans notre domicile à Sommières, où nous nous ferons un plaisir de les montrer aux géologues de profession et à toutes les personnes qui désireront les visiter, offrant de leur donner tous les renseignements qu'il sera en notre pouvoir de leur fournir.

Travaux relatifs au département du Gard.

Travaux divers publiés précédemment sur la géologie ou la minéralogie du Gard.

Bien que le département du Gard n'ait pas encore été jusqu'ici l'objet d'une description minéralogique ou géologique spéciale, on trouve cependant parmi les ouvrages des anciens naturalistes qui ont traité de l'histoire naturelle du Languedoc, quelques faits isolés, relatifs à cette partie de la province. Il existe aussi, parmi les auteurs modernes, quelques publications intéressantes, plus spécialement du domaine de la géologie, que nous avons également consultées et que nous aurons souvent occasion de citer dans le cours de cet ouvrage.

Comme il est juste de commencer par rappeler les travaux de ceux qui nous ont précédé, nous allons donner, en suivant l'ordre chronologique, une liste des divers écrits dans lesquels il existe quelques détails plus ou moins relatifs à la géographie physique et à la géologie du département du Gard. Nous ferons suivre ces indications de quelques notes biographiques sur les principaux auteurs à qui nous les devons, surtout lorsque ces auteurs seront nés dans le département qui fait l'objet de nos études.

Anciens Auteurs.

XVIe SIÈCLE.

A l'exception de STRABON et de PLINE LE NATURALISTE, qui font mention l'un et l'autre de l'or qu'on retirait des montagnes des Cévennes (1), les plus anciens ouvrages, où il est traité de la minéralogie de cette partie de la France que nous décrivons, ne remontent pas au-delà du XVIe siècle.

(1) *Asserunt quidem Galli sua metalla esse præstantiora in Cemmeno monte, et sub ipsam Pyrenem : tamen et hic major pars laudatur,* etc... Strabon liv. III, p. 146.

AGRICOLA, que l'on peut en quelque sorte regarder comme le père de la métallurgie descriptive, dans son célèbre traité DE RE METALLICA, dit, en parlant de l'or des Cévennes, qu'il se trouve parmi de petites pierres noires : *Aurum in Cebennis invenitur in lapillis nigris* (1).

1557. Après ces anciens auteurs, on ne peut guère citer que JEAN POLDO D'ALBENAS (2), né à Nimes vers 1512, mort vers l'an 1563, conseiller du roi au siége présidial de Nimes et de Beaucaire ; c'est le premier écrivain qui, depuis la renaissance des lettres, ait traité des antiquités de la ville de Nimes. Dans le dixième chapitre de son ouvrage intitulé *Discours historical de l'antique et illustre cité de Nimes en la Gaule Narbonoise* (1 vol. in-f° contenant 226 pages, Lyon 1557-1560), cet écrivain, qui avait, paraît-il, quelques connaissances en histoire naturelle, parle des paillettes d'or qu'on recueillait de son temps dans les sables de la rivière du Gardon (3). Il cite aussi des cristaux de fer sulfuré, *marquesites*, dit-il, qu'on trouve sur le territoire du village de Serviers, près d'Uzès, et de certains cristaux très-transparents qu'il rencontrait dans le voisinage de la ville de Nimes, mais dont il ne veut pas indiquer le gisement « *espérant peut-être un jour en faire quelque proufit* ».

(1) George Agricola, célèbre médecin et minéralogiste allemand, naquit à Glauch ou Glaucha, dans la Mismie, le 24 mai 1494 ; il pratiqua la médecine à Joachimstat, ville de Mismie, et mourut à Chemnitz le 21 novembre 1555, âgé de soixante-un ans.

(2) L'un des conseillers de la première création du Présidial, en 1552 ; il embrassa la Réforme et s'en rendit un des plus zélés partisans.

(3) Chapitre 10, p. 47.

XVIIe SIÈCLE.

Les sciences minéralogiques, très-négligées jusqu'alors en France, reçurent, au commencement du XVIIe siècle, une grande impulsion, et l'on peut dire que le règne de Henri IV fut glorieux pour la minéralogie.

Ce prince aliéna les mines de la Guienne, du Pays de Labour, du Haut et du Bas-Languedoc en faveur de Pierre de Beringhen, son premier valet de chambre et contrôleur général des mines du royaume. Celui-ci attira en France, au mois de juin 1601, Jean du CHASTELET, baron de Beausoleil et d'Auffembach, originaire du Braban, où il était né vers l'an 1578. Sa femme, Martine de BERTEREAU, née, à ce que l'on croit, dans la Touraine ou dans le Berry, vers l'an 1590, aidée vraisemblement par son mari, s'était avancée fort loin dans la connaissance des sciences, principalement dans celles qui se rattachent à l'art des mines. C'est à cette femme remarquable que remonte la gloire d'avoir donné l'éveil sur l'importance de la richesse minérale de la France.

Le 31 décembre 1626, le baron et la baronne de Beausoleil reçurent du maréchal d'Effiat, alors surintendant général des finances, la commission d'explorer toutes les provinces de France pour y ouvrir des mines et en faire des essais. C'est par nos provinces méridionales que commença cette grande exploration (1). Mais après dix années 1626.

(1) Pendant le voyage que fit le baron en Languedoc, étant à Béziers, il publia l'ouvrage « *Diorismus (id est definitio, explicatio) veræ philosophiæ de materia prima lapidis* », in-8°. Jean Martel, 1627, contenant 30 pages. — En 1632 parut un compte rendu de madame de Beausoleil relatif au résultat de ses premiers

de recherches sur le sol français, ces deux courageux explorateurs, ayant dépensé plus de 300 mille livres de leurs propres deniers, se trouvèrent à bout de ressources, car les compensations qui leur avaient été accordées en 1634 par un arrêt du conseil, n'avaient point été, après un délai de six ans, ratifiées par le roi. De plus, ils se trouvaient l'un et l'autre sous le poids d'une accusation, formidable à cette époque, celle de magie, que le prévôt provincial de Bretagne avait intentée contre eux. Dans une conjoncture aussi critique, la baronne de Beausoleil adressa au cardinal de Richelieu le mémoire, ou plutôt son beau plaidoyer, intitulé *La Restitution de Pluton à monseigneur l'Eminentissime cardinal de Richelieu* (in-8°, Paris, Hervé du Mesnil, 1640, contenant 176 pages sans les titre, épître et sonnet). Ce mémoire, aujourd'hui fort rare, se trouve reproduit, ainsi que le précédent, dans un ouvrage portant le titre de : *Les anciens minéralogistes du royaume de France*, par M. Gobet (2 vol. in-8°, Paris, 1779).

Dans ce dernier écrit, la baronne de Beausoleil passe en revue les divers gisements métalliques de la France et cite, en parlant du Languedoc, les mines suivantes :

« Dans le comté d'Alais six mines de fer et quatre de charbon de terre ».

travaux. Il est intitulé : *Véritable déclaration faite au Roi et à Nosseigneurs de son conseil des riches et inestimables trésors nouvellement découverts dans le royaume de France* (In-8°, sans nom de lieu, 1632, 16 pages). Cette brochure, qu'il est impossible de retrouver aujourd'hui dans nos bibliothèques, était sans doute publiée afin d'obtenir du conseil les faveurs que la baronne avait droit d'attendre. Elle la fit encore réimprimer in-4°, la même année, sous ce titre : *Véritable déclaration de la découverte des mines et minières de France, par le moyen desquels Sa Majesté et ses subjects se peuvent passer de tous les pays étrangers. Ensemble les propriétés d'aucunes sources et eaux minérales découvertes depuis peu de temps à Chasteau Thierry* (in-4°, Paris, 1632, contenant 12 pages).

« Dans le marquisat de Portes (diocèse d'Uzès), trois mines de fer et deux de charbon ».

« Au lieu dit de Malbois (Malbos, Ardèche), une mine d'antimoine et une de zinc ».

« A une lieue du Vigan, une mine de pierre d'azur et une mine de vert de terre et cinq mines de charbon ».

Tous les autres écrits qui ont paru dans le XVIIe siècle ne sont guère relatifs qu'aux eaux minérales de Meynes, alors fort en vogue, mais dont l'usage est aujourd'hui à peu près abandonné.

Nous allons simplement citer le titre de ces ouvrages :

Poëme sur les propriétés et vertus de la fontaine de 1624.
Meynes, par FR. CHARBONNEAU, 1624; in-8o.

TROPHIMI SERRIER, *Hydatologia*. Arelate, Mesnier, 1660.
1660; 1 vol. in-18. Le cinquième chapitre de cet ouvrage traite des eaux de Meynes (*Catalogue de la ville de Nimes*, no 2267.)

Les eaux de Meynes, par LUCANTE, médecin du Roi. 1674.
Avignon, 1674, George Brumereau, imprimeur de Sa Sainteté, de la ville et de l'Université. 1 vol. in-4o de 16 pages.

DENIS VEIRAS, né à Alais, résidant à Paris et plus 1696.
tard à Nimes, auteur d'un *projet pour arroser les plaines de Villedagne, de la Calmette, de Boucoiran et de Lezan, et pour rendre navigables les rivières du Vistre et du Gardon*, projet lu dans l'assemblée des Etats de Montpellier le 22 décembre 1696. Montpellier, 1697, J. Martel, in-4o de 23 pages.

XVIIIe SIÈCLE.

Nous trouvons dans le XVIIIe siècle un grand nombre d'auteurs qui ont écrit sur le sujet qui nous occupe. Nous allons succinctement les faire connaître en suivant l'ordre chronologique de leurs écrits.

Traité de médecine, par LIEUTAUD qui caractérise les eaux d'Euzet en ces termes : « *Aquæ Yssalenses humilis cujusdam vici, Occitaniæ inferioris, inter Ucetiam et Alesiam tribus leucis ad Eurum ab hâcce postremâ remoti; sunt frigidæ, bituminosæ et saporis ingrati; a bitumine silicet quod scatet hic tractus quod sincerum fluit haud procul a prædicto vico* ». (*Eaux minérales d'Alais*, par Roch, p. 37.)

1715. J.-B. GASTALDI, *Dissertatio, an salinæ sanguinis constitutioni aquæ Medinenses*? Avenione, Joan Delorme, 1715, in-12, 16 pages. Il est question des eaux de Montfrin dans le troisième article de cette dissertation.

1718. RÉAUMUR (RENÉ-ANTOINE FERCHAULT DE) l'un des plus ingénieux naturalistes et physiciens que la France ait produit, né à la Rochelle en 1683, mort le 18 octobre (1) 1757, âgé de 74 ans.

Dans les *Mémoires* de l'Académie des sciences, ce célèbre naturaliste a donné des détails intéressants sur les pricipales rivières aurifères de France et notamment

(1) L'abbé Rosier, dans les tables des *Mémoires de l'Académie des sciences*, dit le 18 novembre.

sur le Rhône, le Gardon et la Cèze, et sur la manière dont on lave les sables de ces différents cours d'eau pour en extraire les paillettes d'or. Ce mémoire est intitulé : *Essais de l'histoire des rivières et des ruisseaux du Royaume qui roulent des paillettes d'or, avec des observations sur la manière dont on ramasse ces paillettes ; sur leur figure ; sur le sable avec lequel elles sont mêlées ; et sur leur titre.* (*Histoire de l'Académie royale des sciences,* année 1718, p. 68, mémoire de 21 pages.)

MATTE (JEAN), habile chimiste. Il occupa la place de 1726.
démonstrateur royal de chimie à l'Université de Montpellier. Né à Montpellier le 1er février 1660, mort le 7 août 1742. On a de cet auteur une *Description des salines de Peccais,* 1726 (*Histoire de la Société royale des sciences de Montpellier,* in-4o, Lyon, 1766. Tome Ier, p. 286. Mémoire de 7 pages.)

CHARLES DE VIRGILE, sieur DE LA BASTIDE, né en 1682 1733.
et mort en 1755 à Beaucaire (1). Il cultiva les sciences et composa un grand nombre d'écrits sur divers sujets d'archéologie et d'histoire naturelle. Il nous a laissé un écrit relatif au département du Gard, intitulé : *Observations physiques sur les terres qui sont à la droite et à la gauche du Rhône, depuis Beaucaire jusqu'à la mer.* (*Mémoires des savants étrangers de l'Académie des sciences,* vol. I, p. 1, et Avignon, 1733, in-4o, 14 pages).

SÉRANE, docteur en médecine de la faculté de Mont- 1734.
pellier, médecin ordinaire de l'Hôtel-Dieu, etc... est l'auteur

(1) D'après les auteurs de la *Biographie ancienne et moderne,* ce savant serait né à Saint-Bonnet, près Nimes. T. XLIX, p. 215.

d'un mémoire intitulé : *Observations et analyse de l'eau de la source de Saint-Jean-de-Seirargues.* Montpellier, Jean Martel, 1734, broch. in-12 de 11pages (*Catal. de la Bibl. de la ville de Nimes,* n° 2723).

1737. ASTRUC, né à Sauves (Gard), le 19 mars 1684; nommé professeur à la faculté de médecine de Montpellier en 1716 et inspecteur des eaux minérales du Languedoc en 1717, mort le 5 mai 1778, à l'âge de 84 ans.

Dans un ouvrage intitulé : *Mémoires pour l'histoire naturelle de la province de Languedoc* (Paris, 1737, 1 vol. in-4° de 630 pages), ce savant auteur nous a laissé une foule de détails curieux sur l'histoire naturelle et sur l'archéologie de cette province. On y trouve relativement au Département : 1° une *description de la Fontaine intermittente et minérale de Fonsanche* (p. 284) ; 2° quelques détails sur la mine de plomb de Durfort (page 366) ; 3° une *dissertation sur les atterrissements arrivés sur les côtes du Languedoc* (page 369).

Enfin, dans un *mémoire sur les pétrifications de Boutonnet* (*Histoire de la Société royale des sciences établie à Montpellier,* t. I, page 48), il traite des embouchures du Rhône et des atterrissements qui ont été formés entre Nimes et Aiguesmortes, etc...

SAUVAGES (François-Boissier de la Croix de), né à Alais le 12 mai 1706, conseiller du Roy, célèbre professeur de physiologie et de pathologie à l'Université de médecine de Montpellier, mort dans cette ville le 19 février 1767, a publié les mémoires suivants (1) :

(1) Voir la notice biographique dont M. le baron d'Hombres-Firmas a fait précéder son *Recueil de Mémoires et d'Observations d'Histoire naturelle.*

1° *Mémoire où l'on indique les principaux fossiles des environs d'Alais* (*Histoire de la Société royale des sciences établie à Montpellier, avec les mémoires de mathématique et de physique*, etc... t. II p. 11, 26 avril 1731, mémoire de 4 pages). 1731.

2° *Mémoire sur les eaux minérales d'Alais, pour servir à l'histoire naturelle de la Province* (Assemblée publique de la Société royale des sciences de Montpellier, du 19 avril 1736, mémoire de 16 pages). 1736.

3° *Observation sur les eaux minérales des environs d'Alais* (*Histoire de la Société royale des sciences de Montpellier*, etc... t. II, p. 146, 19 avril 1736, mémoire de 12 pages). 1736.

4° *Mémoire sur quelques fontaines du Languedoc* (*Histoire de la Société royale des sciences de Montpellier*, etc... 11 mars 1745, t. II, p. 387, mémoire de 4 pages). 1745.

Ces trois mémoires ne sont que la répétition les uns des autres. Il y est question de la source sulfureuse dite la *fontaine puante* (*fon pudente*) du hameau des Fumades, commune d'Allègre; de la *fontaine de la poix* (*fon de la pégue*), près du village de Servas, et de celle de Hieuset ou Euzet; mais il est surtout question des vertus médicales des deux fontaines de *Daniel* désignées sous le nom de la *Marquise* et de la *Comtesse* qui se trouvent près d'Alais, dans le vallon de Chaudebois. Il y parle aussi de deux autres sources voisines de cette ville, anciennement fréquentées, vitrioliques et ferrugineuses comme celles de Daniel, qu'il désigne sous le nom de sources du *mas de Boac* et de *Brouzen*. Cette dernière est située, dit-il, au nord de la ville, au-dessous d'une ancienne mine de vitriol.

Enfin il y indique la source de *Saint-Félix-de-Pallière*, près d'Anduze, qu'on croyait anciennement corrosive parce que, si l'on y jette des feuilles ou un oiseau mort, il n'en reste au bout de quelques jours que les nervures ou le squelette, phénomène que l'auteur attribue à la voracité de petits animaux connus sous le nom de crevettes, vulgairement appelés *trinquetailles* dans les Cévennes.

1741. 5o *Recueil de pièces sur les eaux d'Alais* (brochure in-12 de 18 pages, sans date ni nom de lieu, mais postérieure au 19 avril 1736, *Catalogue de la Bibliothèque de la ville de Nimes,* no 2723.) Ce recueil contient un certificat de MM. Marc Guiraudet, Jean Gibert et François Lacroix (de Sauvages), médecins à Alais; Ducros, Lafont, médecins à Nimes, et Auzillon, à Anduze; ainsi que quelques lettres, dont la dernière est de 1741, adressées à M. Faucon de la Vabre, propriétaire de la fontaine de Daniel, traitant des vertus médicales de ces eaux.

PITOT Henri, né le 31 mai 1695, à Aramon, où il mourut le 27 décembre 1771, écuyer, chevalier de l'ordre du Roi, pensionnaire vétéran de l'Académie royale des sciences de Paris, et associé vétéran de celle de Montpellier, etc... Fut appelé en 1740 par les Etats du Languedoc pour une vérification relative au projet de dessèchement des marais de Beaucaire et Aiguesmortes. Les Etats lui donnèrent la direction du canal de Languedoc et celle des travaux publics dans la sénéchaussée de Nimes. C'est en cette qualité qu'il a fait construire le pont du Gard, adossé à l'aqueduc romain; ceux de Cette, de l'Ardèche, de l'Elrieu et de la fontaine Saint-Clément à Montpellier, etc...

Pitot est l'auteur d'un grand nombre de mémoires sur divers sujets de mathématiques et de physique; nous ne citerons ici que les suivants qui se rattachent plus particulièrement à notre sujet :

Extrait des observations et opérations qui ont été faites dans le Bas-Languedoc pendant les mois de maï et de juin 1740, pour vérifier la possibilité du dessèchement d'environ 30 mille arpens de marais qui se trouvent dans cette province, de celle des canaux qu'on se propose d'y faire, les risques que pourraient courir par ce dessèchement les salins de Peccais, etc... (*Mémoires de l'Académie royale des sciences*, mars 1741, p. 265, contenant 15 pages). 1741.

Observations sur les causes des maladies mortelles qui règnent sur les côtes de la mer du Bas-Languedoc (*Mémoires de l'Académie royale des sciences*, juillet 1746, p. 182, contenant 5 pages).

L'abbé DE SAUVAGES (PIERRE-AUGUSTIN BOISSIER DE LA CROIX DE), né le 28 août 1710, à Alais où il mourut le 19 décembre 1795; a publié quelques mémoires intéressants sur la minéralogie, la lithologie et les fossiles des Basses-Cévennes.

Mémoire sur différentes pétrifications tirées des animaux et des végétaux (*Mémoire de l'Académie des sciences*, année 1743, contenant 11 pages). 1743.

Dans ce mémoire il décrit et figure (pl. x, fig. 1, 2, 3), une coquille (*gryphea*), qu'il avait trouvée à son domaine de Sauvages et traite des empreintes végétales du terrain houiller d'Alais.

Essai sur la formation des dentrites des environs d'Alais (*Mémoires de l'Académie royale des sciences*, année 1745, 1745.

p. 561; — et *Histoire de la Société royale des sciences établie à Montpellier*, t. II, p. 124, 1 page).

Il signale dans ce mémoire des dentrites qui se trouvent au quartier de Russeau, près Alais et donne l'explication de leur formation par la voie de la capillarité.

1746. *Mémoire sur le vitriol d'Alais* (Assemblée publique de la Société royale des sciences de Montpellier, 23 décembre 1746).

Ce mémoire se trouve reproduit en partie dans l'ouvrage intitulé : *Les anciens minéralogistes du royaume de France*, par Gobet, 2 vol. in-8o, Paris 1779.

1746. *Mémoire contenant des observations de lithologie pour servir à l'histoire naturelle du Languedoc et à la théorie de la terre* (*Mémoire de l'Académie royale des sciences*, 1746, p. 713).

Ce mémoire est très-remarquable : l'auteur y décrit la nature des différentes roches qui forment aux environs d'Alais dix chaînes de montagnes ou collines parfaitement distinctes au point de vue de leur constitution lithologique et de leurs gîtes métallifères, où l'on observe des coquilles pétrifiées propres à chacune de ces chaînes. Il signale entre autres, au pont de la Bouscarasse, sur la route d'Uzès à Alais, une coquille remarquable, ayant la forme d'un cornet un peu recourbé, etc... il en donne une bonne figure, pl. 45 et 46, fig. 1 et 2. C'est l'*Hippurites Sauvagesii*, décrite un siècle plus tard par son arrière-neveu le baron d'Hombres-Firmas. Il signale aussi le beau gîte de spath d'Islande de Maza et termine ce mémoire par une dissertation sur la formation des cavernes.

1747. *Suite du mémoire contenant des observations lithologiques, pour servir à l'histoire naturelle du Languedoc et à la théorie de la terre* (*Mémoires de l'Académie royale des sciences*, 1747, p. 699, 44 pages et 4 planches). Dans ce mémoire rempli d'observations précieuses, il décrit sa *dixième chaîne* des environs d'Alais qui est constituée par la formation houillère et le trias, dans laquelle il trouve, dit-il, le charbon de pierre et les plantes pétrifiées, les mines de vitriol, etc... Il y figure quelques empreintes du terrain houiller, pl. 21, 22, fig. 6, 7, 8. L'auteur signale aussi, dans ce mémoire, un grand nombre de coquillages dont les espèces varient, dit-il, suivant que les bancs où on les trouve sont supérieurs ou inférieurs.

Il termine ce mémoire par le vœu suivant : « Il serait à » souhaiter surtout, dit-il, que ceux qui s'intéressent au » progrès de l'histoire naturelle, travaillassent à une carte » topographique des terreins dont on marquerait les con- » tinuités, les interruptions, les différens grains, la na- » ture et les propriétés. L'exécution de cette carte aurait » un autre grand avantage, en ce qu'elle influerait sur » l'économique, et qu'elle montrerait, comme d'un coup » d'œil, les cultures dont une province entière est suscep- » tible, l'étendue et la qualité des récoltes qu'on peut en » retirer ; c'est un travail qu'on pourrait faire à peu de » frais, à mesure qu'on lève les cartes géographiques du » royaume ». Page 723.

La carte géologique du département du Gard n'a été entreprise qu'un siècle plus tard.

Avis de MM. Antoine DURAND *et Pierre-Isaac* DEIDIER, 1746.
médecins de Nimes, et des sieurs BERTRAND *et* BLASIN, *apothicaires, contenant leur rapport, fait en présence de M. l'Intendant, au sujet des eaux de Saint-Jean-de-Seirargues ;* in-12, 12 septembre 1746.

Avis de M. CHICOGNEAU, *au sujet des eaux minérales d'Yeuzet et de Saint-Jean-de-Seirargues, du 4 octobre 1746* (feuille volante). Chicogneau (François), chancelier de médecine en 1693, premier médecin de Louis XV, en 1732.

Cet avis tend à donner la préférence aux eaux d'Yeuzet sur celles de Saint-Jean-de-Seyrargues.

Réponse du distributeur des eaux de Saint-Jean-de-Seirargues au distributeur des eaux d'Yeuzet sur la brochure qui paraît sous son nom (in-12, 14 pages. *Catalogue de la Bibliothèque de Nimes,* n° 2723).

1750 à 1758. MÉNARD LÉON, né à Tarascon en 1706, mort en 1767, conseiller au présidial de Nimes, de l'Académie royale des inscriptions et belles-lettres, etc... est l'auteur de l'*Histoire de Nimes.* Cet ouvrage qui a pour titre : *Histoire civile, ecclésiastique et littéraire de la ville de Nimes* (7 vol. in-4°, Paris 1750-1758), contient à la fin du 7e volume, page 511, un article intitulé : *Observations sur l'histoire naturelle de Nimes,* où il ne donne que quelques détails insignifiants sur les minéraux curieux qu'on rencontre aux environs de cette ville. Ménard termine cet article par un tableau des observations météorologiques faites à Nimes pendant dix années, de 1746 à 1755, par M. Pierre Baux, docteur en médecine (1).

1754. Ménard cite, t. I, page 514, de M. LECOINTE, officier au régiment de l'Ile de France, de l'Académie royale de Nimes, un mémoire lu en 1754, dans une séance de cette académie, *sur les paillettes de la rivière de Cèze.* Mais

(1) Pierre Baux mourut en 1790. Il fut le grand-père maternel de M. Benjamin Valz, savant astronome nimois, directeur de l'Observatoire de Marseille, qui continua à Nimes les observations de son aïeul, pendant quinze années, de 1821 à 1836.

ce mémoire est apparemment perdu pour nous. L'Académie de Nimes n'a imprimé pendant le XVIIIe siècle, qu'un seul volume, en 1756, où il n'est pas question de ce travail.

MONTET, né le 9 mars 1722 au hameau de Beaulieu, commune de Mandagout, près le Vigan (Gard), pharmacien et chimiste, préparateur de Venel, célèbre professeur de chimie à la faculté de Montpellier, mourut à Montpellier le 13 novembre 1782.

Il est le premier naturaliste qui ait signalé les roches volcaniques d'Agde, de Béziers et de Montferrier près de Montpellier (1) ; auteur de plusieurs mémoires estimés de chimie industrielle et de quelques mémoires où il traite principalement de la lithologie et de la minéralogie de la partie des Cévennes où il était né.

1° *Examen des eaux minérales de Pomaret* (Assemblée 1749.
publique de la Société royale des sciences de Montpellier, 8 mai 1749).

2° *Mémoire sur le Suber montanum qui se trouve au-* 1762.
dessus et au-dessous du chemin qui va à la paroisse de Mandagout et au Vigan, dans le diocèse d'Alais, et sur plusieurs autres faits d'histoire naturelle et de chimie (*Histoire de l'Académie des sciences*, année 1762, *Mémoires*, p. 632).

3° *Mémoire sur les salines de Pécais* (*Histoire de l'Aca-* 1763.
démie des sciences, année 1763, *Mémoires*, p. 441).

(1) Mémoire sur un grand nombre de volcans éteints qu'on trouve dans le Bas-Languedoc (*Mémoires de l'Académie royale des sciences*, année 1760, p. 446). Ce mémoire fut lu à l'assemblée publique de la Société royale de Montpellier, le 27 avril 1766.

1768. 4° *Second mémoire sur plusieurs sujets d'histoire naturelle et de chimie* (*Histoire de l'Académie des sciences*, année 1768, *Mémoires*, p. 538).

1777. 5° *Troisième mémoire sur plusieurs sujets d'histoire naturelle et de chimie* (*Histoire de l'Académie des sciences*, année 1777, *Mémoires*, p. 640).

1778. 6° *Mémoire de minéralogie* (*Histoire de l'Académie des sciences*, année 1778, *Mémoires*, p. 615 (1).

1764. L'abbé JEAN-PAUL DE GUA DE MALVES, né à Carcassonne vers 1712, mort le 2 juin 1786.

Il présenta, en 1764, au gouvernement, un projet d'ouverture et d'exploitation des minières et mines d'or du Languedoc et du pays de Foix, et se chargea imprudemment d'un premier essai qui n'eut point de succès.

L'ouvrage qu'il composa à l'occasion de ses recherches, devenu aujourd'hui fort rare, porte le titre suivant :

Projet d'ouverture et d'exploitation des minières et mines

(1) On a encore de cet auteur les mémoires suivants :

Mémoire sur le vert de gris (*Histoire de l'Académie des sciences*, année 1750, *Mémoires*, p. 387).

Second mémoire sur le vert de gris (*Histoire de l'Académie des sciences*, année 1753, p. 591).

Mémoires sur les chiffons ou drapeaux qu'on prépare au Grand-Gallargues, village du diocèse de Nimes, à cinq lieues de Montpellier, et dont on fait en Hollande le tournesol (*Histoire de l'Académie des sciences*, année 1754, *Mémoires*, p. 687).

Mémoire sur la manière de cristalliser l'alkali fixe de tartre (*Histoire de l'Académie des sciences*, année 1764, *Mémoires*, p. 576).

Mémoire sur la manière de conserver en tout temps les cristaux de l'alkali fixe de tartre, pour servir de suite au mémoire précédent (*Histoire de l'Académie des sciences*, année 1765, *Mémoires*, p. 667).

d'or et d'autres métaux, aux environs du Cézé, du Gardon et l'Eraut, et d'autres rivières du Languedoc, de la comté de Foix, du Rouergue etc... (Paris, chez Dessain Junior, 1764, in-8o de 150 pages, avec 3 planches).

Dans le *Dictionnaire minéralogique et hydrologique de la* 1772.
France, par M. BUCH'OZ, Paris, 1772, on trouve dans le le 1er volume, p. 452, une notice sur les eaux appelées *Bouillens de Vergèze*, par l'abbé MAILLAR ; et dans le 2e volume du même ouvrage, p. 519, une courte notice sur les eaux d'*Yeuset*.

AMOREUX (Pierre-Joseph), fils de Guillaume Amo- 1773.
reux, né à Beaucaire au mois de février 1741 ; docteur en médecine et bibliothécaire de la Faculté de médecine de Montpellier, où il mourut en 1822, léguant à la ville de Nimes sa bibliothèque et une partie de ses collections (1).

On a de lui un *Mémoire sur l'analyse et les vertus des eaux de Meyne* (Assemblée publique de la Société royale des sciences de Montpellier, du 8 décembre 1773).

Ce mémoire contient des expériences qui conduisent l'auteur à conclure que ces eaux ne sont point minérales, et qu'elles ne diffèrent point de l'eau commune.

Et un second mémoire intitulé: *Observations sur les fossiles marins des environs d'Aubaï en Languedoc* (*Journal de physique*, novembre 1783, t. XXIII, p. 350, contenant 5 pages).

Il y décrit et donne la figure de quelques polypiers et

(1) Ce legs se composait d'environ 6,000 volumes, de quelques minéraux, et d'une belle collection de coquilles vivantes. Cette collection se trouve aujourd'hui dans la grande salle de la bibliothèque de la ville de Nimes.

Voir l'éloge historique d'Amoreux par M. Phélip (*Notice des travaux de l'Académie du Gard*, 1832, p. 325).

fragments de baguettes d'oursins qu'il découvrit dans la molasse coquillière au nord d'Aubais, à un mille et au couchant de ce village.

1775. VENEL (GABRIEL-FRANÇOIS), docteur en médecine et célèbre professeur de chimie à la Faculté de Montpellier; né en 1723, à Combes (diocèse de Béziers), décédé à Montpellier le 29 juin 1775, est l'auteur d'un ouvrage destiné à combattre les préjugés répandus généralement à cette époque sur l'emploi du charbon de terre, et qui fut composé sur l'ordre des Etats de la province du Languedoc pendant leur assemblée de 1772, où l'on arrêta: « *Qu'il serait » dressé un corps d'instructions sur l'emploi du charbon de » terre dans tous les feux destinés aux usages domestiques, » et à différents actes; et que l'écrit qui le contiendrait, » serait présenté aux états pendant leur assemblée de l'année » suivante, pour être, en cas qu'il remplît leurs vues, publié » et répandu sans délai dans la Province* » (1).

Cet ouvrage porte le titre suivant:

Instruction sur l'usage de la houille, plus connue sous le nom impropre de charbon de terre, pour faire du feu; sur la manière de l'adapter à toute sorte de feux; et sur les avantages, tant publics que privés, qui résulteront de cet usage. (1 vol. in-8° de 543 pages. Avignon 1775).

1775. POUGET (JOSEPH-SUZANNE), né à Cette le 19 février 1745, lieutenant-général de l'amirauté de cette ville, mort en 1792 à la vue de Port-au-Prince à bord du vaisseau l'*America*, se rendant à Saint-Domingue où il avait été nom-

(1) Prospectus et précis de cet ouvrage in-4° de 25 pages, Montpellier, chez Jean Martel, 1773. — Catalogue de la bibliothèque de Nimes, n° 4,055.

mé commissaire général ordonnateur, lors des orages révolutionnaires qui éclatèrent dans cette île (1).

Il est l'auteur d'un écrit très-remarquable intitulé: *Mémoire sur les atterrissemens des côtes du Languedoc* qui se trouve reproduit dans plusieurs recueils. (Voir *Mémoires de l'Académie des sciences de Paris*, année 1775, page 561; — Assemblée publique de la Société royale des sciences de Montpellier, du 30 décembre 1877, contenant 19 pages; — et enfin, *Journal de physique*, octobre 1779, t. XIV, p. 281, contenant 12 pages).

Pouget a combattu le premier, dans ce mémoire, l'opinion généralement répandue à cette époque que la mer, depuis le départ de Saint Louis pour la Terre-Sainte, s'était retirée d'Aiguesmortes, de toute la distance qui l'en sépare aujourd'hui, c'est-à-dire d'environ une lieue.

De GENSSANE, directeur des mines de Languedoc, 1776.
chargé en cette qualité par les Etats, en 1772, de visiter cette province, et d'en rédiger l'histoire naturelle, est, sans contredit, l'auteur qui a donné le plus de détails sur la portion du Languedoc que nous décrivons.

Histoire naturelle de la province de Languedoc, partie minéralogique et géoponique (2). 5 vol. in-8°, Montpellier. Les 3 premiers volumes ont paru en 1776, le 4e en 1778 et le dernier en 1779.

Cet ouvrage publié de 1776 à 1779, se ressent beaucoup de la célérité avec laquelle il fut composé, et de la rapidité

(1) Voir, pour plus de détails, la notice sur la vie et les ouvrages de Pouget, membre de la ci-devant académie des sciences de Montpellier, lue le 6 fructidor an IX, par le citoyen Poitevin. *Recueil des Bulletins* publiés par la Société des sciences et belles-lettres de Montpellier, t. Ier, an XI (1803), page 117.

(2) C'est-à-dire *partie des terres propre à la culture*, du grec γη, terre et πονος, travail.

des courses de l'auteur. Il contient même des inexactitudes et de nombreuses erreurs ; cependant ce livre offre un ensemble d'observations intéressantes pour l'époque, et qui peuvent être consultées avec fruit, surtout en les vérifiant sur les lieux.

1779. BONIFACE......
Analyse des eaux de Saint-Laurent, d'Yeuset et de Vals, 1779, in-12 de 16 pages.

1780. JOUBERT, trésorier des Etats généraux de Languedoc, seigneur de Sommières et de Montredon, né à Montpellier, avait recueilli une précieuse collection d'histoire naturelle. Il paraît qu'après sa mort elle fut réunie à celle du marquis de Drée qui a été acquise, il y a quelques années, partie par le Muséum et partie par l'Ecole des mines de Paris.

Cet auteur a laissé plusieurs mémoires sur l'histoire naturelle du Languedoc. Nous nous bornerons à citer ceux qui ont rapport au département du Gard :

1° *Observation sur les fossiles des environs de Montpellier* (Assemblée publique de la Société royale des sciences de Montpellier, 30 décembre 1777) ;

2° *Mémoire sur l'utilité de l'exploitation des mines.* Ce mémoire sert d'introduction à un second mémoire intitulé : *Sur la pierre calaminaire des mines de Saint-Sauveur* (Assemblée publique de la Société royale des sciences de Montpellier, 27 décembre 1780, 13 pages).

1780. L'abbé GIRAUD-SOULAVIE (Jean-Louis), né à Largentière (Ardèche) en 1752, décédé à Paris en mars 1813, que la publication des mémoires du maréchal de Richelieu rendit scandaleusement célèbre dans les premières années de la révolution, avait fait paraître, quelques années auparavant, une *Histoire naturelle de la France méridionale, du Velay, du Viennois, du Valentinois, du Forez, de l'Auvergne, de l'Uzégeois, du Gevaudan, du Comtat-Venaissin, de la Provence, des diocèses de Nimes, Montpellier, Agde,* etc., 8 vol. in-8°, 1780 à 1784.

La première partie du chapitre VIII (dont M. d'Archiac fait l'analyse, *Pal. Strat.*, t. I, p. 249), avait été lue à l'Académie des sciences, le 14 août 1779, et avait été écrite en 1777.

Cet auteur parle peu du département du Gard. Il est souvent diffus ; entraîné par son imagination et l'esprit de système, il néglige presque toujours l'observation directe pour se livrer à de vaines théories sur la formation de la terre. Cet ouvrage volumineux offre en général bien peu d'intérêt, et l'on ne peut guère y puiser que des connaissances confuses sur le sol de nos contrées méridionales. Il est remarquable cependant en ce qu'il contient de petites cartes minéralogiques et lithologiques de quelques parties du Languedoc.

Ces cartes portent les titres suivants :

1° *Carte géographique de la nature ou disposition naturelle des minéraux, végétaux observés en Vivarais. Dressée par le sieur Dupain-Triel fils, ingénieur géographe du roi, 1780* (t. I, p. 488) ;

2° *Carte minéralogique et lithologique du Velay, enluminée suivant la nature du sol et la distribution des volcans, des roches granitiques et calcaires,* dressée par le même en 1781 (t. III, pl. 4, p. 398) ;

3° *Carte de l'Uzégeois selon la distribution naturelle des contrées calcaires, schisteuses et aurifères,* dressée par le même (t. III, pl. 5, p. 402).

Cette dernière carte contient l'arrondissement d'Uzès et une partie de celui d'Alais.

Carte de la banlieue de la ville de l'Argentière, t. VII, pl. 2, p. 77.

Ces cartes, évidemment faites sur le modèle de la carte minéralogique de Guettard, qui avait paru en 1746 (1), ont cela de particulier qu'elles sont enluminées, c'est-à-dire qu'indépendamment des signes conventionnels indiquant les gîtes métallifères, les terrains y sont indiqués par des teintes plates ou par des liserés coloriés ; les basaltes, les cratères et les coulées volcaniques y sont marqués par une teinte rouge carmin, tandis que dans la carte de Guettard les terrains sont indiqués simplement par des hâchures ou des signes conventionnels.

1780. CHAPTAL (Jean-Antoine), célèbre chimiste, né à Nogaret (Lozère), le 4 juin 1756. Nommé professeur de chimie en 1781, fut ministre de l'intérieur, du 1er pluviôse an IX jusqu'à la fin de l'an XII (1804) ; directeur général du commerce et des manufactures le 31 mars 1815, il mourut le 30 juillet 1832.

Premier mémoire sur quelques établissements utiles à la province de Languedoc (Assemblée publique de la Société royale des sciences de Montpellier, 27 décembre 1780 ; — et *Journal de physique,* 1781, 1re partie, p. 365).

Il signale dans cet écrit le Bol jaune de Saint-Victor, près Uzès, comme pouvant donner par le grillage une très-belle couleur rouge (brun rouge), et un marbre blanc

(1) *Carte minéralogique où l'on voit la nature et la situation des terrains qui traversent la France et l'Angleterre.* Dressée sur les observations de M. Guettard, par Philippe Buache. *Mémoire de l'Académie royale des sciences,* 1746, p. 392, pl. 32.

trouvé dans les couches de Valliguières, près Connaux, par M. de Joubert.

Lettre de Chaptal à Buffon (*Mercure de France,* 7 décembre 1782), à l'occasion du prétendu volcan de Vénéjan, dans l'arrondissement d'Uzès, dont parle Genssane dans son *Histoire naturelle du Languedoc,* t. I, p. 155. 1782.

Comme les ouvrages qui contiennent cette lettre sont devenus très-rares, nous avons cru devoir la reproduire ici.

« On a annoncé et décrit un volcan brûlant dans le » Languedoc, sur lequel il est nécessaire de détromper : » ce prétendu volcan est connu sous le nom de *Phosphore* » *de Vénéjan.*

» Vénéjan est un village situé à un quart de lieue du » grand chemin, entre Saint-Esprit et Bagnols ; depuis un » temps immémorial, au retour du printemps, on aperce- » voit du grand chemin, un feu qui augmentoit pendant » l'été, s'éteignoit peu à peu en automne, et n'étoit visible » que la nuit ; plusieurs fois on s'étoit porté en droite » ligne, du grand chemin à Vénéjan, pour vérifier le » phénomène sur les lieux ; mais la nécessité de plonger » dans un bassin pour y parvenir, fesoit perdre le feu de » vue, et arrivé à Vénéjan on ne trouvoit plus rien qui » ressemblât au feu d'un volcan. *Genssane* décrit ce phé- » nomène et le compare aux jets d'une *forte aurore boréale ;* » il dit même que le pays est volcanique (*Histoire naturelle* » *du Languedoc, diocèse d'Uzès*). Enfin il y a quatre ou » cinq ans que ces feux se multiplièrent dans l'été, et, au » lieu d'un, il en parut trois ; des physiciens de Bagnols » firent le projet d'examiner ce phénomène de plus près, » et ils se transportèrent à une campagne située entre le » chemin et Vénéjan, armés de torches, de porte-voix et

» de tout ce qui leur parut nécessaire pour faire l'observa-
» tion. A minuit, quatre ou cinq d'entre eux furent députés
» et dirigés vers le feu, et ceux qui restèrent les remet-
» toient toujours sur la voie par le moyen de leur porte-
» voix ; enfin, parvenus au village, ils trouvèrent trois
» groupes de femmes filant de la soie, au milieu des rues,
» à la lueur d'un feu de chenevottes ; tous les phénomènes
» disparurent, et l'explication des observations faites à ce
» sujet devint simple. Au printemps le feu étoit foible
» parce qu'il étoit alimenté avec du bois qui donnoit de la
» chaleur et de la lumière ; pendant l'été on bruloit des
» chenevottes, attendu qu'il ne falloit que de la lumière ;
» alors s'étoient établis trois feux, parce que l'approche de
» la foire du Saint-Esprit, où se vendent les soies, leur
» faisoit une nécessité de presser leur travail. Les paysans
» renvoyèrent ces observateurs, qui s'étoient annoncés
» avec fracas, avec une salve de cailloux que des Don-
» Quichottes de l'histoire naturelle auroient pris certaine-
» nement pour une éruption volcanique ».

1783. *Observations générales sur l'histoire naturelle des diocèses d'Alais et d'Uzès* (Assemblée publique de la Société royale des sciences de Montpellier, 10 décembre 1783, 6 pages).

1787. *Observations sur quelques avantages qu'on peut retirer des terres ocreuses, avec les moyens de les convertir en brun-rouge, et d'en former des Pouzzolanes propres à remplacer avec économie les étrangères et les nationales* (Assemblée publique de la Société royale des sciences de Montpellier, 9 janvier 1787, 37 pages).

L'abbé DE BREARD.... 1784.

Mémoire sur les mines de fer d'Alais. Brochure in-18 de 48 pages, imprimé au Bourg-Saint-Andéol, sans date, mais que nous croyons avoir paru vers 1784 ou 1785.

L'abbé Breard, qui était agent directeur de la mine de houille de Rochebelle appartenant à M. Tubeuf, démontre dans cet écrit le grand avantage qu'il y aurait d'exploiter les mines de fer d'Alais et notamment celle de Trepalou ; il parle des essais qu'il avait faits avec son ingénieur, M. Renaux jeune, pour substituer, dans la fusion du minerai de fer, le charbon de pierre préalablement désoufré, au charbon de bois. Ce procédé leur donna, dit-il, de l'excellent fer, malléable à la première fonte.

ALLUT (ANTOINE), né à Montpellier, le 23 octobre 1743, fut immolé sous le régime révolutionnaire à Paris, dans les premiers jours de juillet 1794, avant d'avoir accompli sa 51e année (1). 1784.

On a de cet auteur un *Mémoire sur les fontaines intermittentes irrégulières* (Assemblée publique de la Société royale des sciences de Montpellier, 23 décembre 1784, p. 35, 22 pages). Les sources dont il est question dans cet écrit et qu'il désigne sous le nom de *Boulidou* et des *Fontaines de madame*, sont situées dans l'arrondissement d'Uzès, sur la rive gauche du Gardon, dans la commune de Sanilhac, environ à 1/2 quart de lieue en amont du moulin de la Baume.

(1) M. Antoine Allut devint directeur de la fabrique de glaces de Saint-Gobain après la mort de son père, entre les mains duquel cette fabrique avait beaucoup perdu et qu'il releva.

Il était frère de Mme Verdier-Allut, d'Uzès, dont les poésies, pleines de charme et de sensibilité, ont été publiées en 1862, par son petit-fils, M. Gustave de Clausonne, président à la Cour de Nimes. *(Note de l'éditeur).*

FAUJAS DE SAINT-FOND, né à Montélimart, le 17 mai 1741 ; professeur de géologie au muséum de Paris ; mort le 18 juillet 1819 à sa terre de Saint-Fond en Dauphiné.

On a de cet auteur un Mémoire intitulé : *Notice sur une mine de charbon fossile du département du Gard, dans laquelle on trouve du succin et des coquilles marines* (*Annales du muséum*, t. XIV, p. 315, 11 pages).

Cet auteur y décrit et y figure pl. 19, fig. 1-6, les ampullaires et les mélanies qui se trouvent en grand nombre dans les marnes bitumineuses des mines de lignite de Saint-Paulet, dans l'arrondissement d'Uzès.

1781. Dans son *Histoire naturelle de la province du Dauphiné*, ouvrage incomplet dont il n'a paru que le 1er volume (Paris 1781, 1 volume in-8o), il parle, dans la note de la page 235, des cailloux roulés de Villeneuve-lès-Avignon qui s'étendent jusqu'à Remoulins, et qui forment un dépôt analogue à celui de Montélimart, composé, dit-il, de quartz, de granit et de basalte noir.

1782. Le baron DE SERVIÈRES, né à Vallon (Ardèche).

Analyse chimique d'une pierre calcaire surcomposée (*Journal de physique*, t. XXI, 1782, page 394, 7 pages d'impressions).

Dans ce mémoire composé en compagnie de *M. Vincent de Villas* fils aîné, il donne une longue analyse chimique du calcaire à entroques (oolite inférieure) qui se trouve sur le chemin d'Alais, à un quart de lieue de Saint-Ambroix.

Le baron de Servières nous a laissé deux mémoires sur les alluvions anciennes qui s'étendent sur la partie méridionale du département.

1783. Le premier a pour titre : *Conjectures physico-historiques sur l'origine des cailloux quartzeux répandus et amoncelés dans les environs de Nimes, principalement au-delà du Vistre* (*Journal de physique*, t. XXII, mai 1783, p. 370 à 385, 16 pages d'impression).

Le second est intitulé : *Observations lithologiques sur le* 1784.
territoire de Nimes (*Journal de physique*, t. XXIV, janvier 1784, p. 48 à 56, 8 pages d'impression).

Dans ces deux derniers mémoires, l'auteur attribue au Rhône les cailloux que l'on trouve aux environs de Nimes, et paraît disposé à attribuer au même fleuve ceux de la plaine de la Crau.

BARON (JEAN-JACQUES), né à Saint-Gilles en 1756, 1785.
mort le 6 décembre 1842, conseiller à la cour des comptes aides et finances de Montpellier, plus tard, conseiller à la cour impériale de Nimes, est l'auteur d'une brochure intitulée : *Mémoire sur le canal d'Aiguesmortes à Beaucaire* (Nimes, 1785, in-4o). Il cherche, dans ce petit travail, à prouver les avantages que ce canal aurait pour le commerce, pour la salubrité des lieux, et pour l'amélioration du sol (1).

Mémoire sur le Rhône, par BERNARD (couronné par 1783.
l'académie de Marseille) ; et *Mémoire sur la Durance* (*Journal de physique*, t. XXII, mai 1783, p. 350, 351, 357, 359 et 360).

BARTHÈS DE MARMORIÉS. Dans un ouvrage intitulé : 1786.
Traité des moyens de rendre la côte de la province de Languedoc plus florissante que jamais (Montpellier, 1786, 2 parties, 1 vol. in-8o), il propose, pour atteindre ce but

(1) *Histoire littéraire de Nimes*, par Michel Nicolas, t. III, p. 174.

plusieurs moyens, entre autres : l'ouverture des ports de Frontignan, de Maguelonne et de Palavas ; le prolongement du *canal des Etangs* le long de l'étang de Mauguio ; le comblement des étangs et des marais de toutes nos côtes maritimes au moyen des limons que charrient les rivières du Vidourle, du Vistre, du Lez et de la Mosson, ce qui rendrait tous ces terrains à l'agriculture et détruirait les exhalaisons funestes qui s'en échappent. Il propose aussi d'établir un nouveau port à l'embouchure du petit Rhône, et de canaliser ce bras du fleuve afin d'éviter les embouchures du grand Rhône. Enfin il donne quatre moyens de débarrasser le port de Cette des sables que le Rhône y charrie. — A la page 32 il traite du *Grau du Roi* et des améliorations qu'on pourrait y apporter.

DORTHES (Jacques-Anselme), naquit à Nimes, le 19 juillet 1759, mort en 1794. — Destiné d'abord à l'état ecclésiastique, il le quitta au moment d'entrer dans les ordres, pour se livrer à l'étude de la médecine qui s'accordait mieux avec l'indépendance de ses opinions, et avec son amour pour l'histoire naturelle, dont il cultiva toutes les branches, et notamment la botanique, avec autant d'ardeur que de succès.

On a de lui les mémoires suivants :

1786. 1° *Observations sur les variolithes et sur leur décomposition* (*Journal de physique*, juin 1786, t. XXVII, p. 460) ;

1787. 2° *Aperçus sur les atterrissemens de la Méditerranée dans le bas Languedoc, et application d'une nouvelle méthode lithologique aux diverses pierres qu'on y rencontre* (*Journal de Languedoc*, 3 vol. in-8°, Nimes 1787, t. I, p. 314, et t. II, p. 34 et 71).

Ce mémoire ne contient qu'une amplification minéralogique sur les cailloux roulés qui se trouvent dans le diluvium alpin des environs de Vauvert.

J.-G. BRUGUIÈRES parle des empreintes végétales-houillères qu'on rencontre dans les diverses exploitations des Cévennes (*Journal d'histoire naturelle*, vol. I, p. 109, 1792). 1792.

Ces couches à empreintes végétales proviennent selon lui, d'un dépôt lent et régulier qui se serait formé au fond de la mer avec les détritus des plantes qui ont vécu à peu de distance de la côte, et que les cours d'eau auraient apportés des terres voisines.

Le célèbre DE SAUSSURE traversa, en 1789, une partie du département, mais sans s'écarter des bords du Rhône. Il fut de Beaucaire au Pont-Saint-Esprit en passant par Lafoux, le Pont du Gard, Valliguières, Connaux et Bagnols; mais il ne nous a laissé, sur ce rapide trajet, que des détails peu importants (*Voyage dans les Alpes*, vol. III, chap. XXXV. Edit. in-4°, Neufchâtel, 1796). 1789.

BLAVIER. *Rapport sur les mines de fer d'Alais* (*Journal des mines*, t. III, 1796). 1796.

Avis aux capitalistes sur les mines de fer qui se trouvent aux environs d'Alais (*Journal des mines*, t. III, n° 10, p. 49).

BOISSIÈRES, médecin à Saint-Hippolyte-le-Fort (Gard), est l'auteur d'une notice sur les bains de Fonsanche intitulée : *Précis sur les eaux minérales sulfureuses de Fonsange dans le département du Gard, par B., médecin de Montpellier, habitant à Saint-Hippolyte, département du* 1799.

Gard. Montpellier, an VII *républicain* (Broch. in-8°, de 32 pages).

1800. GRANGENT, ingénieur en chef des ponts et chaussées du département du Gard, a publié une description abrégée de ce département où l'on trouve un aperçu, très-succinct, à la vérité, mais assez exact, de sa richesse minérale : *Description abrégée du département du Gard rédigée en brumaire an* VIII *par l'ingénieur en chef Grangent, de concert avec MM. Granier, professeur d'histoire naturelle, et Solimani, professeur de chimie et de physique à l'école centrale de Nimes. Nimes, an* VIII *républicain* (1 vol. in-4° de 76 pages).

1807. *Mémoire sur le dessèchement des marais du département du Gard, par M. Grangent.*

Notice des travaux de l'Académie du Gard pendant l'année 1807, page 95 (26 pages).

18... PEUCHET, CHAULAIRE et HERBIN DE HALLE. *Description topographique et statistique de la France. Département du Gard* (1 vol. in-4° de 62 pages).

Ces trois auteurs ne donnent dans ce livre qu'une répétition de l'ouvrage de Grangent : *Description abrégée*, etc..., ci-dessus.

1802. CORDIER. *Lettres à la Méthérie sur les Cévennes* (*Journal de physique*, 1802, t. LVI, p. 221).

Enfin, pour clôturer cette liste des anciens auteurs, nous citerons la *Topographie de la ville de Nismes et de sa banlieue, par le citoyen* JEAN-CÉSAR VINCENS, *et par le citoyen* BAUMES, *publiée avec des notes par le* C^{n}

VINCENS SAINT-LAURENT (vol. in-4° de 588 pages. Nimes, an x, 1802).

On trouve dans cet ouvrage quelques détails intéressants sur l'hydrographie souterraine de la contrée.

Auteurs modernes.

XIXe SIÈCLE.

Depuis les publications que nous venons de citer, les sciences naturelles, la minéralogie et surtout la géologie, ont fait d'immenses progrès, et l'on a pu voir qu'à l'exception des travaux d'Astruc, de Genssane, de l'abbé de Sauvages, de Montet et de Giraud-Soulavie, tous les autres ne consistent guère qu'en des dissertations plus ou moins stériles sur des sources minérales alors en vogue, mais dont plusieurs n'offrent plus que des propriétés médicales fortement contestées aujourd'hui.

Si ces anciens travaux ne présentent en réalité que peu d'intérêt au géologue moderne, il n'en est pas de même de ceux publiés depuis le commencement du XIXe siècle. Nous allons les énumérer, et l'on pourra toujours, comme nous, les consulter avec fruit.

Parmi les auteurs modernes nous citerons d'abord le baron LOUIS-AUGUSTIN D'HOMBRES-FIRMAS, né à Alais, le 6 juin 1776, décédé le 5 mars 1857, membre correspondant de l'Institut, arrière-neveu de l'abbé de Sauvages dont le nom est à juste titre encore populaire dans nos contrées.

Le baron d'Hombres-Firmas a publié un grand nombre de mémoires sur la physique, la météorologie, l'agriculture et l'histoire naturelle des Cévennes. Ces mémoires ont paru à diverses époques, et dans plusieurs recueils scientifiques français et étrangers. Quelques années avant sa mort, l'auteur les a tous réunis sous le titre de *Recueil de mémoires et d'observations de physique, de météorologie, d'agriculture, d'histoire naturelle et mélanges* (ouvrage in-8°, en 6 parties formant 3 volumes. Nimes, 1838 à 1851, et une 7e partie ou supplément de 21 brochures publiées, avec une pagination particulière, de 1852 à 1856).

Voici le titre des mémoires qu'on trouve dans ce recueil et qui ont un rapport plus ou moins direct avec notre publication.

1806. *Relation de la chute de deux aérolithes dans l'arrondissement d'Alais* (*Recueil*, 4e partie, p. 23).

1808. *Note sur le tremblement de terre du 2 février 1808* (*Recueil*, 4e partie, p. 27).

1808. *Nivellement barométrique des Cévennes ou tableau des hauteurs les plus remarquables des Cévennes mesurées avec le baromètre* (*Recueil*, 1re partie, p. 195 ; — et *Notice des travaux de l'Académie du Gard* pendant l'année 1808, p. 191 ; — *idem.*, 1810, p. 91. — *Mémoire de l'Académie royale du Gard*, année 1832, p. 177).

1815. *Rapport sur un abîme ouvert dans la plaine de Boucoiran* (*Recueil*, 4e partie, p. 27).

1816. *Description d'une formation calcaire des environs d'Alais* (*Recueil*, 4e partie, p. 42. — *Bibliothèque universelle*, t. 7, p. 150).

1817. *Notice sur les ossements fossiles des environs d'Alais*, *envoyée à l'Institut en octobre 1817* (*Recueil*, 4e partie p. 132).

Notice sur l'asphalte et les pétrifications d'Auzon (*Recueil*, 4e partie, p. 49. — *Bibliothèque universelle*, t. IX, p. 236, 1818. — *Journal de physique*, t. LXXXVIII, p. 182). 1818.

Mémoire sur les pétrifications des Cévennes et en particulier sur celles qui se trouvent à Sauvages près Alais, lu à l'Institut le 7 juin 1810 (*Recueil*, 4e partie, p. 61). 1819.

Mémoire sur les ossements humains fossiles de la beaume des Morts, près Durfort (*Journal de physique et d'histoire naturelle*, numéro de mars, et *Bibliothèque universelle*, numéro de mai 1821. — *Recueil*, 4e partie, p. 79). 1821.

Essai sur le déboisement des montagnes en France, et en particulier dans le département du Gard (*Recueil*, 4e partie, p. 91).

Note sur les aérolithes de Juvinas (Ardèche) (*Journal de physique et d'histoire naturelle*, t. XCII, 1821, — *Recueil*, 4e partie, p. 98). 1821.

Description du pont naturel de l'Ardèche. Lue à l'Académie royale des sciences, et imprimée dans le Journal de physique et la Bibliothèque universelle.

Considération sur les fossiles et particulièrement sur les ammonites. Mémoire lu à la Société d'histoire naturelle de Genève, le 21 mai 1824, publié dans le numéro de ce mois de la Bibliothèque universelle, t. XXVI, p. 58 (*Recueil*, 4e partie, p. 118). 1824.

1824. *Notice sur un gisement de strontiane sulfatée, découvert dans la commune de Mons, arrondissement d'Alais. Publiée dans le journal de la Société linnéenne, 1824, dans la Bibliothèque universelle, t. XXX, et dans le Journal de physique, t. XCII, p. 288* (*Recueil*, 4e partie, p. 137).

1837. *Mémoire sur les Hippurites et les Sphérulites du département du Gard. Lu à l'Académie royale du Gard, et à l'Institut de France, dans la séance du 13 février 1837; publié par extrait dans le tome IX du Bulletin de la Société géologique, 1838, p. 190* (*Recueil*, 4e partie, p. 169).

1837. *Additions faites au précédent mémoire* (IX additions). (*Recueil*, 4e partie, p. 186).

1837. *Notice sur la rivière de Cèze et la cataracte de Sautadet. Adressée à la Société géographique; imprimée dans son Bulletin n° 41, mai 1837* (*Recueil*, 4e partie, p. 202).

Notice sur la Nérinée gigantesque (Nerinœa gigantea). (*Recueil*, 4e partie, p. 207. Pl. V, fig. 1, 2).

Notice sur les dents fossiles de poisson (*Recueil*, 4e partie, p. 210. Pl. V, fig. 3, 4).

Mémoire sur la formation d'un cabinet d'amateur et d'une collection géologique des Cévennes. Lu à la séance publique de l'Académie royale du Gard, devant le Conseil général du département (*Recueil*, 4e partie, p. 213).

1839. *Description de la Nérinée toupie (Nerinœa trochiformis). Mémoires de l'Académie du Gard, année 1839, page 116, pl.* VI, *fig. 1, 2; Bulletin de la Société géologique de France,*

1re série, t. XI, p. 70, séance du 16 décembre 1839; — Actes de la Société linnéenne; la Bibliothèque universelle, etc. (*Recueil*, 4e partie, p. 238. Pl. VI, fig. 1, 2).

Xe Addition au mémoire sur les Hippurites et les Sphé- Octobre 1839.
lites du département du Gard, lu à la séance du 21 décembre de l'Académie royale du Gard. Mémoires de l'Académie royale du Gard, année 1839, p. 117. Pl. VI, fig. 3; *Bulletin de la Société géologique*, 1re série, t. II, p. 98 (*Recueil*, 4e partie, p. 241).

Paléontologie ou *Mémoire sur les ossements de Saint-Martin-d'Arènes* (*Recueil*, 4e partie, p. 261).

Description de deux térébratules de ma collection géolo- 1841.
gique des Cévennes (*Terebratula contracta et T. contracta plicata*), *communiquée à l'Institut le 22 mars 1841, publiée dans les bulletins de la Société géologique de France, t. XII, p. 262, et dans les Mémoires de la Société linnéenne de Normandie* (*Recueil*, 4e partie, p. 264, pl. VII, fig. 1, 2).

Description d'une moule géante fossile (Mytilus gigas). 1843.
Bulletin de la Société géologique de France, t. XIV, p. 456, séance du 1er mai 1843 (*Recueil*, 4e partie, p. 269).

Découverte de Chamærops Dumasiana (*Recueil*, 4e partie, p. 271, pl. VIII, fig. 1, 2).

Observations sur la *Terebratula diphya* (*Recueil*, 4e partie, p. 325, pl. IX, fig. 1, 8).

Itinéraire proposé à la Société géologique de France dans 1846.

sa réunion extraordinaire à Alais, le 30 août 1846 (*Recueil*, 6e partie, p. 111).

1847. *Notes sur Fressac (Gard) et description de deux anciennes térébratules inédites (Terebratula minima*, Pl. III, fig. 1, et *T. Leopoldina*, Pl. III, fig. 5, 6, 7, 8*), communiquées à l'Institut et à la Société géologique de France (Recueil*, 6e partie, p. 171).

1847. *Description de la Terebratula Alesiensis, adressée à l'Institut et à la Société géologique de France (Recueil*, 6e partie, p. 177).

1847. *Troisième mémoire sur les ossements fossiles des environs d'Alais*. Ossements dans le calcaire d'eau douce près de Saint-Hippolyte-de-Caton, découverte annoncée à l'Institut et à la Société géologique de France, en juillet 1847 (*Recueil*, 6e partie, p. 227).

1848. *Etudes hydrogéologiques sur les puits artésiens ou plutôt sur les puits naturels et les sources ascendantes du département du Gard (comptes rendus de séance de l'Académie des sciences du 15 novembre 1848, 8 janvier et 26 février 1849. — Procès-verbaux de l'Académie du Gard, 25 novembre 1848. — Bulletin de la Société géologique de France, juin 1849, t.* VI, *p. 599)* (*Recueil*, 6e partie, p. 287). *Extrait des études hydrogéologiques du département du Gard. Mémoires de l'Académie du Gard*, 1849 à 1850, p. 202.

1849. *Cavernes à ossements d'Alais* (*Recueil*, 6e partie, p. 359).

Cavernes ossifères de M. Bonneau, à Saint-Julien-d'Ecosse ; — de M. Murjas, sur le Roc-de-Duret ; — ossements et sable ossifère de la Diane, même groupe ; — fer hydraté pisolithique des brèches de Saint-Julien ; — ossements du Puech-de-Cendras.

Notes sur les géodes et particulièrement sur les géodes d'Alzon, offertes à la Société géologique de France (*Bulletin de la Société géologique de France,* t. VII, p. 479. *Recueil,* 6e partie, p. 373, et additions à ce mémoire p. 377). 1850.

Notes sur les géodes ferrugineuses de Saint-Julien-de-Valgalgues et en particulier sur celles qui contiennent de l'eau (*Comptes rendus de l'Institut,* 1851, no 2, page 39. *Mémoires de l'Académie du Gard,* année 1851, p. 226. — *Recueil,* 6e partie, p. 382). 1850.

Mémoire sur le Rhinoceros minutus de Saint-Martin-d'Arènes, près d'Alais (Gard), adressé à l'Institut, lu aux académies impériales de Nimes et de Montpellier (*Comptes rendus des séances de l'Institut* des 17, 24 janvier et 14 mars 1853), broch. in-8o de 7 pages et *Recueil,* 7e partie, supplément. 1853.

Mémoire sur la fraidronite, offert à la Société géologique de France, 11 novembre 1854, broch. in-8o de 12 pages (*Recueil,* 7e partie, supplément). 1854.

Notice sur le Terebratula diphya adressée à la Société géologique de France et à la Société d'agriculture et des sciences naturelles de Lyon. Alais, 6 avril 1855. Broch. in-8o de 8 pages (*Recueil,* 7e partie, supplément). 1855.

Observations sur le Pecten glaber, communiquées à l'Institut impérial, à la Société des antiquaires de France, à l'Académie des sciences, de Nimes, etc. 15 mars 1856. 1856.

Broch. in-8° de 10 pages (*Recueil*, 7e partie, supplément).

On est redevable à feu M. DAX, docteur en médecine
1809. à Sommières : 1° D'un mémoire intitulé : *Recherches sur la position respective de la Méditerranée et de la ville d'Aiguesmortes à la fin du* XIIIe *siècle* (*Notice des travaux de l'Académie du Gard* pendant l'année 1809, p. 189).

1810. 2° D'un *mémoire sur les Bouillens de Vergèze* (*Notice des travaux de l'Académie du Gard*, 1810, p. 141).

1822. 3° *De la description d'une roche qui renferme exclusivement des coquillages fluviatiles et terrestres* (*Notice des travaux de l'Académie du Gard*, année 1822, p. 371).

C'est la formation lacustre observée pour la première fois dans le département du Gard, aux environs de Sommières.

Je me plais à rendre ici un hommage de reconnaissance à la mémoire de cet homme estimable qui exerça la médecine à Sommières pendant plus de trente ans. C'est lui qui contribua à développer chez moi, encore enfant, le goût des sciences naturelles. Je ressens encore le frémissement de plaisir que j'éprouvais lorsque ce bon docteur m'apportait une coquille, un caillou ou une fleur que je déposais précieusement dans ma petite collection.

1811. *Position géographique de la ville de Nimes, déterminée par le* BARON DE ZACH (*Notice des travaux de l'Académie du Gard* pendant l'année 1811, p. 283, mémoire de 46 pages).

Journal des bains de Fonsanche, par J.-B.-E. DEMORCY-DELLETRE, *de Montpellier, docteur en médecine,* etc... Brochure in-8o en deux cahiers de 110 pages. Montpellier 1818. 1818.

On y trouve une analyse de ces eaux minérales.

ROUGER (François-Alexandre), né au Vigan et mort dans cette ville vers 1825, est l'auteur d'une *Topographie statistique et médicale de la ville et du canton du Vigan, par feu François-Alexandre Rouger,* 1 vol. in-8o, Montpellier 1819, Jean Martel aîné, — où l'on trouve quelques indications sur les mines de houille et sur la minéralogie de cette contrée. 1819.

Notice sur la ville d'Aiguesmortes, par F.-Em. di PIETRO (Paris, 1821, 1 vol. in-8o de 142 pages), et nouvelle édition Paris 1847. 1821.

Pietro à l'époque où il a écrit cette notice était sous-inspecteur des douanes à Aiguesmortes.

On trouve dans cet ouvrage des observations très-importantes sur les atterrissements opérés tout à l'entour de cette ville, et des indications topographiques sur l'emplacement du Grau et du canal qui aboutissait au port d'Aiguesmortes du temps de saint Louis.

Marcel de SERRES, professeur de géologie à la Faculté des sciences de Montpellier, a donné aussi, parmi le grand nombre de ses publications géologiques, quelques indications relatives à la contrée qui nous occupe ; elles se trouvent contenues dans les ouvrages suivants :

Mémoire sur les terrains d'eau douce (*Journal de Phys.*, t. LXXXVII, 1818, juillet, août et septembre). 1818.

Dans ce mémoire il est question du terrain d'eau douce du département du Gard, observé sur les rives du Vidourle depuis Sommières jusqu'au-delà du village de Salinelles. On y décrit aussi le gisement de magnésite schistoïde, connue dans le commerce sous le nom de *pierre à détacher de Salinelles.*

1824. *Observations sur les ossements humains découverts dans les crevasses secondaires, et en particulier sur ceux que l'on observe dans la caverne de Durfort, dans le département du Gard* (*Mémoires du muséum d'histoire naturelle*, t. XI, p. 372, in-4°, Paris, 1824, 47 pages; et *Annales de la Société linnéenne de Paris*, vol. V, p. 108 et 442).

1829. *Géognosie des terrains tertiaires, ou tableau des principaux animaux invertébrés des terrains tertiaires du Midi de la France* (1 vol. in-8° de 276 pages et 6 planches, Montpellier, 1829).

On trouve dans cet ouvrage quelques détails sur les mines de lignite de Saint-Paulet, situées dans l'arrondissement d'Uzès.

1832. *Note en réponse aux observations faites par M. Jules Desnoyers, sur les ossements humains et les produits d'industrie découverts dans les cavernes à ossements* (*Annales des sciences et de l'industrie du Midi de la France*, publiées par la Société de Statistique de Marseille, t. II, p. 101, Marseille, 1832, 14 pages).

Il est surtout question dans ce mémoire, de la caverne de Mialet, près Anduze.

1838. *Essai sur les cavernes à ossements et sur les causes qui les y ont accumulés* (1 vol. in-8° de 412 pages, 3e édition, Lyon 1838).

On trouve dans cet ouvrage quelques indications intéressantes sur les cavernes à ossements du département du Gard, savoir : sur celles de *Mialet* et de *Jobertas* (p. 149) ; de *Nimes* (p. 154) ; des environs du *Vigan* (p. 142) et sur celles de *Pondres* et de *Souvignargues* (p. 166).

Description de quelques mollusques fossiles nouveaux des terrains infra-jurasiques, et de la craie compacte inférieure du Midi de la France (*Annales des Sociétés naturelles*, 2e série, t. XIV, zoologie, p. 5, 1840, 20 pages). 1840.

Ce mémoire est relatif à deux corps organisés fossiles que cet auteur décrit sous les noms de *Tisoa* et de *Niscea*. Le premier se rencontre dans les marnes supra-liasiques de Fressac (arrondissement du Vigan) ; le second caractérise le calcaire néocomien des environs de Nimes.

Nous croyons devoir rappeler ici l'intéressante *Notice sur la ville d'Anduze et ses environs, par* M. A.-L.-G. VIGUIER, *docteur en médecine à la Faculté de Montpellier* (1 vol. in-8°, Paris, 1823). 1823.

M. Viguier, botaniste distingué, professeur adjoint à la Faculté de Montpellier, donne, au chapitre VI de cette notice, plusieurs indications précieuses sur la géologie et les fossiles de cette partie du département du Gard.

JABIN. *Notice sur le gisement de l'antimoine sulfuré de Malbosc* (*Annales des mines*, t. I, 2 série, p. 3).

M. LOUIS MARROT, alors élève ingénieur au corps royal des mines, publia en 1823 un mémoire intitulé : *Notice sur la constitution géologique et sur les richesses minérales du* 1823.

département de la Lozère. Extrait d'un rapport adressé à M. le directeur général des ponts et chaussées et des mines. (*Annales des mines*, 1re série, t. VIII, p. 458, 1823.)

Ce mémoire renferme quelques détails géologiques très-intéressants sur les parties du département du Gard voisines de la Lozère, ainsi qu'une description des mines de galène argentifère de Saint-Sauveur, qui formaient autrefois une seule concession avec les filons situés dans le département de la Lozère, sur le territoire des communes de Meyrueis et de Gatuzières.

1827. Nous devons à M. Jules TEISSIER-ROLLAND, médecin à Anduze, un mémoire intitulé : *Notice sur un terrain renfermant de nombreux débris de mollusques et de reptiles, à Brignon, près Anduze* (*Annales des sciences naturelles*, par MM. Audoin, Ad. Brongniart et Dumas, Paris, 1827, t. XII, p. 197, mémoire de 11 pages).

1831 à 1832. Ce même géologue a aussi donné des détails très-intéressants sur la caverne ossifère de Mialet; dans diverses notes, envoyées à la Société géologique de France, pendant les années 1831 et 1832, il fait connaître la position exacte des ossements humains qu'on rencontre dans cette caverne, et il se prononce contre la non contemporanéité des ossements humains et ceux des mammifères d'espèces perdues (*Bulletin de la Société géologique de France*, t. II, pages 21, 84, 85, 119, 350; années 1831 à 1832).

1833 à 1834. Dans un cours d'histoire naturelle, professé à l'Athénée du Gard pendant les années 1833 et 1834, M. Teissier a donné encore plusieurs indications importantes sur la minéralogie et la géologie du département du Gard (deux brochures in-8o, de 44 et de 45 pages; Nimes, 1833-1834).

Enfin, ce même auteur a publié une suite de mémoires intitulés :

1° *De l'abbé Paramelle et des divers moyens d'amener des eaux à Nimes* (Nimes, 1842). 1842

2° *Etudes sur les divers moyens de procurer des eaux à la ville de Nimes* (Nimes, 1843). 1843.

3° *De Nimes et de ses eaux* (Nimes, 1844). 1844.

4° *Etudes sur les eaux de Nimes* (Nimes, 1845). 1845.

5° *Etudes sur les eaux de Nimes.*

Dans ces mémoires, il passe en revue les divers projets proposés depuis longtemps pour amener des eaux à la ville de Nimes, et fait connaître plusieurs faits intéressants sur l'hydrographie souterraine de nos contrées.

M. DELCROS, commandant d'état-major, chargé de la triangulation de la nouvelle carte de France, a publié, en 1831, dans le *Bulletin de la Société de géographie*, une *Note sur le prétendu abaissement de la mer à Aiguesmortes.* 1831.

M. ALEXANDRE DU MÈGE, de la Haye, en 1834, a publié aussi un *Mémoire sur Aiguesmortes*, où il traite la même question (*Mémoires de la Société archéologique du midi de la France*, t. II, 1834 à 1835, page 25, in-4°. Toulouse, 1836, 26 pages d'impression (de la page 25 à 51). 1834.

VARIN-D'AINVELLE, né à Besançon en 1806, décédé en juin 1856, ancien ingénieur des mines de l'arrondissement 1830.

d'Alais, député au Corps législatif en 1850, maire de la ville d'Alais en 1852 jusqu'en 1855, est l'auteur d'un *Mémoire sur un gisement de blende dans le département du Gard et sur la possibilité d'en tirer parti* (*Extrait des annales des mines*, t. VII, année 1830).

1832. On lui doit aussi : *Analyse d'un minéral trouvé dans le grès houiller du bassin d'Alais, par M. Varin, ingénieur des mines.* (*Annales des sciences et de l'industrie du midi de la France*, publiées par la Société de statistique de Marseille, t. Ier, page 54, 3 pages. 1832).

1833. ABRIC. *Note statistique sur le bassin houiller d'Alais et les concessions de la compagnie de la Grand'Combe.* (*Mémoires de l'Académie royale du Gard*, année 1833, page 123, 31 pages).

1834. M. J.-P.-A. BUCHET, de Genève, alors pasteur protestant de la commune de Mialet, découvrit, vers 1830, dans la caverne du Fort, les premiers ossements fossiles.

De retour dans sa patrie. il publia un mémoire relatif à cette découverte, intitulé : *Mémoire sur une caverne à ossements fossiles découverte à l'est de Saint-Jean-du-Gard.* Cet écrit est suivi d'une *Note sur les ossements d'ours fossiles trouvés dans la caverne de Mialet, par F.-J. Pictet* (*Mémoires de la Société de physique et d'histoire naturelle de Genève*, vol. VI, partie 2, page 369. 1834; — Et *Bibliothèque universelle*, juillet 1834).

1835. VIGNE-MALBOIS (JEAN), né le 9 novembre 1784, mort le 1er février 1840, ancien maire d'Aiguesmortes, a écrit dans le *Journal du Gard*, du 11 février 1835, un article *sur la galère découverte à Aiguesmortes.*

Notice *sur une prétendue galère de Saint-Louis trouvée à Aiguesmortes, par* JAL, chef de la section historique de la marine. Article inséré dans la *France maritime* (t. II, page 121, 5 pages de deux colonnes avec une carte des environs d'Aiguesmortes, Jules Lecomte, rédacteur en chef); 1835.

Réfutation de l'erreur généralement répandue que la ville d'Aiguesmortes va dégénérant tous les jours. Nimes, imprimerie de Durand-Belle, sans date, brochure in-8°.

M. le marquis DE ROYS DE SAINT-MICHEL, ancien élève de l'école polytechnique, originaire de Beaucaire, membre de la Société géologique de France, dont il a rempli pendant longtemps les fonctions d'archiviste et de trésorier, a publié dans le *Bulletin* de cette Société plusieurs observations sur le département du Gard, notamment sur les environs de Beaucaire et sur le bassin du Rhône.

Ces mémoires portent les titres suivants :

Lettre au Président de la Société géologique de France (*Bulletin de la Société géologique de France*, séance du 7 janvier 1839, 1e série, X, p. 41), contenant quelques détails sur la constitution géologique des environs de Beaucaire. 1839.

Note sur les grès inférieurs au lias dans les Cévennes et le Lyonnais (*Bulletin de la Société géologique de France*, séance du 3 novembre 1845, 2e série III, p. 44, 2 pages). 1845.

Note sur la comparaison des bassins tertiaires du Midi avec celui de Paris (*Bulletin de la Société géologique*. 1846.

Réunion extraordinaire à Alais, du 30 août au 6 septembre 1846, 2e série III, p. 645, 8 pages).

1851. *Note sur le transport des matériaux dans le bassin du Rhône, à l'entrée de son delta* (*Bulletin de la Société géologique de France*, séance du 7 avril 1851, 2e série VIII, page 316, 8 pages).

1854. *Note sur les dislocations des terrains à l'extrémité de la vallée du Rhône* (*Bulletin de la Société géologique de France*, séance du 6 mars 1854, 2e série XI, p. 325, 4 pages).

1840. *Mémoire de* M. BECQUEREL, *sur les paillettes d'or*, Institut 1840, séance du 27 juillet, page 131.

1842-1844. M. TELL ROSSIGNOL, médecin au Vigan, mais ayant pratiqué pendant plusieurs années la médecine à Saint-Jean-du-Gard, a fait connaître et a donné quelques détails sur le percement des dykes aquifères pratiqués dans cette dernière commune à l'effet d'obtenir des sources.

Ces écrits portent les titres suivants :

Des filons et de la visite de M. l'abbé Paramelle à Saint-Jean-du-Gard. Broch. in-4o de 8 pages, 10 septembre 1842.

Des filons ou dykes, suite de l'article du 10 septembre 1842, brochure in-4o de 8 pages, 31 octobre 1842.

Le Vigan et ses eaux, article inséré dans l'*Echo des Cévennes*, journal de l'arrondissement du Vigan, no 420, 22 juin 1844.

1843. BROQUIN, né à Sauve, où il exerça la médecine jusqu'à sa mort; ancien inspecteur des eaux minérales de Fonsanche, a publié les deux premiers numéros d'un journal intitulé : *Journal des bains de Fonsanche ou observations sur les propriétés physiques, chimiques et médicales de ces eaux minérales.* Nimes, imprimerie de la veuve Gaude, 1843. Brochure in-8o de 89 pages.

Parmi les ouvrages qu'on peut consulter avec fruit, nous 1843.
ne devons pas oublier de citer aussi la *Statistique du département du Gard*, publiée en 1843 par M. HECTOR RIVOIRE, ouvrage remarquable à plus d'un titre, couronné par plusieurs sociétés savantes, et où l'on trouve sur la constitution physique du département des indications utiles. Bien que le chapitre des mines et des carrières soit peu étendu, il contient cependant quelques documents intéressants.

Pour compléter la liste de presque tous les écrits plus 1841 à
ou moins relatifs à la géologie et à la minéralogie de la 1848.
contrée que nous décrivons, nous citerons les travaux des savants auteurs de la carte géologique de France, MM. DUFRENOY et ELIE DE BEAUMONT qui ont publié dans divers mémoires et dans l'*Explication de la carte géologique de France* (in-4o, 1er vol. 1841, et 2e vol. 1848), des observations importantes sur la géologie et la minéralogie du département du Gard.

Enfin, pour terminer, nous rappellerons que nous avons aussi nous-même, notamment à l'époque du Congrès scientifique de France, tenu à Nimes en 1845, et lors de la réunion extraordinaire de la Société géologique de France, tenue à Alais en septembre 1846, fait connaître plusieurs observations relatives à la constitution géologique de la contrée que nous allons décrire.

1841. *Lettre à M. le maire de Nimes* (*Mémoires de l'Académie royale du Gard*, année 1841, p. 217).

1844. *Rapport sur les ossements humains prétendus fossiles découverts par M. Félix Robert, au Colombier, près Alais, adressé à l'Académie royale des sciences de Paris au nom du Congrès scientifique de France, par une commission composée de* MM. JULES TEISSIER, EMILIEN DUMAS et JOLY (*Congrès scientifique de France,* 12e session, Nimes, 1 vol. in-8o, p. 130 et *Bulletin de la Société géologique de France,* t. I, 2e série, p. 474).

1845. *Note sur le Fraidronite, nouvelle roche plutonique* (*Congrès scientifique de France,* 12e session, 1er vol. in-8o, Nimes, 1845, p. 334).

1846. *Notice sur la constitution géologique de la région supérieure ou Cévennique du département du Gard* (*Bulletin de la Société géologique de France*, vol. III, 2e série, p. 566 à 625).

Mode d'exploration. On conçoit qu'un tracé aussi détaillé que celui des cartes géologiques que nous avons publiées, ainsi que les études relatives au texte que nous donnons aujourd'hui, ont dû exiger beaucoup de temps et un grand nombre de courses. Toutes ces explorations ont été faites par nous et à pied, en suivant pas à pas les différents systèmes de couches et les limites des divers terrains. Nous tracions à mesure ces différentes limites sur les plans d'assemblage du cadastre ou sur les cartes de Cassini que nous portions toujours avec nous. Ces courses, souvent fort pénibles, surtout dans les parties montagneuses du département, nous forçaient de prendre pour gîte des villages ou des habitations isolées, dénuées quelquefois de toutes ressources.

Le plus ordinairement nous nous établissions dans le point le plus central de la commune que nous voulions explorer, et chaque matin, accompagné du garde champêtre, dont les indications sont fort utiles et que nous recommandons aux géologues, nous partions par un chemin, et le soir nous revenions par un autre.

Muni d'une lettre de recommandation du Préfet pour nous accréditer auprès du Maire, nous prenions dans la soirée, soit auprès de lui, soit auprès de l'adjoint ou d'un conseiller municipal, tous les renseignements qu'il était en leur pouvoir de nous fournir. Nous ne négligions pas non plus de consulter le Curé, le Pasteur et l'Instituteur sur ce qu'ils pouvaient connaître d'intéressant dans les environs, et nous pouvons assurer qu'en général nous avons eu lieu d'être satisfait du résultat de ces petites enquêtes.

Hommages de reconnaissance de l'auteur.

Ne pouvant nommer ici toutes les personnes qui ont bien voulu faciliter nos courses et nos recherches, et notamment tous les maires du département, nous les prions de recevoir d'une manière collective le témoignage de notre reconnaissance.

Mais indépendamment de ces services que nous appellerons journaliers, nous en avons reçu beaucoup d'autres de la part d'hommes spéciaux qui habitent le département du Gard ou les environs : nous nous faisons un devoir de les nommer ici et de leur payer un juste tribut de reconnaissance en finissant cet avant-propos.

Nous citerons en particulier feu M. le baron D'HOMBRES-FIRMAS (LOUIS-AUGUSTIN), le patriarche de nos naturalistes, membre correspondant de l'Institut, petit-neveu des

Boissier de Sauvages, si connus par leurs utiles et consciencieux travaux.

M. Jules TEISSIER-ROLLAND ; M. PLAGNIOL, ancien inspecteur de l'Académie de Nimes ; M. VINARD, ancien ingénieur en chef des ponts et chaussées du département, et M. AURÈS, ingénieur en chef actuel ; M. BALLON, ingénieur ; M. Charles DOMBRE, ingénieur ; M. BERNARD-BRISSE, ancien capitaine au corps royal des ingénieurs géographes ; M. Etienne DUPONT ; M. POULON ; M. THIBAUD, ingénieur en chef des mines ; M. VARIN-d'AINVELLE, ingénieur en chef des mines, en congé, maire d'Alais et membre du Corps législatif ; M. BEAU, directeur des mines de la Grand'Combe ; M. de REYDELLET, ancien directeur des mines de houille du Vigan, aujourd'hui ingénieur de celles de Rochebelle.

M. Auguste MIERGUE, docteur en médecine à Anduze, habitant aujourd'hui Blidah, en Algérie, et MM. Léonce et Jules MIRIAL, propriétaires de la fabrique de couperose de Paillères, près Anduze.

M. Gaston PELET, ancien élève de l'école centrale des Arts et manufactures.

Le frère EUTHYME, supérieur des écoles chrétiennes à Saint-Ambroix.

M. Ferdinand CHALMETON, directeur des mines de houille de Bességes, et M. Constantin CZYSZKOWSKI, pendant plusieurs années ingénieur garde-mine à la résidence d'Alais, aujourd'hui directeur des fonderies d'Alais ; M. LECLERC, ancien directeur des fonderies de Bességes, aujourd'hui chef des hauts-fourneaux des Salles-de-Gagnières.

M. Paulin TALABOT, directeur des mines de houille et chemins de fer du Gard.

M. CAMBESSÈDE, savant botaniste et agronome distingué, propriétaire du domaine de Pradines, commune de Lanuéjols (Gard).

M. DUFOUR, docteur en médecine, et botaniste très-instruit, à Alzon.

M. LIOÜRE, agent-voyer d'arrondissement au Vigan.

M. JEANJEAN, naturaliste, et M. SALINDRES, docteur en médecine, à Saint-Hippolyte-le-Fort.

M. AUDRY, de Calvisson, et M. BERTHON, curé à Milhaud.

M. Auguste-Gédéon MALLET, docteur en médecine à Bagnols ; M. GONNET, curé à Tresques, botaniste distingué, auteur d'une *Flore française.*

M. Philippe VIGNE, négociant, et M. TEISSIER, juge de paix, à Aiguesmortes.

M. Thomas de SAINT-LAURENT, ancien capitaine d'Etat-major en retraite, à la Bastide d'Engras.

M. Ernest LIOTARD, chef de bureau à la préfecture,

qui a mis à notre disposition un grand nombre de matériaux nécessaires à notre travail.

Je citerai enfin M. LAFONT, ancien instituteur communal à Sommières, aujourd'hui chef d'institution à Nimes, et M. le pasteur JUNIOR DEVÈZE, qui ont bien voulu, l'un et l'autre, se charger de toutes nos observations barométriques sédentaires.

Hors du département nous devons aussi des remercîments à nos amis M. FÉLIX DUNAL, doyen de la Faculté des sciences de Montpellier; MM. MARCEL DE SERRES et PAUL GERVAIS, professeurs de géologie et de zoologie à cette même faculté, et M. PAUL DE ROUVILLE;

A M. JULES DE MALBOS, propriétaire à Berias, dans le département de l'Ardèche, auteur de plusieurs mémoires sur la géologie du Vivarais, et à M. CAMILLE DE BOURNET, géologue et archéologue, habitant à Grospierre, pour leur accueil bienveillant et pour les communications qu'ils ont bien voulu nous faire sur la partie de l'Ardèche qu'ils habitent et qui avoisine le département du Gard;

A M. BENJAMIN VALZ, directeur de l'Observatoire de Marseille;

A M. SURELL, ingénieur des ponts et chaussées, résidant à Avignon, chargé jadis du service du Rhône et qui nous a communiqué des documents relatifs à ce fleuve et à son delta; à M. EUGÈNE RASPAIL, ancien directeur de l'usine à gaz d'Avignon, auteur de plusieurs découvertes géologiques et paléontologiques importantes dans le département de Vaucluse et notamment aux environs de

Gigondas ; à Mme Rosine ESCOFFIER, qui cultive avec autant de goût que de succès les sciences naturelles, pour la communication bienveillante des fossiles qu'elle a découverts aux environs de Visan (Vaucluse).

Nous sommes encore redevable d'un grand nombre de communications importantes à notre honorable et savant ami Esprit REQUIEN, fondateur du beau musée d'histoire naturelle de la ville d'Avignon, à laquelle il a donné de son vivant, avec un désintéressement bien rare, sa belle biblothèque et ses magnifiques et nombreuses collections ; à notre excellent ami Prosper RENAUX, ancien architecte du département de Vaucluse, archéologue aussi profond que savant naturaliste. Nous donnerons aussi une larme au souvenir de notre noble ami TOBIECKI, réfugié polonais, ancien agent-voyer en chef du même département, qui est allé mourir en Hongrie en combattant contre les russes, martyr de la sainte cause de la liberté des peuples.

Nous avons encore des obligations particulières envers M. Adrien de GASPARIN, ancien pair de France, membre de l'Institut, et envers son fils M. Paul de GASPARIN, pour l'intérêt qu'ils ont pris à nos travaux, et pour les analyses de terre végétale qu'ils ont bien voulu l'un et l'autre nous communiquer, et dont nous avons enrichi notre ouvrage.

Enfin, nous nous ferons un devoir d'exprimer d'une manière toute particulière notre reconnaissance à M. Elie de BEAUMONT et à M. DUFRENOY, membres de l'Institut, pour leur bienveillance à notre égard, et pour les soins que ce dernier particulièrement a bien voulu prendre en surveillant à Paris l'exécution de la gravure de nos cartes.

STATISTIQUE

GÉOLOGIQUE, MINÉRALOGIQUE, MÉTALLURGIQUE ET PALÉONTOLOGIQUE

DU

DÉPARTEMENT DU GARD

Première partie.

CONSTITUTION PHYSIQUE

CHAPITRE Ier.

Notions générales.

Composition. — Division administrative. — Position astronomique. — Forme et limites. — Périmètre et superficie. — Etendue respective de chaque portion du sol. — Population et importance relative.

Le département du Gard, situé à l'extrémité méridionale de la France, a été formé, par décret de l'Assemblée nationale, en 1790, des anciens diocèses de Nimes, d'Alais et d'Uzès dépendants de la province du Languedoc, une des plus considérables de la France. Composi

Plus spécialement il a été formé des parties du Bas-Languedoc qui étaient désignées sous les noms de *Nemosez*, de *Cevennes* et d'*Uzegeois*.

Le NEMOSEZ était subdivisé en six parties ou pays distincts, savoir :

1° Les *garrigues de Nimes* renfermant les communautés suivantes :

Nimes, *capitale*	Aiguesvives
Marguerittes	Sommières.
Milhaud	

2° Les *garrigues de Saint-Gilles*, renfermant :

Saint-Gilles, *chef-lieu*	Vauvert
Bellegarde	Manduel.

3° La *plaine de Fourques*, renfermant :

Beaucaire, *chef-lieu*	Fourques.
Jonquières	

4° Le *pays de Vaunage*, renfermant :

Calvisson, *chef-lieu*	Congeniès
Clarensac	Saint-Cosme.

5° Les *Conroques*, montagnes, renfermant :

Saint-Géniès-de-Malgoirès, *chef-lieu*	Montmirat
La Rouvière	Saint-Mamert.
Quissac	

6° Le *Nemosez maritime*, renfermant :

Aiguesmortes, *chef-lieu*	Massillargues
Abbaye de Psalmody	Aimargues.

Ces six parties formaient l'évêché de *Nimes*, et correspondent actuellement à l'arrondissement de ce nom.

Les CEVENNES renfermaient les communautés suivantes :

Alais, *capitale*	Arre
Anduze	Arrigas
Toiras	Molières
Vezenobre	Aulas
Sauve	La Valette
Saint-Hippolyte	Le Vigan
Saint-Roman	Saint-Jean-de-Gardonnenque
Sumène	Meyrueis (Lozère)
Saint-André	Saint-Pierre (Lozère).
Avèze	

L'UZEGEOIS, subdivisé en HAUT et BAS-UZEGEOIS.

Le HAUT-UZEGEOIS renfermait :

Uzès, *capitale*	Lussan
Saint-Quentin	Rivières de Theyrargues
Montaren	Barjac.

Boucoiran
Euzet
Saint-Maurice-de-Casevieille
Ledignan
Saint-Chaptes
Navacelle
Blauzac
Saint-Ambroix
Génolhac
Villefort.

Le Bas-Uzegeois renfermait :

Pont-Saint-Esprit
Cornillon
Bagnols
Cavillargues
Connaux
Pouzillac
Vers
Remoulins
Roquemaure
Villeneuve-lès-Avignon.

Les Cevennes et les Haut et Bas Uzegeois formaient l'évêché d'Uzès ; en 1694 on forma un nouvel évêché, celui d'Alais, aux dépens d'une partie de celui d'Uzès et de celui de Nimes.

Le département du Gard tire son nom de la rivière du Gard qui le traverse du nord-ouest au sud-est et qui le coupe en deux parties à peu près égales.

Ce département, dont le chef-lieu de préfecture est Nimes, se divise en quatre arrondissements communaux ou sous-préfectures, dont le premier, celui de *Nimes*, est situé au midi ; le second, celui d'*Alais*, occupe le nord ; le troisième, celui d'*Uzès*, s'étend dans la partie orientale, et le quatrième, celui du *Vigan*, se trouve placé dans la partie occidentale. Ces arrondissements comprennent 39 cantons et 348 communes, dont nous donnons la distribution dans le tableau suivant : Division administrative.

TABLEAU

montrant la distribution des cantons et des communes dans les quatre arrondissements.

DÉSIGNATION DES CANTONS.	NOMBRE des COMMUNES.	DÉSIGNATION DES CANTONS.	NOMBRE des COMMUNES.
Arrondissement de Nimes. 11 CANTONS — 73 COMMUNES.			
Aiguesmortes	2	Marguerittes	8
Aramon	10	Nimes — 3 cantons	4
Beaucaire	4	Sommières	18
Saint-Gilles	2	Vauvert	12
Saint-Mamert	13		
Arrondissement d'Alais. 10 CANTONS — 97 COMMUNES.			
Alais — 2 cantons	16	La Grand'Combe	6
Saint-Ambroix	16	Saint-Jean-du-Gard	3
Anduze	8	Lédignan	12
Barjac	7	Vézénobres	17
Génolhac	12		
Arrondissement d'Uzès. 8 CANTONS — 99 COMMUNES.			
Bagnols	17	Remoulins	9
Saint-Chaptes	16	Roquemaure	9
Lussan	12	Uzès	15
Pont-Saint-Esprit	16	Villeneuve-lès-Avignon	5
Arrondissement du Vigan. 10 CANTONS 79 COMMUNES.			
Alzon	6	Sauve	10
Saint-André-de-Valborgne	5	Sumène	8
Saint-Hippolyte-le-Fort	6	Trèves	6
Lasalle	9	Valleraugue	3
Quissac	12	Le Vigan	14

Le département du Gard se trouve compris entre les 43° 27′ 2″ et 44° 27′ 50″ de latitude septentrionale d'une part, et, d'autre part, entre les 0° 56′ et 2° 28′ de longitude orientale comptée à partir du méridien de l'observatoire de Paris. Position astronomique

Nous donnons dans le tableau suivant l'indication des positions géographiques de quelques points situés dans le département, et de leurs altitudes ou élévations verticales au-dessus du niveau moyen de la mer, telles qu'on les a déduites des triangulations de divers ordres sur lesquelles MM. les Officiers d'Etat Major, chargés de l'exécution de la carte topographique de la France, ont appuyé cet immense et beau travail.

TABLEAU des coordonnées géographiques de quelques points compris dans le département du Gard.

Ordre des points (1).	NOM et désignation des points.	LATITUDE.	LONGITUDE.	ALTITUDES ou élévation au-dessus de la mer	
				des points de mire.	des sols.
	Arrondissement de Nimes.				
◬	**Aiguesmortes**, tour de Constance....	43°, 34', 8"	— 1°, 51', 9"	45,40	
◬	**Baguet**, sommet du moulin à vent, au nord de Saint-Gilles................	43 , 44 , 4	— 2, 5, 48	127,6	117,1
	Beaucaire, sommet du donjon du château..............................	43 , 48 , 37	— 2 , 18 , 28	76,4	
△	**Bellegarde**, tour ruinée, signal sur l'angle S.-E..........................	43 , 45 , 10	— 2 , 10 , 23	70,8	57,3 sol intérieur de la Tour.
	Bernis, clocher sommet..............	43 , 46 , 01	— 1 , 57 , 06	46,6	
◬	**Calvisson**, moulin à vent, l'avant-dernier à l'ouest........................	43 , 46 , 51	— 1 , 17 , 28	177,10	168,5
△	**Courbessac**, télégraphe, sommet de la plateforme........................	43 , 53 , 26	— 2 , 05 , 01	188,8	175,1
△	**Jouton** ou **Triple levade**, signal rocher de Beaucaire..................	43 , 50 , 19	— 2 , 16 , 23	156,5	152,7

(1) Nota. — Les points de premier ordre sont indiqués par ce signe ◬ ; ceux de deuxième ordre par △. Les points de troisième ordre, ceux qui se trouvent déterminés par de petits triangles, mais aussi par deux bases au moins, ne sont précédés d'aucun signe.

Ordre des points.	NOM et désignation des points.	LATITUDE.	LONGITUDE.	ALTITUDES ou élévation au-dessus de la mer des points de mire.	des sols.
△	**Lédenon**, télégraphe, sommet de la plateforme	43°, 54', 23"	—2°, 10', 0"	208,1	202,2
	Milhaud, clocher sommet	43, 48, 24	—1, 58, 21	46,4	
	Montfrin, sommet du donjon du château	43, 52, 39	—2, 15, 25	72,6	
△	**Nimes**, Tourmagne, sommet au pied du drapeau	43, 50, 36	—2, 0, 46	142,8 annuaire. 137,5	114,4 annuaire. 109,4 sol intérieur de la tour au pied de l'escalier neuf.
	Nimes, sommet de la flèche de l'église Saint-Paul	43, 50, 12	—2, 1, 08	102,4	
△	**Puech-d'Autel**, télégraphe, sommet de la plateforme	43, 49, 37	—2, 0, 20	104,1	98,4
	Arrondissement d'Alais.				
	Alais, clocher, sommet de la Tour	44°, 7', 26"	—1°, 4', 22"	168	
	Allègre, sommet des ruines de l'ancien château	44, 11, 49	—1, 55, 42	285,6	
	Anduze, tour du beffroi	44, 3, 15	—1, 39, 1	152	
	Brouzet, clocher sommet	44, 8, 12	—1, 54, 34	230	
△	**Castelnau**, château tour N.-O., sol de la cour	43, 59, 50	—1, 54, 7	187,2	172,1
	Coudoulous, sommet de la tour	44, 17, 37	—1, 35, 20	779,5	
	Courry, clocher sommet	44, 17, 13	—1, 49, 14	327,1	
	Générargues, clocher sommet de la pyramide	44, 4, 15	—1, 38, 48	188,8	
	Malons, signal	44, 25, 6	—1, 2, 17	955,3	
	Mons, clocher sommet	44, 6, 55	—1, 50, 16	229,8	
	Navacelle, sommet de la flèche du clocher	44, 9, 47	—1, 54, 14	207,8	
	Portes, château sommet de la tourelle la plus élevée	44, 16, 6	—1, 6, 26	605,1	
	Potelière, clocher sommet	44, 13, 26	—1, 54, 6	155,8	
	Saint-Ambroix, sommet de la flèche du clocher	44, 15, 44	—1, 51, 43	176,7	
	Saint-Jean-de-Valériscle, clocher sommet	44, 13, 57	—1, 48, 19	243	
	Saint-Jean-du-Gard, clocher sommet	44, 6, 17	—1, 32, 12	212	
	Saint-Privat-les-Vieux	44, 8, 37	—1, 7, 32	»	
◬	**Serre** ou **Guidon de Bouquet**, signal sommet	44, 7, 59	—1, 56, 56	636,9	630,8

Ordre des points.	NOM et désignation des points.	LATITUDE.	LONGITUDE.	ALTITUDES ou élévation au-dessus de la mer. des points de mire.	des sols.
	Arrondissement d'Uzès.				
	Bagnols, sommet de la flèche du clocher	44°, 9', 46"	—2°, 17'	102,5	
	Bourdic, clocher sommet	43, 58, 59	—1, 59, 7"	99,1	
	Cavillargues, clocher sommet	44, 6, 53	—2, 11, 9	160,7	
	Connaux, sommet de la flèche du clocher	44, 5, 35	—2, 16, 27	116,3	
	Dions, clocher sommet	43, 55, 56	—1, 57, 31	89,1	
	Fontarèche, clocher sommet	44, 6, 30	—2, 6, 5	267,3	
	Issirac, clocher sommet	44, 16, 19	—2, 8, 41	330	296
	La Bruguière, sommet de la flèche du clocher neuf	44, 6, 42	—2, 4, 32	314m,9	
	Laudun, clocher sommet	44, 6, 19	—2, 19, 18	103	
	Lussan, clocher sommet	44, 9, 9	—2, 1, 8	315,3	
◬	**Montagné**, signal	43, 58, 34	—2, 25, 46	191,8	191m,6
	Pont-Saint-Esprit, tour de l'horloge, clocher sommet	44, 15, 26	—2, 18, 52	91,8	
△	**Sabran**, signal	44, 9, 7	—2, 13, 13	286,2	284,2
	Sabran, ruines du château, pan le plus haut	44, 9, 8	—2, 12, 38	285,6	
	Saint-Alexandre, clocher sommet	44, 11, 26	—2, 7, 4	151,5	
	Saint-Laurent-la-Vernède, clocher sommet	44, 6, 20	—2, 7, 20	246,1	
△	**Saint-Victor-la-Coste**, signal placé sur le sommet du vieux château	44, 4, 9	—2, 18, 10	249,1	247,9 sommet de la ruine.
	Tresque, clocher sommet	44, 6, 24	—2, 14, 19	124,3	
	Uzès, tour de l'horloge avec la lanterne en fer et la boule dorée	44, 0, 46	—2, 4, 59	180,3	138,2 sol du pavé de la porte de la Tour, origine des marches.
	Vénejan, chapelle, sommet du clocheton	44, 11, 46	—2, 19, 20	148,6	
	Arrondissement du Vigan.				
◬	**Aigual** (montagne de l'), signal	44°, 7', 19"	—1°, 14', 40"	1572,6	1567,5
	Brion, montagne, signal	44, 4, 9	—1, 30, 16	.....	815,9
	Le Lirou, montagne, signal	44, 4, 18	—1, 24, 55	1181,8	1179,5
	Le Lirou, pic à l'ouest du signal	44, 4, 4	—1, 23, 41	1168,3	
	Le Vigan, tour carrée	43, 27, 4	—1, 16, 6	260,4	230,5
	La Sérayrède, auberge, cheminée, sommet	44, 6, 12	—1, 12, 15	1306,8	
	Soudorgues, tour crenelée sommet	44, 3, 55	—1, 29, 19	538,7	
	Valleraugue, tourelle de M. Teissier coin sud	44, 4, 14	—1, 18, 34	459,6	456,6

Forme et limites.

La forme générale du département est à peu près celle d'un ennéagone très-irrégulier, présentant deux angles rentrants l'un au N.-O., l'autre au S.-O.

Les limites sont : au N. les départements de l'Ardèche et de la Lozère ; au S. la Méditerranée ; à l'E. le Rhône qui le sépare des départements de Vaucluse et des Bouches-du-Rhône, et à l'O. les départements de l'Hérault et de l'Aveyron.

La plus grande longueur de l'E. à l'O., comptée à partir de la rivière de Dourbie, près Revens, jusqu'à la pointe méridionale de l'île de l'Oiselet, sur le Rhône, est de 127,480 mètres ou 28 lieues 2/3 environ ; et la distance comprise du N.-N.-O. au S.-S.-E., entre la pointe septentrionale du département, près Malons, et le Grau-Neuf, près Aiguesmortes, est de 112,520 mètres ou de 25 lieues 1/2 environ.

Périmètre et superficie.

Le périmètre du département est d'environ 603 kilomètres 2, et en nombre rond de 136 lieues de France de 25 au degré, c'est-à-dire de 4,444 mètres.

Au N. cette ligne périmétrique suit d'abord la côte fluviale de l'Ardèche, depuis l'extrémité N.-O. de la commune du Garn, jusqu'à l'embouchure de cette rivière dans le Rhône, située un peu en amont de la ville du Pont-Saint-Esprit ; sa longueur est de 23 kil. 6, ou de 5 lieues et 1/3 environ.

A l'E., à partir de ce dernier point, le périmètre du département suit la côte fluviale du Rhône jusqu'au Grau-Neuf, sur une longueur de 159 kil. 1 ou de 35 lieues 3/4 environ, en suivant d'abord le cours du Rhône jusqu'à Fourques, ensuite celui du Petit-Rhône jusqu'à Sylvéréal, et enfin le Rhône mort jusqu'à la mer.

La longueur de la côte maritime depuis le Grau-Neuf jusqu'à la limite O. du département située sur le littoral, près de l'ancien Grau Saint-Louis qui existait en 1284, est de 162 kil. 2 ou de 86 lieues 1/2 environ.

Enfin, à partir de ce dernier point, du côté des terres, c'est-à-dire à l'E. et au N. du département, cette ligne périmétrique, jusqu'au point de départ indiqué ci-dessus, placé sur le bord de l'Ardèche, à l'extrémité N.-O. de la commune du Garn, offre un développement de 404 kilomètres 3 ou de 91 lieues environ.

La superficie totale du département, résultant des travaux du cadastre, est de 582,866 hectares 51 ares ou de 5828 kilomètres carrés 66 centièmes, correspondant à 58 myriamètres carrés 2866 dix-millièmes, ou enfin à 295 lieues carrées.

Cette superficie est répartie de la manière suivante :

Arrondissement de Nimes	162,992 h.	46	Soit en lieues carrées	82,51	ou 82 1/2.
— d'Alais..	130,896	96	—	66,25	ou 66 1/4.
— d'Uzès..	149,178	23	—	75,52	ou 75 1/2.
— du Vigan	139,798	86	—	70,77	ou 70 3/4.
Total égal ...	582,866 h.	51		295,05	ou 295

Terres labourables		144.547 64	Etendue respective de chaque portion du sol.
Prés et herbages		12.663 88	
Vignes		75.248 09	
Bois et pâtures plantées		117.568 38	
Etangs	2.936 94	4.738 42	
Salins et marais salans	1.801 43		
Châtaigneraies		81.483 79	
Oliviers			
Mûriers			
Landes, pâtis, bruyères, terres vaines et vagues		117.716 90	
Mares, canaux d'irrigation, abreuvoirs		677 27	
Canaux de navigation		368 57	
Propriétés bâties (habitations et constructions industrielles)		1.650 69	
Vergers, pépinières, jardins potagers		1.709 83	
Oseraies, aulnées et saussaies		2.370 55	
Carrières et mines		7 82	
Total de la contenance imposable		560.751 83	
A reporter		560.751 83	

Première partie.

CONSTITUTION PHYSIQUE

CHAPITRE II.

Orographie.

Aspect général du relief du sol du département. — Sa division en trois grandes régions naturelles. — Leur composition géologique. — Montagnes des Cévennes. — Causses. — Altitudes et mesures barométriques. — Type de calcul. — Point culminant et lieux habités les plus élevés du département. — Limite des neiges perpétuelles. — Tableau des altitudes des points les plus remarquables du département du Gard et de quelques lieux circonvoisins. — Comparaison du zéro du rhônomètre de Beaucaire avec celui des basses mers.

Aspect général.

Considéré dans son ensemble, le relief du département du Gard offre deux pentes bien distinctes : l'une, inclinée du N. - O. au S.-E., se dirige vers le Rhône ; l'autre, inclinée du N. au S., se dirige vers la Méditerranée. Il suffit de jeter un coup d'œil sur une carte un peu détaillée pour se convaincre de cette disposition générale du sol.

L'on y voit en effet les montagnes des Cévennes s'élever en amphithéâtre vers la partie occidentale du département, et donner naissance aux nombreux cours d'eau qui l'arrosent. Ceux-ci, en descendant des montagnes, coulent la plupart vers le S.-E., les autres vers le S.

Division du département en trois régions.

Le département du Gard, considéré surtout au point de vue de son relief orographique, peut se diviser en trois grandes parties ou régions naturelles distinctes, correspondant à peu près à l'ancienne division diocésaine de cette portion du Languedoc qui était formée, comme on sait, des trois diocèses de Nimes, d'Alais et d'Uzès. Nous allons voir comment ces trois régions correspondent aujourd'hui aux quatre arrondissements communaux qui subdivisent le département.

La première de ces trois grandes régions, que nous appelons *Région Haute* ou *Cévennique*, occupe la partie occidentale du Gard. Elle se trouve limitée du S.-O. au N.-E. par les départements de l'Hérault, de l'Aveyron, de la Lozère et de l'Ardèche ; elle peut être limitée, parallèlement à cette direction, par une ligne à peu près droite tirée de Quissac à la ville des Vans (Ardèche), passant par Anduze, Alais et Saint-Ambroix.

Cette région, qui correspond en grande partie à l'ancien diocèse d'Alais, comprend aujourd'hui en entier l'arrondissement du Vigan et la portion la plus occidentale de l'arrondissement d'Alais (1).

Sa plus grande altitude est de 1,568 mètres, au sommet de l'Aigual.

La seconde région, ou *Région Moyenne*, est limitée au N. par les rivières de Chassezac et de l'Ardèche ; à l'E. par le Rhône ; au S. par le Gardon et à l'O. par cette même ligne tirée de Quissac au Vans que nous venons d'indiquer. Cette région embrasse en entier l'arrondissement d'Uzès et la partie occidentale de celui d'Alais. Elle composait jadis la presque totalité du diocèse d'Uzès, qu'on désignait aussi assez généralement sous le nom d'Uzegeois ou pays d'Uzège.

La plus grande altitude de cette région est de 631 mètres, au Serre-de-Bouquet.

Enfin la troisième région, que nous nommerons *Région Basse* ou *Maritime*, se trouve comprise entre le Gardon, au N., et la

(1) Le pape Innocent XII érigea Alais en évêché, le 16 mai 1694. Les lettres patentes de Louis XIV, pour cette érection, sont du mois de juin suivant ; elles furent enregistrées au Parlement de Toulouse le 21 octobre de la même année. François, chevalier de Saulx, abbé de Psalmody, fut le premier évêque d'Alais.

Méditerranée au S. ; le Rhône à l'E., et la rivière du Vidourle à l'O.

L'arrondissement de Nimes représente en entier cette troisième partie. L'ancien diocèse de Nimes était à peu près compris dans la même circonscription.

Sa plus grande hauteur atteint 262 mètres, sur l'un des sommets de la montagne dite le Bois-des-Lens, à l'ouest de l'arrondissement de Nimes.

La forme et l'altitude des montagnes, la profondeur et la largeur des vallées, la nature géologique du sol qui entraîne des différences de culture, de construction et d'entretien des routes, impriment un facies particulier à chacune de ces régions.

Composition géologique de ces trois régions.

La Région Haute ou Cévennique du Gard (arrondissement du Vigan et partie occidentale de celui d'Alais), qu'on subdivise communément en *Hautes* et *Basses Cévennes*, se compose, dans les parties les plus élevées, des terrains les plus anciens, *schistes et calcaires de transition*, reposant eux-mêmes sur le *granite porphyroïde* qui constitue la charpente intérieure des *Hautes Cévennes* ; tandis que les *Basses Cévennes* sont constituées par le *terrain houiller*, le *trias*, et les divers étages du *terrain jurassique*.

La Région Moyenne (arrondissement d'Uzès et partie orientale de celui d'Alais), est formée presque en entier par le *néocomien* et et le *grès vert* recouverts, sur quelques points, par la formation *lacustre*, la *molasse coquillière* et le *dépôt subapennin*.

Enfin la Région Basse ou Maritime (arrondissement de Nimes), est recouverte par le *néocomien*, la *formation lacustre*, la *molasse coquillière*, le *subapennin*, et par des *alluvions anciennes et modernes*.

Montagnes des Cévennes.

Nous avons dit précédemment que toute la *Région Haute* du département était occupée par les montagnes des Cévennes. Nous allons entrer dans quelques détails sur cette chaîne de montagnes, et sur l'étymologie de cette ancienne dénomination.

Le nom de Cévennes, dérivé de l'hébreu *Giben*, ou du celtique *Keben*, signifie dans ces deux langues, *Montagne*. Cette double étymologie, souche commune de toutes les appellations grecques et latines des Cévennes (*Cebenna mons seu Cebennæ*, Κεμμενον ὄρος, *Cemmenus mons*), a vraisemblablement une racine primitive dans les antiques idiomes de l'Inde (1).

Les chaînes des Cévennes prises dans leur ensemble le plus étendu, établissent, en quelque manière, la liaison entre les Alpes et les Pyrénées ; elles forment la chute S.-E. du plateau central de la France vers le golfe du Lion et le cours du Rhône, et se présentent en général sous la forme de plateaux terminés par des escarpements plus ou moins prononcés.

Elles offrent plusieurs sommités remarquables : entre autres, l'*Aigual*, dont l'altitude est de 1,568 mètres ; la *Lozère*, haute de 1,683 ? mètres, et la montagne du *Tanargue*, dans l'Ardèche, beaucoup moins élevée que les deux premiers sommets.

Ces trois sommités forment trois grandes masses granitiques très-remarquables : elles se dessinent nettement au milieu des schistes de transition qui composent la plus grande partie de cette chaîne.

(1) Les Cévennes ont pris peut-être aussi leur nom, fait observer un savant, M. Maurice Meyer, de leur configuration, c'est-à-dire d'un dos qu'on appelle en gallais *Kefyn* et en breton *Kefn*, *Kevn* ou *Kein*.

L'origine de cette étymologie se retrouve chez les anciens. Strabon II, 5, dit des Cévennes : μεταξὶ δεστι ραχις, etc...

Arienus, qui voulait conserver les vieux noms et leurs souvenirs, pour lesquels il avait consulté les plus anciens documents, dit dans ses *Ora maritima*, vers 615 :

> At *cimeniæ regio* descendit procul
> Salso ab fluento, fusa multo cespite
> Et opaca silvis : *nominis porro auctor est*
> Mons dorsa celsus, etc., etc.

(Maurice Meyer, *Journal général de l'instruction publique*, vol. XIX, nº 57, 17 juillet 1850).

Le prolongement des Cévennes au S.-O. porte le nom de *Montagne-Noire :* c'est le moins élevé ; celui du N.-E. présente le groupe du *Tanargue* et du *Mont-Mezenc :* il atteint la hauteur de 1766 mètres et ressemble beaucoup aux montagnes d'Auvergne auxquelles il se rattache.

La chaîne des Cévennes, prise dans son ensemble et considérée au point de vue géographique, occupe donc une étendue très-considérable ; mais nous ferons observer que la dénomination de *Cévennes proprement dites* s'applique plus spécialement à un pays beaucoup plus circonscrit, qui ne s'étend guère au-delà des limites du Gard.

Les habitants des Cévennes divisent généralement leur pays en *Cévennes* et en *Causse :* Sous la première dénomination ils comprennent toutes les montagnes schisteuses ou granitiques où croît le châtaignier, et où le seigle est la seule céréale susceptible de culture ; ils désignent sous le nom de *Causse* toutes les parties du sol formées par les roches calcaires, et où le froment peut être cultivé. De là aussi les deux dénominations de *Ségalat* et de *Fromental* généralement usitées parmi eux pour indiquer les terrains propres à la culture du seigle ou à la culture du froment. Ces deux distinctions cévennoles nous ont été souvent d'un grand secours, pendant nos explorations dans les montagnes, pour nous renseigner sur la nature du sol que devaient embrasser nos limites géologiques.

Les causses sont de grands plateaux élevés et à peu près horizontaux formés par le calcaire jurassique (oxfordien et corallien), qui viennent s'adosser à la partie méridionale et occidentale du terrain ancien des Cévennes (1). Causses.

Ces plateaux, vus de loin, paraissent unis ; mais de près, on les voit couverts de collines et de buttes dont quelques-unes dominent souvent de plus de 50 mètres le fond des vallons.

Ils sont, en général, dépourvus de toute végétation arborescente,

(1) Causses, du latin *Cautes*, rochers escarpés (De Sauvages : *Dictionnaire Languedocien*, p. 144, éd. de 1820).

soit à cause de leur excessive sécheresse, soit aussi, pour quelques-uns, à cause de leur grande élévation. La roche, à nu sur un grand nombre de points, n'est recouverte dans les bas fonds que par une mince couche de terre végétale qui produit le froment, principale richesse agricole de ces contrées arides. Cependant le causse de Montdardier, plus au Midi, était autrefois couvert de très-beaux chênes blancs, qui ont aujourd'hui disparu pour faire place à la culture ; et vers le S.-O. du causse de Campestre se trouve le *bois de Salbous*, bien connu des botanistes par sa riche végétation et par les plantes rares qu'on y rencontre.

Les eaux pluviales, sur les causses, ne donnent point lieu à de petits ruisseaux ni à des cours d'eau réguliers : elles sont immédiatement absorbées par les fissures qui pénètrent en tout sens les calcaires oxfordiens. Aussi ces plateaux sont-ils absolument privés de sources, et les habitants obligés de recueillir précieusement pour leur usage les eaux pluviales dans des citernes. Ils forment auprès de leurs habitations de petits lacs artificiels, qu'on nomme en langage du pays *Lavagnes*, et dont les eaux servent à abreuver les bestiaux.

La partie supérieure des causses est en général formée de calcaire oxfordien reposant sur les calcaires de l'oolite inférieure ; le plus souvent ces derniers sont dolomitiques. Ils se montrent quelquefois à la partie supérieure des plateaux.

Les causses sont presque toujours brusquement terminés par des escarpements à pic, de 300 à 400 mètres d'élévation, laissant entre eux des vallées très-étroites et profondes, dans lesquelles prennent issue les eaux pluviales qui descendent des montagnes environnantes formées par les terrains anciens (granitiques et de transition).

Leurs flancs présentent la tranche des différentes assises qui constituent ces plateaux, dont il est ainsi facile d'étudier la composition géologique.

Dans la partie inférieure des escarpements, on observe le lias ou les marnes supraliasiques et quelquefois aussi le trias.

Il existe dans le département du Gard cinq causses distincts, tous compris dans l'arrondissement du Vigan, ce sont :

1° Le *causse Noir* ou de *Lanuéjols,* situé partie dans le Gard, partie dans l'Aveyron. Il est placé au N.-O. du département et sur le territoire des communes de Lanuéjols et de Revens. Sa forme est à peu près celle d'un parallèlogramme ; sa longueur totale est de 26 kilomètres, du N. au S., sur une largeur moyenne de 10 kilomètres.

Ce causse est limité par de profondes fissures où roulent, au N., les eaux de la rivière de la Jonte ; au sud celles de Trévezels et de la Dourbie, et à l'O. celles du Tarn. L'est est le seul point par lequel ce causse se rattache, sans solution de continuité, au massif schisteux et granitique de la montagne de l'Aigual. Sa dénomination provient, sans aucun doute, de la couleur noirâtre des *dolomies jurassiques* qui recouvrent une grande partie de ce vaste plateau.

Son altitude moyenne est de 800 à 900 mètres ; le point le plus élevé, formé de calcaire oxfordien, est situé au N.-O. du château de Pradines ; il atteint 1,004 mètres au-dessus du niveau de la mer.

2° Le *causse Bégon*, qui doit sa dénomination à la petite commune de Bégon, s'étend également en partie sur les départements du Gard et de l'Aveyron. Il est situé au S. du précédent et n'en est séparé que par le lit profond du Trévezels ; au S. et à l'O. ce causse est borné par la rivière de Dourbies ; à l'E. il se rattache aussi au massif ancien des Cévennes. Sa longueur est de 8 kilomètres, sur 4 seulement de largeur. Son point culminant, situé un peu à l'O. du village de Bégon, est de 907 mètres. Il est formé presque en entier par la dolomie oolitique sur laquelle reposent quelques lambeaux oxfordiens.

3° Le *causse de Campestre* appartient en entier à la commune de ce nom. Il est borné, à l'O. et au S., par la Virenque ; à l'E., par la rivière de la Vis ; au N. il s'adosse au terrain de transition des Cévennes dont il est séparé par la route nationale d'Aix à Montauban, n° 99 ; sa longueur, de l'E. à l'O., est de 8 kilomètres sur 7 de largeur du N. au S. L'altitude moyenne de ce causse, au village de Campestre, est de 796 mètres. La plus grande partie de sa surface est composée de calcaire oxfordien ; les dolomies oolitiques s'observent du côté du hameau des Hons et dans le lit de la Virenque.

4° Le vaste *causse de Blandas, de Rogues et de Montdardier* est formé par la réunion des territoires des trois communes de ce nom. La Vis le borne au S. et à l'O. ; cette rivière coule au fond d'une profonde fissure qui sépare ce causse de celui de Vacquières et de Saint-Maurice, situé dans le département de l'Hérault ; la vallée du Vigan, où coule la rivière d'Arre, le limite au N. et le sépare des terrains anciens qui forment la masse des hautes Cévennes.

Ce causse a 16 kilomètres environ de longueur, de l'E. à l'O. ; sa plus grande largeur, du N. au S., est de 12 kilomètres.

Entre le sommet de la Tessonne et le village de Madières, son altitude moyenne est de 650 mètres. Mais comme les couches du calcaire oxfordien, qui constituent ce plateau, vont toutes en se relevant vers le nord, il en résule des sommets très-élevés pour cette extrémité du causse : celui de la Tessonne a 780 mètres d'altitude ; celui de Trestaulières 897, et celui situé près du hameau du Tour s'élève à 984 mètres.

5° Le *causse de Vissec* doit sa dénomination à la commune de ce nom dont une petite partie s'étend sur la rive droite de la Vis. Ce causse n'est, à proprement parler, qu'une fraction du grand causse de Vacquières et de Saint-Maurice, situé dans le département de l'Hérault et attenant à la chaîne de la Séranne.

Le roc Mérigou, rocher de dolomie oxfordienne, d'un aspect très-remarquable, forme le point culminant du causse de Vissec : il s'élève à 785 mètres au-dessus de la mer.

Hors du département, et dans celui de la Lozère, nous citerons deux autres causses oxfordiens qui sont aussi indiqués sur notre feuille de l'arrondissement du Vigan, le *causse Méjan* et le *causse de La Can de l'Hospitalet*. Ils viennent s'appuyer tous deux sur le revers septentrional du massif granitique et schisteux de la montagne de l'Aigual.

Le premier doit sa dénomination francisée de *Méjan* au mot de *Miège*, qui signifie *milieu :* et en effet le causse Méjan se trouve placé entre le causse Noir et celui de La Can de l'Hospitalet. Son altitude au *roc de l'Hou*, au-dessus de Fraissinet-de-Fourques, est de 1192 mètres.

L'altitude moyenne du causse de Lacan de l'Hospitalet est de 1035 mètres.

Le relief du sol étant en rapport intime avec la constitution géologique d'une contrée, on comprend que les notions orographiques qui précèdent ne seront complètes que lorsque nous aurons fait connaître la composition et l'allure des masses minérales qui composent l'écorce solide du département, ainsi que les diverses époques de dislocation ou de soulèvement qui sont venues successivement donner à ces masses minérales le relief sous lequel elles se montrent aujourd'hui.

Ces détails, plus spécialement du domaine de la géologie, seront traités dans la seconde partie de cet ouvrage.

Altitudes et mesures barométriques.

D'après ce qui précède, on voit que l'altitude ou la hauteur des montagnes au-dessus du niveau de la mer, et l'élévation respective des divers terrains qui constituent le relief du sol sont, pour le géologue pratique, c'est-à-dire pour celui qui parcourt et étudie une contrée dans le but d'en donner la description ou d'en dresser la carte géologique, un objet du plus grand intérêt. Aussi doit-il s'attacher à les déterminer exactement et faire du baromètre, qu'on emploie en général pour ce genre d'opérations, son plus fidèle compagnon de voyage.

Nous allons faire connaître avec quelques détails le mode de mensuration barométrique dont nous nous sommes servi.

C'est au moyen de deux baromètres, construits avec beaucoup de soin et d'après le système de Fortin, que nous avons déterminé les diverses altitudes, ou la hauteur absolue au-dessus du niveau de la mer, des différents points du sol dont nous donnons un relevé général dans le tableau ci-après.

Détermination de la hauteur de notre baromètre sédentaire.

Pour y parvenir, il a fallu d'abord trouver l'altitude du point où l'un de nos baromètres se trouvait en permanence, pendant que nous nous transportions avec l'autre sur les lieux dont nous voulions déterminer l'élévation relativement à la station fixe.

A cet effet nous avons exécuté un nivellement, de Sommières, où est située notre station sédentaire (1), à la borne 115 du chemin de fer de Nimes à Montpellier, placée au nord de la voie, près du Grand-Gallargues, et dont la hauteur au-dessus du niveau de la mer a été déterminée avec la plus grande précision par MM. les ingénieurs chargés de la construction de ce chemin, par une série de nivellements partant du zéro de l'échelle en fer du pont d'Artois à Aiguesmortes.

La borne n° 115 se trouvant fixée à 16^{m}667 au-dessus de la mer (2), il en est résulté que notre station fixe, placée dans notre cabinet à Sommières, est située à 34^{m}178 au-dessus du même niveau.

Cette hauteur obtenue, nous en avons facilement déduit celle de

(1) Ce nivellement a été dressé d'abord par nous-même et une seconde fois par M. Poulon, conducteur des ponts et chaussées, qui a bien voulu le recommencer sur notre demande : il a été fait avec le plus grand soin, et l'on s'est servi dans ces deux opérations d'un excellent niveau à lunette de Lenoir.

Les Ponts et chaussées des départements du Gard et de l'Hérault avaient également exécuté, quelques années auparavant, un nivellement partant de Nimes et de Montpellier et se raccordant au même point.

Voici le résultat de ces quatre nivellements :

Altitude du trottoir du pont de Sommières, au pied de la croix.

	ancien repère.	nouveau repère.
Résultat de notre nivellement	29^{m},074	29^{m},159
— du nivellement Poulon	28 ,692	28 ,877
— — des Ponts et chaussées de l'Hérault	28 ,280	28 ,465
— — des Ponts et chaussées du Gard.	29 ,660	29 ,845

Enfin, à l'appui de ces divers résultats, M. Servier, commandant au corps d'Etat Major, chargé de l'exécution de la nouvelle carte de la France, a trouvé que ce même repère avait une altitude de 29^{m},50.

(2) Voir le *plan itinéraire du chemin de fer de Montpellier à Nimes, partie comprise dans le département du Gard*, par M. Gonnaud, ingénieur ordinaire de cette ligne (1er juin 1842).

chacun des autres points observés, puisque nos observations barométriques nous avaient fait connaître leur distance verticale à un plan horizontal passant par notre cabinet.

Tables d'Oltmanns.

Les pressions barométriques ont été calculées d'après les tables d'Oltmanns, qui ont été dressées, comme on sait, pour le calcul des observations barométriques faites en Amérique par M. de Humboldt, et qui sont reproduites chaque année dans l'*Annuaire* du bureau des longitudes.

Mais comme ces tables ne sont calculées que pour des hauteurs correspondantes à des nombres entiers de millimètres, nous avons cru devoir, pour faciliter plus encore le calcul, les étendre aux nombres correspondants aux dixièmes de millimètres. La différence tabulaire représente alors la hauteur qui correspond à un dixième de millimètre, et l'on n'a plus qu'à prendre la moitié de cette différence, lorsqu'on cherche à évaluer les hauteurs correspondantes à un demi-dixième ou cinq centièmes de millimètre.

Nous ferons remarquer ici que la table n'a été ainsi étendue que dans sa partie la plus usuelle, celle qui suffit pour le calcul des plus hautes montagnes de France, sauf les points les plus élevés des Alpes et des Pyrénées ; elle a été dressée en vue surtout du département du Gard, et elle est plus que suffisante pour cet objet puisqu'elle peut être employée jusqu'à 2,600 mètres environ d'altitude.

L'exemple suivant fera comprendre la manière de se servir de ces tables.

Type de calcul.

Le 15 septembre 1842, à 2 heures 45 minutes, notre baromètre portatif indiquait, au sommet de la montagne de Bouquet, à l'endroit dit *le Guidon*, signal de Cassini et de l'Etat Major, une pression de 709 millimètres $= h'$; le thermomètre du baromètre marquait $+ 21^{\circ},5 = T'$, et le thermomètre libre $+ 20^{\circ},5 = t'$.

Le même jour, à 2 heures, le baromètre stationnaire indiquait, à Sommières, une pression de $759^{mm}65 = h$; le thermomètre du baromètre indiquait $+ 24^{\circ},4 = T$, et le thermomètre libre $+ 25^{\circ},9 = t$.

(1) Or, la première table d'Oltmanns donne pour le nombre *h* correspondant à 759mm65	6146m9
Et pour le nombre *h'* correspondant à 709mm00.........	5597 5
Différence entre les deux nombres.......	549 4
(2) *1re Correction due à la température des baromètres.* La table II donne pour T — T' = 2,9...... —	4 2
Différence ou hauteur approchée........	545 2
(3) *2e Correction due à la température de l'air ambiant*, qu'on obtient en multipliant la millième partie de	
A reporter.........	542 2

(1) La première table ne donnant que le nombre correspondant à l'entier, pour trouver celui qui correspond à la partie décimale il n'y a qu'à multiplier la différence tabulaire par cette partie décimale.

Exemple : Bar. = 759,65.

La première table donne : 759 mill......................	= 6140,1
Différence tabulaire : 10,5 × 65........................	= 6,8
Total................................	6146,9

En se servant de la *table étendue*, on trouverait pour 759m,6......... 6146,4 et pour le demi-dixième de millimètre restant, la moitié de la différence tabulaire 1,05 soit 0,5

Somme égale à celle indiquée ci-dessus.............. 6146,9

Ce demi-dixième de millimètre n'existe pas toujours : quand il manque, la *table étendue* suffit immédiatement.

Dans le cas où, comme ci-dessus, cette fraction se présente, on calcule mentalement et sans difficulté la moitié de la différence tabulaire; on l'ajoute de même, et l'on écrit tout simplement 6146,9.

(2) Si T — T' était négatif, ce qui arrive dans les cas anormaux où la température supérieure est plus élevée que la température inférieure, cette correction devient additive.

(3) Cette correction est additive ou soustractive selon que 2 (t + t') est positif ou négatif. Elle est négative lorsque la somme des deux températures donne un résultat au-dessous de zéro, ce qui a lieu lorsque l'un des thermomètres marque plus de degrés au-dessous de zéro que l'autre n'en marque au-dessus, ou bien lorsque tous les deux sont au-dessous de zéro.

	Report..........	545 2
cette hauteur approchée 545,2 par 2 ($t + t'$) = 92,8, soit 0,5452 × 92,8 = ...	+	50 6
Différence de niveau entre les deux stations barométriques		595 8
Altitude du baromètre stationnaire, placé dans notre cabinet, à Sommières	+	34 2
		630 0
3ᵉ *Correction due à la latitude.* La table III donne pour 630m0 à 45° de latitude	+	1 9
Altitude du point culminant de Bouquet...		631 9

Nous avons cru devoir, pour la plus grande facilité de calcul, joindre à la fin de ce volume les tables qui nous ont servi dans nos opérations (1).

Point culminant et lieux habités les plus élevés du département.

Si l'on compare les diverses altitudes que nous indiquons dans le tableau suivant, on verra que le point le plus élevé du département est le sommet de la montagne de l'Aigual, située à 1568 mètres au-dessus du niveau de la mer ; on verra aussi que le village le plus élevé est celui de l'Esperou, qui se trouve à 1224 mètres au-dessus du même niveau. Mais nous ferons observer que, près de ce hameau, il existe une habitation isolée plus élevée encore : c'est la Serayrède, dont l'altitude est de 1320 mètres.

Limite des neiges perpétuelles.

On sait que l'atmosphère entoure la terre jusqu'à une hauteur d'environ 60,000 mètres et que, si la température augmente rapidement à mesure qu'on s'enfonce dans l'intérieur de la terre, elle diminue de même quand on s'élève dans les régions supérieures de l'atmosphère. C'est pourquoi les sommités de toutes les montagnes élevées sont couvertes de neiges perpétuelles. L'expérience a appris qu'en général si l'on s'élevait d'autant de fois 160 mètres qu'il y a de degrés dans l'expression moyenne de la température d'une contrée, on parviendrait au point où le thermomètre se tient

(1) Nous devons ces tables à l'obligeance de M. Lafont, jadis instituteur à Sommières, aujourd'hui professeur à Nîmes, et mathématicien aussi habile que modeste.

moyennement à zéro, c'est-à-dire à la limite inférieure des neiges perpétuelles.

Or, la température moyenne de la France étant d'environ 12°,8, on en a conclu que cette limite devait s'y trouver à 2000 mètres environ au-dessus de la mer. Par conséquent, le point le plus élevé dans le département du Gard est encore à 432 mètres au-dessous de la limite des neiges perpétuelles.

Tableau des altitudes.

Le tableau suivant, qui est en grande partie le résultat de nos observations barométriques dans le Gard et les parties des départements limitrophes comprises dans nos cartes, donne l'altitude des lieux habités et des sommités les plus remarquables.

Une colonne particulière est destinée à indiquer la nature géologique du sol.

Pour rendre ce recueil plus complet, nous avons cru devoir emprunter à M. le baron d'Hombres-Firmas les hauteurs barométriques qu'il prit dans les Cévennes en 1809 (1) ; nous y avons joint encore quelques cotes de hauteurs extraites d'une notice sur les nivellements, par M. Bourdaloue, ancien ingénieur des chemins de fer du Gard, ainsi que d'autres altitudes inédites qui nous ont été communiquées par MM. les Ingénieurs des ponts et chaussées, par M. le comte Adrien de Gasparin, par M. Dombre, ingénieur du service hydraulique dans le Gard ; par M. Benjamin Valz, et par M. Poullon, ancien conducteur des ponts et chaussées. Nous avons enfin complété ce tableau en y joignant celles que nous tenons de MM. les Officiers d'Etat Major chargés de l'exécution de la carte topographique de la France (2).

(1) *Mémoires ou notice de l'Académie du Gard*, années 1810 et 1832 ; et *Recueil de mémoires et d'observations de physique et de météorologie, d'agriculture et d'histoire naturelle*. Nimes 1841 à 1855. *Première partie : Physique*, page 207. — Ce nivellement barométrique des Cévennes est également reproduit dans les *Annales des sciences et de l'industrie du midi de la France*, t. II, p. 84. Marseille 1832 ; et dans la *Statistique du Gard*, par M. Rivoire.

(2) C'est à MM. les commandants Delcros, Curry, Serviers et Rouaud, chargés tour à tour des travaux géodésiques dans le département, que nous sommes redevables de ces diverses communications.

TABLEAU PAR ARRONDISSEMENT

DES

ALTITUDES

des points les plus remarquables du département du Gard et de quelques lieux circonvoisins.

EXPLICATION DES ABRÉVIATIONS.

2e Colonne : *Bar.* indique une observation barométrique ; lorsqu'il y en a plusieurs faites dans la même localité on a écrit *Bar. 2* ou *Bar. plus. obs.* ; *Trigon.* indique le résultat d'une opération trigonométrique ; *Nivell.* opération de nivellement ou avec le niveau.

3e Colonne : Les lettres *H. F.* indiquent que l'observation est due à M. le baron d'Hombres-Firmas ; *P. C.* aux ponts et chaussées ; *B. V.* à M. Benjamin Valz, directeur de l'observatoire de Marseille ; *Bour.* à M. Bourdaloue (1) ; *Poul.* à M. Poullon, conducteur de 1re classe des ponts et chaussées ; *E. M.* à MM. les Officiers d'Etat Major ; *Ch. F.* indiquent que ces cotes sont extraites du plan de l'itinéraire du chemin de fer de Nimes à Montpellier ; enfin les lettres *E. D.* indiquent que l'observation nous est personnelle.

4e Colonne :

All. = Alluvion.	Cal. Hip. = Calcaire à hippurites.	Oxford. = Oxfordien.	Houil. = houiller.
Dil. = Diluvium.	Tur. = Turonien.	O. inf. = Oolite inférieure.	Cal. tr. = Calcaire de transition.
Sub. = Subapennin.	Gau. = Gault.	M. sup. L. = Marnes supraliasiques.	Sch. tr. = Schistes de transition.
Mol. coq. = Molasse coquillère.	Apt. = Aptien.	Cal. à Gry. = Calcaire à gryphées.	Gneiss.
Cong. Lac. = Conglomérat lacustre.	Néoc. = Néocomien.	Inf. L. = Infra-lias.	Gra. = Granite.
Cal. Lac. = Calcaire lacustre.	Coral. = Corallien.	Tri. = Trias.	Dol. = Dolomie.

(1) Voir la *Nouvelle notice sur les nivellements*, par M. Bourdaloue, ancien ingénieur des chemins de fer du Gard (1 volume in-8o, Valence, 1847), dans laquelle on trouve aussi un relevé de nos altitudes barométriques comprises dans nos cartes géologiques des arrondissements du Vigan et d'Alais, page 129.

Les chiffres qui suivent immédiatement ces observations indiquent, en allant de bas en haut, l'ordre de l'étage, du groupe ou du sous-groupe de la formation citée.

5e Colonne : Les lettres H. — Av. — L. — Ar. — D. — V. — B. R. — indiquent que les points observés se trouvent dans les départements de l'Hérault, de l'Aveyron, de la Lozère, de l'Ardèche, de la Drôme, de Vaucluse, des Bouches-du-Rhône.

Les noms marqués d'un * appartiennent aux chefs-lieux de communes.

ARRONDISSEMENT DE NIMES.

LIEUX DES STATIONS.	Élévation en mètres au-dessus du niveau de la mer.	NOMBRE et NATURE des observations.	Auteurs des observations.	Composition géologique DU SOL.	Observations.
AIGALADE, rivière. Sur le pont de la route nationale n° 110, près le château de Pondres	40	Nivel.	P. C.	Cong. lac.	
* AIGUESMORTES. 1° Base du petit triangle tracé sur la tour de Constance, ayant servi de repère à l'Etat-major	1.41	Trigon.	E. M.	Alluvion.	Ce triangle est tracé sur la 4e assise, à 1 m. 41 au-dessus du zéro de l'échelle en fer du pont d'Artois, situé sur le canal du Bourgidou. (Voy. *Mémorial du dépôt de la guerre*, IIe partie, p. 241).
2° Sommet de la tige de la flèche de la tour de Constance	45.40	Trigon.	E. M.	—	
3° Couronnement des demi-écluses du Vidourle	4.60	Nivel.	P. C.	Alluvion.	
* AIGUESVIVES. 1° Seuil de la porte du temple	54	Bar.	E. D.	Mol. coq.	
2° Sommet au S.-O. du village planté en châtaigniers	77.10	Bar.	E. D.	Sub. et Dil.	
3° Station du chemin de fer, niveau des rails	20	Nivel.	Ch. F.	Subap.	
AIGUILLE (l'), pic au N.-O. de Beaucaire.	155	Bar.	E. D.	Mol. coq.	
* AIMARGUES, à la croisière des routes départementales n° 8 et n° 4, près l'auberge de Pélissier, près la borne 216.	5.58	Nivel.	P. C.	Subap.	
ALPINES (chaîne des), sommet dit Planet, à l'est de Saint-Gabriel	202	Bar.	E. D.	Mol. coq.	B. R.
AMBRUSSUM, point culminant de la colline, dans le périmètre de l'enceinte gauloise	48	Nivel.	P. C.	Néoc.	H.
* ARAMON. 1° Aux ruines d'un moulin à vent, près la Croix des Veuves, au N. de la ville	69.35	Bar.	H. F.	Néoc. 3.	
2° Etiage du Rhône	14.75	Bar.	H. F.	—	
3° Rocher des Castillonnes	160	Bar.	E. D.	Néoc. 3.	
* ARLES, point culminant de la colline	45	Bar.	Lortet.	Néoc. 3.	
* ASPÈRES. 1° Seuil de l'église romane	94	Bar.	E. D.	Lacustre.	
2° Point culminant au N. du mas de Monteils	130	Bar.	E. D.	Lacustre.	
* AUBAIS. 1° Seuil de la porte d'entrée du château	61	Bar.	E. D.	Mol. coq.	
2° Roque d'Aubais, rocher sur la rive gauche du Vidourle	75	Bar.	E. D.	Néoc. 3.	

LIEUX DES STATIONS.	Élévation en mètres au-dessus du niveau de la mer.	NOMBRE et NATURE des observations.	Auteurs des observations.	Composition géologique DU SOL.	Observations.
3° Embranchement de la route d'Aubais à celle de Sommières, au pont de Lunel	29	Nivel.	Poullon.	Néoc. 3.	
4° Moulin à vent situé à l'O. du village	53.10	Trigon.	E. M.	Néoc. 3.	
* AUJARGUES. 1° Seuil de l'église	75	Nivel.	P. C.	Mol. coq.	
2° Sur le pont de Corbière	56	Nivel.	P. C.	Mol. coq.	
BAGUET (moulin à vent de). Signal de l'état-major, sol	117	Trigon.	E. M.	Subap. et Dil.	Ce signal de 1er ordre est situé sur le serre Brugal. Altitude du point de mire ou sommet du cône du moulin 127,60, sol 116,90.
BARAQUE DE LA FONT SAINT-PEYRE, sur la route nationale n° 99, borne 120	142	Nivel.	P. C.	Néoc.	
BARAQUES DE MONTPEZAT. 1° Sur la route nationale n° 99, vis-à-vis la porte de la baraque Labaume	142	Nivel.	P. C.	Mol. coq.	
2° Point culminant de la même route entre les baraques Viger et Bonnet, jadis Compan	155	Nivel.	P. C.	Mol. coq.	
BARAQUES DE PREND-TE-GARDE. 1° Sur la route nationale n° 110, de Montpellier au Puy, à la borne 210, près le mas Coulon (commune de Moulezan)	142.91	Nivel.	P. C.	Néoc. 2.	
2° Idem, à la borne 216, près l'auberge de Ducros	126.81	Nivel.	P. C.	Néoc. 2.	
* BARBERTANE, sur le plateau diluvien, à l'est du village	77	Bar.	E. D.	Mol. coq. et Dil.	B. R.
* BEAUCAIRE. 1° Gare du chemin de fer, niveau des rails	7	Nivel.	Ch. F.	Alluv.	
2° Sommet dit les trois croix ou le calvaire	103	Bar.	B. V.	Néoc. 3.	
3° Zéro du rhônomètre	3.64	Nivel.	P. C.	—	
* BEAULIEU, seuil de la porte de l'église	105	Bar.	E. D.	Mol. coq.	H.
BECK, près la campagne de ce nom, commune de Vauvert, sur le pont du Valliougués, route départementale n° 8, de Beaucaire au pont de Lunel	28	Bar.	E. D.	Subap. et Dil.	
* BELLEGARDE. 1° Au pied de la tour	56	Bar.	E. D.	Subap. et Dil.	
2° Dans le village, sur la route départementale n° 11, à la borne 158	9	Nivel.	P. C.	Subap. et Dil.	
* BERNIS. 1° Seuil de l'église	22.76	Trigon.	E. M.	All. mod.	Le sommet du clocher ou point de mire, est à 47 mètres.
2° Station du chemin de fer, rails	29	Nivel.	Ch. F.	Subap.	
* BEZOUCE, sur la grand'route, à 220 mètres à l'est du village	68	Nivel.	P. C.	Néoc. 4.	

LIEUX DES STATIONS.	Élévation en mètres au-dessus du niveau de la mer.	NOMBRE et NATURE des observations.	Auteurs des observations.	Composition géologique DU SOL.	Observations.
BOIS DES LENS (montagne du). 1° Sommet dit Mounié	297	Bar.	E. D.	Néoc. 4.	C'est le point le plus élevé de l'arrondissement de Nimes.
2° Sommet dit serre de Matalas, arbre remarquable, sol	262	Trigon.	E. M.	Néoc.	
BOIS DE PARIS (montagne du). 1° Signal de l'état-major. A l'extrémité N.-E. de la montagne	239	Trigon.	E. M.	Oxf.	
2° A l'entrée de la grotte	170	Bar.	E. D.	Oxf.	
* BOISSERON. 1° Sur le pont romain, à 10m70 au-dessus des eaux de la rivière de Bénovie	28	Nivel.	P. C.	Mol. coq.	H.
2° A la jonction de la route de Lunel à celle de Montpellier	33	Nivel.	P. C.	Mol. coq.	H.
3° Sur la route nationale n° 110, de Montpellier au Puy, vis-à-vis le mas de Planchenau	62	Nivel.	P. C.	Lacustre.	H.
* BOISSIÈRE, au château sur le bastion nord	83	Bar.	E. D.	Néoc. 3.	
* BOUILLARGUES. 1° Seuil de la porte de l'église	68	Bar.	E. D.	Subap. et Dil.	
2° Sur la route départementale n° 11, entre Bellegarde et Bouillargues, à 8.600 mètres de Nimes	80	Nivel.	P. C.	Subap. et Dil.	
BIONS (domaine de), commune de Bellegarde. 1° Sommet au-dessus de la campagne dit Coste-Canet	67	Bar.	E. D.	Subap. et Dil.	
2° Sol du rez-de-chaussée de la campagne	36.40	Bar.	E. D.	Subap. et Dil.	
* BUSIGNARGUES, pavé de la terrasse ouest du château	58	Bar.	E. D.	Lacustre.	H.
* CABRIÈRES. 1° Seuil de l'église	152.50	Bar.	E. D.	Néoc.	
2° A la ferme de La Bastide, rez de chaussée	140.80	Bar.	E. D.	Néoc.	
CALVAS, commune de Nimes. Sommet au nord de ce domaine	215	Trigon.	E. M.	Néoc. 3.	
* CALVISSON. 1° Pavé du temple	64	Bar.	E. D.	Néoc. 3.	
2° Montagne des quatre moulins à vent, sol	168	Trigon.	E. M.	Néoc. 3.	Base du second moulin à l'Est, ayant servi de signal à Cassini et à l'Etat Major, 168,50 Altitude du point de mire, 177 m. 40.
3° Pont sur le Rhony, sur la route départementale de Nimes à Sommières.	32	Nivel.	P. C.	Néoc.	
4° Montagne de la Liquière, au N.-E. de Calvisson	211	Trigon.	E. M.	Néoc. 3.	
* CAMPAGNE, pavé de l'église	70	Bar.	E. D.	Lacustre.	H.

LIEUX DES STATIONS.	Élévation en mètres au-dessus du niveau de la mer.	NOMBRE et NATURE des observations.	Auteurs des observations.	Composition géologique DU SOL.	Observations.
CASTELLAS montagne (voir le mot Théziers).					
* CASTRIES, sur la route, point culminant du village, près l'aqueduc.......	69	Nivel.	P. C.	Néoc. 3.	H.
* Caveyrac, dans la cour du château, pavé du temple....................	84	Bar.	E. D.	Néoc. 3.	
CHOISITY (mas de), commune d'Aramon. Sur le socle du pied-droit de la porte de la cour.........................	53.01	Nivel.	Poul.	Néoc. 3.	
* CLARENSAC, devant la maison commune, seuil de la porte....................	69	Bar.	E. D.	Néoc. 2.	
* COMBAS. 1° Sol de la route nationale n° 99, au col Blaccous..............	138	Nivel.	P. C.	Néoc. 3.	
2° Orifice de l'avën de Prouvessa........	115.30	Bar.	E. D.	Néoc. 4.	
* COMPS. 1° Sur le pont à côté d'un portail, 3 mètres au-dessus des eaux du Gardon.........................	6.50	Bar.	B. V.	Alluvion.	
2° Plateau diluvien près le mas du Maire, entre l'étang de Jonquières et Comps.	54.10	Bar.	E. D.	Subap.	
* CONGÉNIÈS. 1° Sous le village, borne 154	68	Nivel.	P. C.	Néoc. 3.	
2° Point culminant de la plantée de la Coudourelle, à l'O. du village, près la borne 116..............................	98	Nivel.	P. C.	Néoc. 3.	
COUSTOURELLE, colline où est adossée la ville de Sommières.					
1° Au-dessus de la fontaine des Fées....	95	Bar.	E. D.	Mol. coq.	
2° Point culminant de ce plateau, au N. de Calais...........................	99.70	Bar.	E. D.	Mol. coq.	
CRAU (la), près le mas de Ribesaltes (haute Crau).......................	42	Bar.	E. D.	Subap. et Dil.	B. R.
* CRESPIAN, à l'entrée du village, route nationale n° 110, borne 182..........	96	Nivel.	P. C.	Néoc.	
CREUX DE L'IMBRASAS, à l'est de cette dépression cratériforme, située entre la mart^e du bois de Paris et celle de la Pene........................	222	Bar.	E. D.	Oxf. 4.	H.
CRISTIN, château sur la route vicinale de Sommières au pont de Lunel. 1° Seuil de la porte de la cour.........	32	Nivel.	P. C.	Mol. coq.	
2° Sur la route, entre le château et la jasse de Gaverne...................	47	Nivel.	P. C.	Mol. coq.	
CROIX DE VIE BLANCHE OU VIGNE BLANCHE, commune de Beaucaire, sur la route de Nimes à Beaucaire................	57	Bar.	E. D.	Néoc. 3.	
CUREBOUSSOT, commune de Redessan...	58.55	Nivel.	P. C.	Subap. et Dil.	
* DOMAZAN. 1° Seuil de l'église..........	68	Bar.	E. D.	Subap.	

LIEUX DES STATIONS.	Élévation en mètres au-dessus du niveau de la mer.	NOMBRE et NATURE des observations.	Auteurs des observations.	Composition géologique DU SOL.	Observations.
2° Au château de la Beaume, sur le couronnement du bassin de la source....	127.71	Nivel.	Poul.	Subap.	
* ESTÉZARGUES. 1° Seuil de l'église.....	146.90	Bar.	E. D.	Subap. et Dil.	
2° Sur la route de Remoulins à Avignon, point culminant..................	153.40	Bar.	E. D.	Subap. et Dil.	
ETANG DE JONQUIÈRES, fond du radier...	12.05	Nivel.	P. C.	Subap.	
ETANG DE REDESSAN..................	50.70	Bar.	E. D.	Subap. et Dil.	
ETANG D'ESTAGEL, commune de Saint-Gilles	72	Bar.	E. D.	Subap.	
FÉRON (sommet de la montée de), route de Nîmes à Uzès..................	186.56	Nivel.	P. C.	Néoc. 4.	
* FONS, 1° Seuil de l'église.............	115	Bar.	E. D.	Lacustre.	
2° Point culminant de la colline de Valcoudou	187.90	Bar.	E. D.	Lacustre.	
* FONTANÈS, sommet de la montée du bois du Noble, sur la route nationale n° 110, de Montpellier au Puy........	75	Nivel.	P. C.	Congl. lac.	
FONTMAGNE, sur la route nationale n° 110, devant le château de ce nom..	41	Nivel.	P. C.	Mol. coq.	H.
FONTVIEILLE. Seuil de l'église..........	12	Bar.	E. D.	Mol. coq.	B. R.
FOUGASSE (plan de la), route de Nîmes à Alais, au faîte de la séparation des bassins du Vistre et du Gardon......	164	Nivel.	P. C.	Néoc.	
* GAJAN. 1° Point culminant du village, sous une vieille porte dite Portail-du-Fort	110.30	Bar.	E. D.	Cal. lac.	
2° Sur le viaduc au-dessus de la Braune, niveau des rails.....................	101	Nivel.	Bourd.	Cal. lac.	
3° Pont des communaux, niveau des rails	115	Nivel.	Bourd.	Néoc.	
GARDON, étiage de cette rivière à son embouchure dans le Rhône...........	5.17	Nivel.	P. C.	Alluvion.	
* GARRIGUES, seuil de l'église	74	Bar.	E. D.	Lacustre.	H.
GAVERNE. 1° Point culminant de la route entre la jasse de ce nom et Christin..	47	Nivel.	Poul.	Mol. coq.	
2° Sur le pont des Pradels, à l'O. de la métairie de Gaverne, route vicinale de Sommières au pont de Lunel........	33	Nivel.	Poul.	Néoc.	
* GÉNÉRAC. 1° Moulin à vent au S. du village. Seuil de la porte............	119	Bar.	E. D.	Subap. et Dil.	
2° Sommet au sud de ce moulin........	138	Bar.	E. D.	Subap. et Dil.	C'est le point culminant de la Costière.
3° Sommet dit Pied-Cocon ou le *mouloun dé bla*, au S.-E. du village..........	132	Bar.	E. D.	Subap. et Dil.	Ce monticule a été pris à tort pour un tumulus Gaulois.
* GRAND-GALLARGUES. 1° Tour du télégraphe, seuil de la porte.............	62.80	Trigon.	E. M.	Mol. coq.	

LIEUX DES STATIONS.	Élévation en mètres au-dessus du niveau de la mer.	NOMBRE et NATURE des observations.	Auteurs des observations.	Composition géologique DU SOL.	Observations
2° Station du chemin de fer, rails......	19.60	Nivel.	C. F.	Subap.	
3° Pont du chemin de fer sur le Vidourle	18.60	Nivel.	C. F.	Alluv.	
IOUTON OU TRIPLE LEVADE, montagne près Beaucaire.........................	150	Bar.	E. D.	Mol. coq.	
ISCLES, seuil de la porte du salon de la métairie des Iscles	1.73	Nivel.	Bourd.	Alluv.	
JASSE DE VALLAT, commune de Vauvert	3	Bar.	B. V.	Subap. et Dil.	
* JONQUIÈRES, sur le pont, près la chapelle romane de Saint-Laurent, à la borne n° 168........................	21	Nivel.	P. C.	Subap. et Dil.	
* JUNAS, tour de l'horloge, seuil de la porte..............................	77.95	Trigon.	E. M.	Mol. coq.	
LA LIQUIÈRE, montagne au N. de Calvisson...........................	211.50	Trigon.	E. M.	Néoc. 3.	
* LANGLADE, sur la montagne dite le Castelas, à l'O. du village...........	161.50	Bar.	E. D.	Néoc.	
* LÉDENON, point culminant de la route nationale à la borne 158, située à 150 mètres à l'est de la croix.........	102.51	Nivel.	P. C.	Néoc.	
* LUNEL. 1° Embarcadère du chemin de fer, rails	10.65	Nivel.	Ch. F.	Subap.	H.
2° Au mas de Chambon, sur la première marche de la grille d'entrée, à gauche	10	Nivel.	Bourd.	Subap. et Dil.	H.
3° Point culminant de la colline, près le mazet de M. Coste................	53.80	Bar.	E. D.	Néoc. 3 et Dil.	H.
4° Mas de Grégoire, seuil de la porte...	59	Bar.	E. D.	Néoc. 3 et Dil.	H.
* LUNEL VIEIL, mas Gautier, dans le jardin, pavé de la serre, situé entre les deux cavernes à ossements...........	21.30	Bar.	E. D.	Mol. et Dil.	H.
MARDIEUIL, montagne au S.-E. de Saint-Bonnet............................	154	Bar.	E. D.	Néoc. 4.	
* MARGUERITTES, sur la route, près la borne 60, à 2450 mètres du pont de Canabou..........................	52.57	Nivel.	P. C.	Subap.	
* MARSILLARGUES. 1° Seuil de l'église...	9.25	Trigon.	E. M.	Alluv.	H.
2° Sur la route.......................	6.42	Nivel.	P. C.	Alluv.	H.
MAS DE PONGE, point culminant du chemin de fer d'Alais, rails.............	147	Nivel.	Ch. F.	Néoc. 3.	
MASSEREAU, domaine dans la commune de Sommières. 1° A l'entrée de l'avenue, du côté de la route vicinale.....	41	Nivel.	Poul.	Mol. coq.	
2° Sur le pont de Marinal, route vicinale de Sommières au pont de Lunel......	23	Nivel.	Poul.	Mol. coq.	
* MAUGUIO, sur la motte, seuil du moulin à vent.........................	22	Bar.	E. D.	Subap. et Dil.	

LIEUX DES STATIONS.	Élévation en mètres au-dessus du niveau de la mer.	NOMBRE et NATURE des observations.	Auteurs des observations.	Composition géologique DU SOL.	Observations.
MAYAN (mas de), sur la route de Nimes à Uzès, bas-fond de la route.	141.86	Nivel.	P. C.	Néoc. 3.	
* MILHAUD. 1° Station du chemin de fer, rails	33.45	Nivel.	C. F.	Néoc. 3.	
2° Au milieu de la traverse du village, borne n° 70	29.15	Nivel.	P. C.	Néoc. 3.	
3° Tour carrée, sommet ou point de mire	46.40	Trigon.	E. M.	Néoc. 3.	
MONTAGNOU, montagne entre Parignargues et Montpezat	184	Bar.	E. D.	Cong. lac.	
* MONTFRIN, aux moulins à vent, seuil du plus oriental	65	Bar.	E. D.	Mol. coq.	
* MONTMIRAT. 1° Vis à-vis la croix	101	Nivel.	P. C.	Néoc.	
2° A l'église ruinée de Jousse	200.60	Trigon.	E. M.	Néoc.	
* MONTPEZAT, seuil de l'église	157	Bar.	E. D.	Cong. lac.	
MONTREDON. 1° Au pied des ruines du château	83	Bar.	E. D.	Cal. lac.	
2° Sommet au S.-O. du château	93	Bar.	E. D.	Cal. lac.	
* MOULEZAN. 1° Seuil de l'église	96	Bar.	E. D.	Néoc. 2.	
2° Aux jasses, à l'est du village	203	Bar.	E. D.	Néoc. 3.	
* MUS, seuil de l'église	65	Bar.	E. D.	Mol. coq.	
* NAGES. Sur le pont	73	Nivel.	P. C.	Néoc. 3.	
2° Sommet de la montagne	184	Bar.	E. D.	Néoc. 3.	
NOTRE-DAME-DU-CHATEAU, revers septentrional de la chaîne des Alpines	94	Bar.	E. D.	Mol. coq.	B. du R.
* NIMES. 1° Embarcadère du chemin de fer de Montpellier, rails	46	Nivel.	Ch. F.	Alluv.	
2° Embarcadère de celui d'Alais, rails	52	Nivel.	Ch. F.	Subap.	
3° Tourmagne, sol	100	Trigon.	E. M.	Néoc. 3.	Sommet de la tour ou point de mire, 137 m. 50 E. M.
4° Pavé de la Cathédrale	46.70	Trigon.	E. M.	Subap.	
5° Signal de l'état-major, au sud du mas de Seynes, sur le sommet dit Garde-Monier	215	Trigon.	E. M.	Néoc. 3.	
* PARIGNARGUES, colline des moulins à vent; seuil de la porte de celui le plus rapproché du village	152	Bar.	E. D.	Néoc. 4.	
PAUVRE MÉNAGE, au-dessus de ce mas, sur le viaduc du chemin de fer de Nimes à Beaucaire, rails	41	Nivel.	Ch. F.	Subap. et Dil.	
* PETIT-GALLARGUES, seuil de l'église	46.50	Bar.	E. D.	Lacustre.	H.
PIED-BOUQUET, campagne près Sommières, sommet au nord	68.20	Bar.	E. D.	Mol. coq.	
PLANET (voyez Alpines).					

LIEUX DES STATIONS.	Élévation en mètres au-dessus du niveau de la mer.	NOMBRE et NATURE des observations.	Auteurs des observations.	Composition géologique DU SOL.	Observations.
PONDRES (château de). 1° Sommet du Colombier, point de mire............	69.70	Trigon.	E. M.	Lacustre.	
2° Aux carrières, devant la caverne à ossements.........................	62	Bar.	B. V.	Mol. coq.	
PONT D'AIGALADE (voyez Aigalade).					
PONT DE CAISSARGUES, sur le Vistre, borne n° 3800, route de Nimes à Saint-Gilles	22.53	Nivel.	P. C.	Alluvion.	
PONT DE CART, sur le Vistre, borne 44, route de Nimes à Beaucaire..........	37	Nivel.	P. C.	Alluvion.	
PONT DE COURME, route de Nimes à Alais, limite de l'arrondissement de Nimes.............................	82.51	Nivel.	P. C.	Néoc.	
PONT DE LA FARELLE, sur le Vistre, route d'arrondissement de Nimes à Arles...	31	Nivel.	P. C.	Alluv.	
PONT DE L'HÔPITAL, sur la route de Nimes à Aiguesmortes, près Aimargues	13.03	Nivel.	P. C.	Subap.	
PONT DE L'ORME, route de Nimes à Alais, après la borne 92..................	97	Nivel.	P. C.	Néoc.	
PONT DE LUNEL, sur le Vidourle, sur la borne n° 1, placée à l'entrée du pont du côté de l'Hérault................	12.17	Nivel.	Bourd.	Alluvion.	
PONT DE PSALMODY (sur le)............	3.41	Nivel.	P. C.	Alluvion.	
PONT DES AMANDINS, situé à 2,600 mètres au S. d'Aimargues.............	4.63	Nivel.	P. C.	Alluv.	
PONT DE SAUVE, sur le Cadereau, à Nimes.............................	56.21	Nivel.	P. C.	Subap.	
PONT DU CANABOU, sur la route nationale 87; borne n° 84, située à 50 mètres à l'ouest du pont.....................	58	Nivel.	P. C.	Subap.	
PONT DU MAS DE BORDE, à 200 mètres au S. du pont sur la Cubelle, au S. d'Aimargues............................	4.57	Nivel.	P. C.	Alluvion.	
PONT SUR BRIÉ, près Fontanès, route nationale n° 110....................	54.56	Nivel.	P. C.	Lacustre.	
PONT SUR LA CUBELLE, route de Sommières au Grand-Gallargues.........	19.08	Nivel.	Poul.	Néoc. 3.	
PONT SUR LE BUFFALON, route nationale n° 99, d'Aix à Montauban, entre les bornes 84 et 86	53.09	Nivel.	P. C.	Alluvion.	
PONT SUR QUIQUILLAN, route départementale de Sommières à Anduze.....	42	Nivel.	P. C.	Néoc.	
PUECH D'AUTEL. colline au S.-O. de Nimes. Seuil de la porte du télégraphe	98.40	Trigon.	E. M.	Lacustre.	
RECULAN, commune de Saint-Gilles, sommet près de cette campagne......	103	Bar.	E. D.	Sub. et Dil.	

LIEUX DES STATIONS.	Élévation en mètres au-dessus du niveau de la mer.	NOMBRE et NATURE des observations.	Auteurs des observations.	Composition géologique DU SOL.	Observations.
* REDESSAN. 1° Station du chemin de fer, niveau des rails	59	Nivel.	Ch. F.	Subap.	
2° Sur la route nationale 99, à l'est de Redessan	65	Nivel.	P. C.	Subap. et Dil.	
REDOUTE DU GRAND-TRAVÈS, sur la plage entre l'étang de Mauguio et la mer	13	Trigon.	E. M.	Sables et dunes	H.
* RESTINCLIÈRES. 1° Traverse du village, sur la route nationale n° 110	84.26	Nivel.	P. C.	Cong. lac.	H.
2° Sommet de la montée de la Croix de fer, route nationale n° 110, au couchant du village	93.44	Nivel.	P. C.	Cong. lac.	
3° Sommet de la croix Bernard, au levant du village	96.57	Nivel.	P. C.	Cong. lac.	
ROQUEMARTEL, montagne près Beaucaire	109.15	Bar.	E. D.	Mol. coq.	
ROQUEPARTIDE, faille où passe la voie domitienne, à l'ouest de Beaucaire. 1° Aux carrières les plus septentrionales et les plus élevées	74	Bar.	E. D.	Mol. coq.	
2° Aux pierres milliaires romaines, dites les colonnes de César	62	Bar.	E. D.	Subap. et Dil.	
* SAINT-BONNET, sur le couronnement du bassin de la fontaine	48	Nivel.	Poul.	Néoc. 3.	
* SAINT-CÉZAIRE. 1° Station du chemin de fer, rails	35.70	Nivel.	Ch. F.	Subap.	
2° A l'embranchement de la route de Sommières	37	Nivel.	P. C.	Subap.	
* SAINT-CÔME. 1° Sol de la place située derrière l'église, devant la fontaine	65	Bar.	E. D.	Néoc.	
2° Seuil de la porte du moulin à vent, situé au N. du village	198	Bar.	E. D.	Néoc.	
SAINTE-COLOMBE, petite chapelle romane, dépendante de l'abbaye de Franquevaux, commune de Saint-Gilles	53	Bar.	E. D.	Subap.	
* SAINTES-MARIES (les) ou NOTRE-DAME-DE-LA-MER, pavé de l'église	4	Trigon.	E. M.	Alluv. moder.	B. R.
* SAINT-GÉNIÈS-DES-MOURGUES, seuil de l'église	65.20	Bar.	E. D.	Cal. lac.	H.
* SAINT-GERVASY, au calvaire, dalles du sol de la croix couverte	150.90	Bar.	E. D.	Néoc. 3.	
* SAINT-GILLES. 1° Seuil de la porte de l'Hôtel de ville	21	Bar. 3	E. D.	Subap.	
2° Dans la ville, traverse de la route de Nimes, borne n° 186	5.75	Nivel.	P. C.	Subap.	
* SAINT-HILAIRE-DE-BEAUVOIR, seuil de l'église	66	Bar.	E. D.	Lacustre.	H.
* SAINT-LAURENT-D'AIGOUZE, seuil de l'église	5.30	Trigon.	E. M.	All. du Vidourle	

LIEUX DES STATIONS.	Élévation en mètres au-dessus du niveau de la mer.	NOMBRE et NATURE des observations.	Auteurs des observations.	Composition géologique DU SOL.	Observations.
* SAINT-MAMERT, seuil de l'église.......	113.60	Bar.	E. D.	Cong. lac.	
SAINT-ROMAN (château ruiné de), près Beaucaire, sur les ruines............	116.40	Bar. 3	E. D.	Mol. coq.	
SAINT-PIERRE-DU-TERME, commune d'Aramon..............................	216.5	Bar.	H. F.	Néoc.	
SAINT-VINCENT, commune de Jonquières. Dans le village, route d'Aix à Montauban n° 99, à la borne 15.000.......	47	Nivel.	P. C.	Subap. et Dil.	
* SALINELLES. 1° Sur la route départementale n° 5, de Sommières à Anduze, borne 282. Devant le château........	40	Nivel.	P. C.	Cal. lac.	
2° Point culminant de la côte de Salinelles, sur la route départementale n° 5..............................	86	Nivel.	P. C.	Cal. lac.	
* SAUSSINE, seuil de l'église............	46	Bar. 2	E. D.	Cal. lac.	H.
* SERNHAC, seuil de l'église.............	62	Bar.	E. D.	Mol. coq.	
SICARD (montée de), point culminant situé à 19,600 mètres de Nimes, borne n° 196 (route nationale d'Aix à Montauban, n° 99)......................	64.18	Nivel.	P. C.	Subap.	
* SOMMIÈRES. 1° Trottoir du pont au pied de la croix..........................	28.87	Nivel. plus.	Poul.	Alluv. mod.	
2° Cuvette du baromètre dans notre cabinet..............................	34.2	Nivel.	E. D.	Mol. coq.	
* SOUVIGNARGUES. 1° Seuil de l'église...	95	Bar.	E. D.	Mol. coq.	
2° Sur la colline du Puech-Mourié, vers la limite orientale de la commune....	154	Bar.	E. D.	Mol. coq.	La molasse y forme une petite calotte sur le sommet d'une colline lacustre.
* THÉZIERS. 1° Seuil de l'église.........	48	Bar. 2	E. D.	Mol. coq.	
2° Sur la montagne du Castellas, extrémité Est..........	127	Bar.	E. D.	Néoc. 3.	
3° Idem, au milieu des ruines du château	103.60	Bar.	E. D.	Néoc. 3.	
4° Montagne au N.-E. de la commune, dite le serre Plumat ou de Vaquières..	117	Bar.	E. D.	Subap. et Dil.	
TOUR CARBONNIÈRE, commune d'Aigues-mortes, sol de la route sous la tour...	1.70	Nivel.	P. C.	Alluv.	
TOURMAGNE (voyez Nimes).					
VALLONGUE, chemin de fer d'Alais, niveau des rails vis-à-vis cette campagne	130	Nivel.	Ch. F.	Néoc. 3.	
VAQUEIROLLES, commune de Nimes, sur la route à la borne 6, près la fontaine.	143	Nivel.	P. C.	Néoc. 3.	
* VAUVERT. 1° Seuil de l'église........	30.60	Bar.	E. D.	Subap. et Dil.	
2° Sommet de la montée...............	59	Nivel.	P. C.	Subap. et Dil.	
* VÉRARGUES, vis-à-vis cette commune, route de Sommières à Lunel.........	69	Nivel.	P. C.	Lacustre.	H.

LIEUX DES STATIONS.	Élévation en mètres au-dessus du niveau de la mer.	NOMBRE et NATURE des observations.	Auteurs des observations.	Composition géologique DU SOL.	Observations.
* Vergèze, station du chemin de fer de Montpellier, niveau des rails.........	22	Nivel.	Ch. F.	Subap.	
Vidourle, rivière. 1° Niveau des eaux au gué de Saint-Laurent.............	0.85	Nivel.	P. Ch.	Alluvion.	
2° Marsillargues, au pied du barrage du moulin..............................	2	Nivel.	P. Ch.	Alluvion.	
3° Marsillargues, sur le barrage du moulin............................	5.26	Nivel.	P. Ch.	Alluvion.	
4° Sur la chaussée du moulin Saint-Michel, à 2,000 mètres du point précédent............................	6.58	Nivel.	P. Ch.	Alluvion.	
5° Sur le pont du chemin de fer, rails..	18.60	Nivel.	Ch. F.	Alluvion.	
* Villevieille. 1° Point culminant du plateau, à l'Est de la campagne de Calais.........................	100	Bar.	E. D.	Mol. coq.	
2° Sommet de la grande tour du Nord..	119.40	Trigon.	E. M.	Mol. coq.	
3° Pavé de la cour du château.........	98.80	Trigon.	E. M.	Mol. coq.	
Vistre, rivière, moulin des Quatre Prêtres............................	6.10	Bar.	E. D.	Alluvion.	
Vander, campagne vis-à-vis Lunel-Viel............................	39	Bar.	E. D.	Lacustre.	H.
* Uchaud. 1° Station du chemin de fer, rails............................	26.92	Nivel.	Ch. F.	Néoc. 3.	
2° Devant l'église, à la borne n° 116..	21.12	Nivel.	P. C.	Néoc. 3.	

ARRONDISSEMENT D'ALAIS.

LIEUX DES STATIONS.	Élévation en mètres au-dessus du niveau de la mer.	NOMBRE et NATURE des observations.	Auteurs des observations.	Composition géologique DU SOL.	Observations.
AIGLADINES, hameau de la commune de Mialet. Dans la rue, devant l'auberge du Soleil d'or	390	Bar. 2	E. D.	Trias.	
* ALAIS. 1° Place royale, vis-à-vis l'hôtel du Luxembourg	126	Nivel.	Bourd.	Cong. lac.	
2° Embarcadère du chemin de fer, niveau des rails	136	Nivel.	C. F.	Cong. lac.	
3° Au pavillon Pagès	287	Bar.	E. D.	Oxf.	
ALAUZÈNE (Ruisseau d'), près Navacelle. A sa jonction avec celui d'Aubaron	125	Bar.	E. D.	Cal. lac.	
* ALLÈGRE, sur la route de Lussan, sous le château	231	Bar.	E. D.	Néoc.	
ANCISE (Col de l'), point culminant de l'ancienne route nationale entre Génolhac et Concoules	707	Bar.	D. F.	Sch. Tr.	
* ANDUZE, au milieu du pont, situé à 9m75 au-dessus des basses eaux du Gardon	131	Bar.	E. D.	Oxf.	
ARBOUSSET (L'), campagne près d'Anduze	216.50	Bar.	E. D.	O. inf.	
ARDÈCHE, à Vallon	96.75	Bar.	E. D.	Turonien.	
ARÈNES (château d'), commune de Saint-Christol, 1m20 au dessus des eaux	136.30	Bar.	E. D.	Oxf.	
AVÈNE. 1° Route nationale n° 104. Sur le pont situé à 5 mètres au-dessus des eaux	240.47	Nivel.	P. Ch.	Néoc.	
2° Niveau de cette rivière, sous le hameau de la Verrière, près Rousson	197	Bar.	E. D.	Néoc.	
ARLINDE, commune d'Allègre. Niveau de la source	124	Bar.	E. D.	Néoc.	
* ASSIONS (les) 1° Seuil de l'église	216	Bar.	E. D.	Trias.	L.
2° Montagne des Assions; seuil de la chapelle Sainte-Apolline	336	Bar.	E. D.	Néoc.	
AUGUSTINES (les), commune de Brouzet. Au milieu des ruines du cloître	180	Bar.	E. D.	Néoc.	
* BAGARD	168.02	Nivel.	P. C.	Cong. lac.	
BALLÈVE, sur la route, près Génolhac	642	Nivel.	P. C.	Sch. Tr.	
BALMELLES (Plaine des), au N.-E. de Villefort	865	Bar.	E. D.	Trias.	L.
BANASSA, montagne au S.-O. de Saint-Ambroix	504	Bar.	E. D.	Cal. à gry.	

LIEUX DES STATIONS.	Élévation en mètres au-dessus du niveau de la mer.	NOMBRE et NATURE des observations.	Auteurs des observations.	Composition géologique DU SOL.	Observations.
Banelles (Serre des), près du Mazel, commune de Banne	865	Bar.	E. D.	Oxf. 4.	Ar.
* Banne. 1° Seuil de l'église	276.10	Bar.	E. D.	Trias.	Ar.
2° Point culminant des ruines du château	307.80	Bar.	E. D.	Oxf. 4.	
Baraque (La), montagne au N.-O. d'Alais	903	Trigon.	E. M.	Sch. Tr.	Limite du Gard et de la Lozère.
Barbaras, niveau du chemin vicinal, vis-à-vis la petite métairie de ce nom, au N.-E. d'Alais	169.10	Bar.	E. D.	Cong. lac.	
* Barjac, seuil de l'église	170	Bar.	E. D.	Cal. lac.	
Barre, montagne à l'Est des Vans, au-dessus des Angligeos	911.10	Trigon.	E. M.	Sch. Tr.	Ar.
Beaudoin, montagne au S.-O. d'Anduze.	408	Bar.	E. D.	Lias.	
Belbezet. 1° (Mas de), rez-de-chaussée.	327.45	Bar.	E. D.	Houil.	Ar.
2° (Col de)	291.30	Bar. 2	E. D.	Houil.	Ar.
Bellepoele, point culminant de la route nationale n° 106, entre Chamborigaud et Génolhac	453	Bar.	E. D.	Sch. Tr.	
* Bérias, devant le château de M. Jules de Malbos	131.60	Bar 3 obs.	E. D.	Néoc.	
Bességes. 1° Entrée de la galerie Sainte-Illide	175	Bar. plus. ob.	E. D.	Houil.	
2° Montagne de Rochesadoule; point culminant du roc qui domine de 10m50 le seuil de la chapelle Saint-Laurent.	448.46	Bar.	E. D.	Houil.	
3° Montagne entre le Travers de Bességes et le hameau de Boniol	431	Bar.	E. D.	Lias.	
4° Montagne entre la chapelle Saint-Laurent et le hameau du Buis	420	Bar.	E. D.	Lias.	
5° Montagne au N.-E. du château vieux, près Bességes	309	Bar.	E. D.	Houil. 3.	
* Blachère. 1° (La), seuil de l'église	285	Bar.	E. D.	Trias.	Ar.
2° (Notre-Dame de la), seuil de l'église.	264	Bar.	E. D.	Oxf.	Ar.
* Blannaves. 1° Seuil de l'église	394	Bar.	E. D.	Trias.	
2° Serre de la Mourière, à l'O. de Blannaves	534	Bar.	E. D.	Trias.	
Blateiras, hameau de la commune de Générargues. 1er Etage de la maison Roumajon, à l'endroit dit le Mazet	274	Bar.	E. D.	O. inf.	
Blatiès, hameau de la commune de Bagard. Devant la porte de la maison Savin	331.20	Bar.	E. D.	O. inf.	
* Bordezac, seuil de l'église	449.70	Bar.	E. D.	Trias.	
Bos (mas du), ou de Pélissier, au S. d'Anduze	262	Bar.	E. D.	O. inf.	

LIEUX DES STATIONS.	Élévation en mètres au-dessus du niveau de la mer.	NOMBRE et NATURE des observations.	Auteurs des observations.	Composition géologique DU SOL.	Observations.
* BOUCOIRAN. 1° Montagne dite le Grand-Rang, à l'O. de cette commune.......	229.60	Bar.	E. D.	Néoc.	
2° A l'entrée S. de la percée du chemin de fer..........................	82	Nivel.	Ch. F.	Néoc. 4.	
* BOUQUET (serre de), Sommet dit le Guidon............................	632	Bar.	E. D.	Néoc. 4.	Point culminant du Néoc. dans le Gard.
Idem. Idem........	631	Trigon.	E. M.	—	
BRANOUX. 1° Hameau de la commune de Blannaves. Seuil du temple..........	295	Bar.	E. D.	Lias.	
2° Serre du Travès, au N. du village....	395	Bar.	E. D.	Lias.	
3° Au col de l'Ancise (voyez Ancise)....	324.80	Bar.	E. D.	Sch. Tr.	
BROUSSES (dans le petit vallon des), aux mines de houille................. ..	316.20	Bar.	E. M.	Houil. 3.	
CABANE (la), montagne à l'O. d'Alais. Au pied du signal de l'Etat-Major.......	566.46	Trigon.	E. M.	Sch. Tr.	
CABRIÈS (montagne de), dite le Clau-de-Cabriéret, au S.-O. de Saint-Jean-du-Pin................................	411	Bar.	E. D.	Oxf.	
CALS, commune de Navacelle. Sur la margelle du puits dit Avën de Cals...	130	Bar.	E. D.	Néoc. 4.	
CAMP DE SESSENADE (la), au S. de Malons.	1007	Bar.	E. D.	Sch. Tr.	
CANDOULIÈRE (plaine de la), au N.-E. du mas Bousquet......................	151	Bar.	E. D.	Cal. lac.	
CAP DE RIEUSSET, commune de Soustelle. Entrée de la grotte de ce nom........	206	Bar.	E. D.	Inf. L. Dol.	
CARNOULÈS, commune de Saint-Sébastien. au milieu du hameau...............	350	Bar.	E. D.	Trias.	
CASSAGNETTE, hameau de la commune de Laval..............................	300	Bar.	E. D.	Trias.	
* CASTELNAU, cour du château..........	182	Bar.	E. D.	Cal. lac.	
CAUSSE DE VERGOGNON, à l'O. de Villefort................................	913	Bar.	E. D.	Lias.	L.
CAUSSE D'ELZE, commune de Malons....	892	Bar.	E. D.	Lias.	
CÈZE, 1° Etiage de cette rivière à l'usine de Bességes........................	167	Bar.	E. D.	Houil.	
2° Idem à l'embouchure de Gagnière...	157	Bar.	E. D.	Lias.	
3° Idem sur l'écluse du moulin de Meyrannes.............................	146	Bar.	E. D.	Lias.	
4° Idem sous le pont de Saint-Ambroix..	135	Bar.	E. D.	Cal. lac.	
5° Idem sur l'écluse du moulin de Saint-Victor de Malcap..................	132	Bar.	E. D.	Cal. lac.	
6° Idem à l'embouchure de la Claisse...	112	Bar.	E. D.	Cal. lac.	
7° Idem sur l'écluse du moulin de Ferreirolles............................	99	Bar.	E. D.	Néoc.	
8° Idem à l'embouchure du Rhône......	26	Bar.	E. D.	Alluvion.	

LIEUX DES STATIONS.	Élévation en mètres au-dessus du niveau de la mer.	NOMBRE et NATURE des observations.	Auteurs des observations.	Composition géologique DU SOL.	Observations
CHAYLAR, château ruiné de la commune d'Aujac. Sol de la cour	593	Bar.	E. D.	Inf. L.	
CHAMADES, montagne aurifère. Point culminant sous le village de Malbos	319	Bar.	E. D.	Houil. I.	Houil. syst. inf.
* CHAMBORIGAUD, sous le pont situé à 7 mètres 50 au-dessus des eaux de la Luech	306	Bar.	E. D.	Sch. tr.	
* CHAMBON. 1° (Commune du), seuil de l'église	260	Bar.	E. D.	Sch. tr.	
2° Etage de la rivière de la Luech, sous le village	244	Bar.	E. D.	Sch. tr.	
CHAMPCLAUSON. 1° Sommet au N.-E. de cette montagne	653	Bar.	E. D.	Houil.	
2° Entrée de la galerie Thérond	395	Bar.	Ingénieurs de la Gr.-Combe	Houil.	
3° Pailler au-dessus du plan incliné de la mine Garoy	459	Bar.	Id.	Houil.	
CHANDELLE, (la), montagne entre Générargues et les Gypières, près d'Anduze. Ce sommet fait suite à la montagne de Mounié	291	Bar.	E. D.	O. inf.	
CHASSEZAC, rivière. 1° A la jonction du Vallat de la Rousse	280	Bar.	E. D.	Sc. tr.	Ar.
2° Au pont de Sallèles	146	Bar.	E. D.	Trias.	Ar.
3° A son confluent avec l'Ardèche	105	Bar.	E. D.	Néoc.	Ar.
CHIBAS, point culminant de la route entre ce mas et les Vans	260	Bar.	E. D.	Oxf.	Ar.
CLAISSE, rivière. 1° Sa perte près Sauvas.	200.90	Bar.	E. D.	Oxf.	Ar.
2° Son confluent avec la Cèze	112	Nivel.	P. C.	Cal. lac.	
COL-DE-LA-CROUZETTE, au S.-O. de Portes.	599	Bar.	E. D.	Houil.	
COL-DE-L'ANCISE (voyez Ancise).					
COL-DE-L'ARBOUSSET, campagne au N.-E. d'Anduze	216.50	Bar.	E. D.	O. inf.	
COL-DES-CHANCELS, route nationale n° 101, entre Cubières et le Mazel	1205.70	Bar.	E. D.	Sch. tr.	L.
COLLET-DE-DÈZE, devant l'auberge	302	Bar.	D. F.	Sch. tr.	L.
COLLET-DE-VILLEFORT, à la jonction de la route des Vans	655	Bar.	E. D.	Sch. tr.	L.
COL-MALPERTUS, au N. du vallon de la Grand-Combe	392	Bar.	E. D.	Houil.	
COMBE-LONGUE, vallon où sont situées les mines de houille de la concession de Sallesermouse. A la maison du commis.	276.90	Bar.	E. D.	Houil.	Ar.
COMBEREDONE, entrée de la galerie Larrieu	363.10	Bar.	E. D.	Houil.	
* CONCOULES, sur le pont de l'ancienne route nationale	636	Bar.	E. D.	Gra.	

LIEUX DES STATIONS.	Élévation en mètres au-dessus du niveau de la mer.	NOMBRE et NATURE des observations.	Auteurs des observations.	Composition géologique DU SOL.	Observations.
CORBESSAS (mas des), commune des Salles-du-Gardon	296	Bar.	E. D.	Trias.	
COUDOULOUS, hameau et château ruiné au S.-O. de Chamborigaud	599	Bar.	H. F.	Sch. tr.	L.
COUDOUNETS (les), montagne au N. de Saint-Julien-de-Valgalgues	414	Bar.	E. D.	Lias.	
* COURRY, seuil de l'église	288.45	Bar. 2	E. D.	Oxf.	
CROIX-DE-LA-ROUSSES, commune de Malons. Sur l'escalier formant la base du piédestal de la Croix	878	Bar.	E. D.	Sch. tr.	
CROIX-DES-VENTS (col de la), près Soustelle. Sur la route	333	Bar.	E. D.	Lias.	
DOURQUIER, montagne au N. de Saint-Jean-de-Valleriscle	549	Bar.	E. D.	Lias.	
ELZÈDE, montagne près le Collet, commune de Bordezac	536	Bar.	E. D.	Inf. L.	
ELZIÈRE, montagne au S.-O. de la ville des Vans, à l'extrémité N. du bassin houiller d'Alais	454	Bar.	E. D.	Oxf.	Ar.
ERMITAGE, dit Saint-Julien d'Ecosse, montagne au S.-O. d'Alais	287	Bar.	E. D.	Oxf.	
FARAU. 1° Montagne au S. de Saint-Jean-de-Valleriscle	493	Bar.	E. D.	Lias.	
2° A la métairie dite Farau, ou Pied-Jaune	366.90	Bar.	E. D.	Trias.	
FERREIROLLES, tour ruinée sur les bords de la Cèze, commune de Saint-Privat-de-Champclos	177	Bar.	E. D.	Néoc.	
FONT-NÈGRE. 1° Source hydro sulfureuse, près le mas Chabert	187	Bar.	E. D.	Cal. lac.	
2° Sommet du coteau, au-dessus de la Source	206	Bar.	E. D.	Cal. lac.	
FONT-PUDENTE, source hydro-sulfureuse, commune d'Allègre	128	Bar.	E. D.	Cal. lac.	
FORÊT D'ABILON, crête de la montagne	576.30	Bar.	E. D.	Houill.	
FOURCHES (Vallat des), sur la route de Saint-Ambroix aux Vans, à la limite du Gard et de l'Ardèche	238	Bar.	E. D.	Oxf.	
FRIGOULET, commune de Saint-Paul-le-Jeune. Sommet à l'O. de ce hameau	316	Bar.	E. D.	Trias.	Formant un petit îlot au milieu du terrain houiller.
FUMADES, hameau de la commune d'Allègre. Point culminant de la montagne au S.-E.	190	Bar.	E. D.	Cal. lac.	
GAGNIÈRE. 1° Sa source sous Malons, à un petit pont	807	Bar.	E. D.	Sch. tr.	
2° Sa hauteur au hameau de la Plaisse	551	Nivel.	P. C.	Sch. tr.	

LIEUX DES STATIONS.	Élévation en mètres au-dessus du niveau de la mer.	NOMBRE et NATURE des observations.	Auteurs des observations.	Composition géologique DU SOL.	Observations.
3° Sa hauteur sous le hameau de la Coste.	412	Nivel.	P. C.	Sch. tr.	
4° Sa hauteur au pont de Gournier......	258	Nivel.	P. C.	Houil. et Sch. tr.	Limite de ces deux terrains.
5° Sa hauteur au pont de Gagnière......	205	Nivel.	P. C.	Houill.	
6° A son confluent avec la Cèze........	157	Nivel.	P. C.	Houill.	
GALEIZON (rivière de), embouchure de cette rivière sous le Puech-de-Cendras.	142	Bar.	D. F.	Lias.	
GARDEGIRAL, montagne à l'Ouest de Banne..............................	474	Bar.	E. D.	Houill.	Ar.
GARDIE (la), hameau de la commune de Rousson..........................	333	Bar.	E. D.	Oxf.	
GARDON D'ALAIS, sa source.............	935	Bar.	D. F.	Sch. tr.	
* GÉNÉRARGUES, seuil de la porte du temple..............................	163	Bar.	E. D.	Lias.	
* GÉNOLHAC, sur la route, à la place....	493	Bar.	E. D.	Gra.	
GOULE (la), gouffre près Vagnas........	202	Bar.	E. D.	Néoc. 4.	Ar.
GOURDOUZE, hameau sur la montagne de la Lozère, à l'entrée supérieure du village..............................	1267	Bar.	E. D.	Gra.	L.
GRAND-COMBE. 1° Maison d'administration. Seuil de la porte de la cour......	255	Bar.	E. D.	Houil. 2.	
2° Montagne de la Grand'Combe, au-dessus de Massourié.................	418	Bar.	E. D.	Houil. 2.	
3° A la métairie du Massourié..........	344	Bar.	E. D.	Houil. 2.	
GRAND-MONTEAU, près Gros-Pierre. Point culminant de la chaîne de montagnes dite la Serre, qui s'étend de Saint-Brès à Samzon..	530	Bar.	E. D.	Néoc. 3.	Ar.
* JOYEUSE, sur la brêche...............	185	Bar.	H. F.		Ar.
LACAN, montagne au S. d'Anduze.......	412	Bar.	E. D.	Oxf.	
LACAN, montagne au N de Mialet. A l'endroit dit les Roches, sommet du roc......................................	704	Bar.	E. D.	Lias.	
LACANAU, campagne près Anduze. Niveau de la rivière d'Ourne......	170.10	Bar.	E. D.	M. sup. L.	
LAGORCE, sur la route, vis-à-vis l'église, au pied de la Croix..................	179	Bar.	E. D.	Néoc.	Ar.
LALE, sur le pont......................	173.38	Nivel.	P. C.	Houil.	
LAVAL (Notre-Dame de), seuil de l'église.	281	Bar.	E. D.	Trias.	
LAVALUS, commune de Seynes, dans le bois au S. de cette ferme....	336	Bar.	E. D.	Néoc. 3.	
LÈBRES (pont des), près Banne, sur la route de Saint-Ambroix aux Vans....	161	Bar.	E. D.	Néoc. 1.	
* LÉDIGNAN. 1° Point culminant de la traverse près la route d'Anduze......	174	Nivel.	P. C.	Néoc.	

LIEUX DES STATIONS.	Élévation en mètres au-dessus du niveau de la mer.	NOMBRE et NATURE des observations.	Auteurs des observations.	Composition géologique DU SOL.	Observations.
2° Point où se croisent les routes n° 107, de Nîmes à Saint-Flour, et n° 110, de Montpellier au Puy..................	160.30	Nivel.	P. C.	Néoc.	
LIQUEMAILLE, montagne vers le N. de Génolhac..........................	982	Bar.	H. F.	Sch. tr.	
LIQUIÈRE (la), campagne dans la commune de Servas, sur l'Aire...........	233	Bar.	E. D.	Néoc.	
LOUBARÈS, montagne au sud de la commune de Saint-Jean-du-Gard.........	412	Bar.	E. D.	Trias.	
LOZÈRE (chaîne de la). 1° Sommet dit le Roc Malpertus, signal de Cassini.....	1683	Trigon.	E. M.	Gra.	L.
2° Roc des Aigles......................	1659	Bar.	E. D.	Gra.	L.
3° Sommet dit *Tête de Bœuf*, au-dessus de la source du Tarn................	1621	Bar.	E. D.	Sch. tr.	L.
4° Sommet au S.-E. du précédent.......	1594	Bar.	E. D.	Sch. tr.	L.
5° Sommet du bois des Armes..........	1576	Bar.	E. D.	Sch. tr.	L.
6° Roc de Peyralte....................	1460	Bar.	E. D.	Gra.	L.
7° Roc Rabuzat, ou clapier du Meunier, au N.-O. de Concoules................	1101	Bar.	E. D.	Gra.	Limite du Gard et de la Lozère.
* MALBOS, seuil de l'église..............	467.80	Bar.	E. D.	Sch. tr.	Ar.
* MALONS. 1° Seuil de l'église..........	877.20	Bar.	E. D.	Sch. tr.	
2° Sommet de la montagne dite la Gardette, au N. de Malons...............	990.30	Bar.	E. D.	Sch. tr.	
MANDAJOR, château ruiné vers l'O. N.-E. d'Alais............................	280	Bar.	H. F.	Sch. tr.	
MAS DIEU, sur la route au milieu du village.................................	373	Bar.	E. D.	Lias.	
MAS-NEUF, ferme située au point culminant du petit bassin houiller des Rousses et Molières..................	418.30	Bar.	E. D.	Houil. 3.	
MATAS (baraque de l'exploitation de houille du), bassin d'Olympie.........	242	Bar.	E. D.	Houil. 1	
MAZAC, point culminant de la montagne au-dessus de ce hameau.	283	Bar.	E. D.	Néoc.	
MAZEL. 1° Hameau de la commune de Banne..............................	399	Bar.	E. D.	Trias.	Ar.
2° A la maison d'exploitation des mines de houille............................	357.70	Bar. 2	E. D.	Houil.	Ar.
* MÉJANNES-LE-CLAP. 1° Seuil de l'église.	302	Bar.	E. D.	Néoc. 4.	
2° Mas de Pernille, au N. de cette commune................................	272	Bar.	E. D.	Néoc. 4.	
* MÉJANNES-LÈS-ALAIS, seuil de l'église.	144	Bar.	E. D.	Néoc. 4.	
MENTARESSE, point culminant de la route de Saint-Ambroix aux Vans, vis-à-vis ce village..........................	264	Bar.	E. D.	Lias.	Ar.

LIEUX DES STATIONS.	Élévation en mètres au-dessus du niveau de la mer.	NOMBRE et NATURE des observations.	Auteurs des observations.	Composition géologique DU SOL.	Observations.
* MEYRANNES. 1° Seuil de l'église......	199	Bar.	E. D.	Inf. L.	
2° Niveau de la route départementale n° 21, sous l'église..................	187.53	Nivel.	P. C.	Lias.	
* MIALET. 1° Sur le pont situé à 8 mètres 50 centimètres sur les eaux du Gardon.	168.90	Bar.	E. D.	Dol. inf. Lias.	
2° Entrée de la grotte à ossements, dite du Fort............................	180.40	Bar.	E. D.	Inf. L. Dol.	
MONASTIER (moulin du), commune de Tornac...........................	148.80	Bar.	E. D.	O. inf.	
* MONS, seuil de l'église................	214	Bar.	E. D.	Cal. lac.	
MONTAGNAC, hameau de la commune de Meyrannes, au milieu du village......	297.60	Bar.	E. D.	Lias.	
MONTAIGU, montagne près d'Anduze....	381	Bar.	E. D.	Oxf.	
MONTALET (château de), seuil de la porte.	277.40	Bar.	E. D.	Lias.	
MONTEILS. 1° Seuil du temple..........	191	Bar.	E. D.	Cal. lac.	
2° Sur la montagne dite *Vié-Cioutat* (ville ruinée)........................	244	Bar.	E. D.	Cal. lac.	
MONTÈZE, hameau de la commune de Saint-Christol.......................	153	Bar.	E. D.	Cal. lac.	
MONTEZORGUES, hameau de la commune de Saint-Jean-du-Gard. Point culminant au N.-O., sur un tumulus Gaulois..................................	524	Bar.	E. D.	Lias.	
* NAVACELLE, seuil de l'église..........	188	Bar.	E. D.	Néoc. 4.	
* NERS. 1° Partie supérieure du village, vis-à-vis l'ancien château............	123	Bar.	E. D.	Cal. lac.	
2° Partie inférieure, à côté de la fontaine..................................	88	Bar.	E. D.	Cal. lac.	
3° Point culminant de la montagne, au-dessus du tunel du chemin de fer....	152	Bar.	E. D.	Néoc.	
PAIOLIVE, à l'entrée de ce bois, vis-à-vis Bérias..............................	228	Bar.	E. D.	Néoc. 1.	Ar.
PÉAGE (le), au bord du Gardon d'Alais, limite du département...............	232	Bar.	H. F.	Sch. tr.	
PEREYROL, maison isolée sur la route de Portes au pont de Montvert..........	588	Bar.	E. D.	Sch. tr.	
PERIÈS, hameau de la commune de Soustelle. 1° Seuil de la porte du château.	469	Bar.	E. D.	Sch. tr.	
2° Sommet de la montagne qui le domine................................	499	Bar.	E. D.	Sch. tr.	
PIERREMALE. 1° Montagne près d'Anduze. Sommet dit la Baume-de-Trentenaille..................................	381	Bar.	E. D.	Oxf. 4.	
2° Sommet dit Fort-Rohan.............	337	Bar.	E. D.	Oxf. 4.	

LIEUX DES STATIONS.	Élévation en mètres au-dessus du niveau de la mer.	NOMBRE et NATURE des observations.	Auteurs des observations.	Composition géologique DU SOL.	Observations.
3° Plaine de Pierremale, entre ces deux sommites	261	Bar.	E. D.	Oxf. 4.	
PIERREMORTE, maison isolée près des mines de fer. Rez-de-chaussée	340	Bar.	E. D.	Oxf.	
PILOUSE (roc de la), vallon de la Grand-Combe. Sommet du roc	391.70	Bar.	E. D.	Houil.	
PONT D'ARC, sommet du pont situé à 59 mètres au-dessus des eaux moyennes de l'Ardèche	132.50	Bar.	E. D.	Néoc. 4.	Ar.
PONT D'AVÈNES, sur la route nationale 104, d'Alais à Saint-Ambroix, à 5 mètres au-dessus de l'eau	221.90	Bar.	E. D.	Néoc.	
PONT DE LA TROUCHE, sur le Vallat de ce nom. Niveau des rails	201.83	Bar	Ingénieurs de la Gr.-Combe.	Houil.	
PONT DE L'AUZONET	174.40	Bar.	E. D.	O. inf.	
PONT DE NERS, niveau des rails ; 11 mètres sur l'eau	94	Bar.	E. D.	Néoc. et Cal. lac	
PONT DE PALMESALADE, commune de Portes, sur la route nationale n° 106.	348.80	Bar.	E. D.	Houil.	
PONT DE PLAGNOL, limite du Gard et de la Lozère, sur le pont	439.34	Nivel.	P. C.	Sch. tr.	
PONT DE VERNAS, ancienne direction de la route des Vans à Villefort, à la limite du Gard	853.90	Bar.	E. D.	Sch. tr.	
PONT MOURIER, sur le Gard	203.97	Bar.	Ingén. de la Gr.-Combe.	Houil.	
* PORTES, sol de la cour du château	585	Bar.	E. D.	Houil.	
PRADE (la). 1° Ferme isolée de la commune de Générargues. Sol de la cour.	285.70	Bar.	E. D.	Trias.	
2° Sommet au-dessus de ce mas	322	Bar.	E. D.	Lias.	
PRADEAU (Point culminant de la route d'Alais à Saint-Ambroix, vis-à-vis le).	238.94	Nivel.	P. C.		
PRADEL (le), commune de Laval, sur la route, au milieu du village	386	Bar.	E. D.	Houil.	
PUECH, commune de Banne, sommet de la colline où est bâti ce hameau	294	Bar.	E. D.	Cal. à Gry.	Ard.
REBOUL, hameau de la commune de Courry, seuil de la maison Lacroix	398.87	Bar. 2	E. D.	Cal. à Gry.	
REGOURDANE (vallat de), voyez Mas Dieu.					
* RIBAUTE. 1° Seuil de l'église	121	Bar.	E. D.	Néoc.	
2° Point culminant du serre de Ribaute, au S. du mas de Borne	196	Bar.	E. D.	Néoc.	
RIEU, campagne au S.-O. de la commune de Barjac	255.40	Bar.	E. D.	Cal. lac.	
* ROBIAC, seuil de l'église	175	Bar. 2	E. D.	Trias.	
ROCHE (la), campagne près Salavas	236.10	Bar.	E. D.	Cal. à hip.	Ar.

LIEUX DES STATIONS.	Élévation en mètres au-dessus du niveau de la mer.	NOMBRE et NATURE des observations.	Auteurs des observations.	Composition géologique DU SOL.	Observations.
ROCHEBELLE, près d'Alais, sur la montagne, au-dessus des mines de Cendras	274	Bar.	E. D.	Trias.	
ROC D'UZÈGE, rocher situé au N. de Saint-Ambroix	454	Trigon.	E. M.	Oxf.	
* ROUSSON. 1° Seuil de l'église	314	Bar.	E. D.	Néoc.	
2° Château de Rousson, seuil de la porte.	250	Bar.	E. D.	Néoc.	
3° Château ruiné	401	Bar.	E. D.	Néoc. 4.	
ROUVERGUE, montagne au S.-E. de Portes	698	Trigon.	E. M.	Sch. tr.	
SAGRIÈS, campagne près Vagnas	257.30	Bar. plus. ob.	E. D.	Cal. à hip.	Ar.
* SAINT-AMBROIX. 1° Sur le pont, à 11 mètres 80 sur les basses eaux de la Cèze	147	Bar.	E. D.	Cong. lac.	
2° Point culminant de la montagne dite le Bois-de-la-Ville	291	Bar.	E. D.	Néoc. 4.	
3° Base de la Tour Gisquet	215	Bar. 2	E D.	Néoc. 4.	
SAINT-ANDRÉ-DE-CAP-CÈZE, sur le pont du presbytère, à 4 mètres 50 au-dessus des eaux de la Cèze	479	Bar.	H. F.	Sch. tr.	L.
* SAINT-BÉNÉZET, seuil de l'ancienne église	179	Bar.	E. D.	Néoc.	
* SAINT-BRÈS. 1° Seuil de l'église	207	Bar.	E. D.	O. inf.	
2° Point culminant de la montagne, au S. du hameau de Dieuze	262	Bar.	E. D.	O. inf.	
* SAINT-CÉZAIRE-DE-GAUZIGNAN. 1° Seuil de l'église	113	Bar.	E. D.	Cal. lac.	
2° Rivière de Droude, sur l'écluse du Moulin Portal	85	Bar.	E. D.	Cal. lac.	
* SAINT-CHRISTOL, à la pyramide	145.69	Nivel.	P. C.	Cong. lac.	
SAINT-FLORENT, seuil de l'église	269	Bar.	E. D.	Trias.	
SAINT-GERMAIN. 1° Montagne près d'Alais, sommet occidental	358	Bar.	E. D.	Oxf.	
2° Dans les ruines du couvent	338	Bar.	E. D.	Lias.	
* SAINT-HIPPOLYTE-DE-CATON, sur la terrasse du château	134	Bar.	H. F.	Cal. lac.	
* SAINT-JEAN-DE-CEIRARGUE, seuil de l'église	181	Bar.	E. D.	Cal. lac.	
* SAINT-JEAN-DE-MARUÉJOLS, sur la place, au pied de la tour de l'horloge	126.60	Bar.	E. D.	Cal. lac.	
SAINT-JEAN-DE-VALLERISCLE. 1° Seuil de l'église	227	Bar.	E. D.	Houil.	
2° Devant l'ancienne maison de l'administration des mines de houille, à la mine Gilly	211	Bar.	E. D.	Houil.	

LIEUX DES STATIONS.	Élévation en mètres au-dessus du niveau de la mer.	NOMBRE et NATURE des observations.	Auteurs des observations.	Composition géologique DU SOL.	Observations
* SAINT-JEAN-DU-GARD, à la place couverte	189	Bar.	E. D.	Gra.	
* SAINT-JEAN-DU-PIN, point culminant de la montagne appelée Bois-Commun, où sont les mines de houille	287	Bar.	E. D.	Houil.	
SAINT-JULIEN-D'ECOSSE, près d'Alais, (voyez Ermitage).					
* SAINT-JULIEN-DE-VALGALGUES. 1° Au bâtiment de la mine de Couperose	225	Bar.	E. D.	O. inf.	
2° Point culminant de la montagne où sont les mines de fer, dit le Serre-de-Fiogous	314	Bar.	E. D.	Lias.	Cette montagne est formée par un immense dyke de fer hydraté.
SAINT-LAURENT, sur la montagne de Rochesadoule, où sont ouvertes les mines de Bességes, seuil de la chapelle	447.20	Bar.	E. D.	Houil.	
* SAINT-MAURICE DE CAZEVIELLE, seuil du temple	172	Bar.	E. D.	Cal. lac.	
* SAINT-PAUL-LACOSTE, seuil de l'église.	293	Bar.	E. D.	Trias.	
* SAINT-PAUL-LE-JEUNE. 1° Seuil de l'église	268	Bar.	E. D.	Trias.	Ar.
2° Sur le petit îlot de terrain houiller du Vallat de Champ-Valz	324	Bar.	E. D.	Houil.	Ar.
SAINT-PIERRE (côte de), à la limite du Gard et de la Lozère	623.78	Nivel.	P. C.	Sch. Tr.	
* SAINT-PRIVAT-DE-CHAMPCLOS, seuil de l'église	251	Bar.	E. D.	Cal. lac.	
* SAINT-PRIVAT-DES-VIEUX, seuil de l'église	188	Bar.	E. D.	Cong. lac.	
SAINT-SÉBASTIEN, vieille chapelle sur une montagne au N. de Courry. Seuil.	440	Bar.	E. D.	Oxf. 4.	
* SAINT-SÉBASTIEN D'AIGREFEUILLE. 1° 1er étage du mas de Lay	300	Bar.	E. D.	M. sup. L.	
2° Sommet dit le Serre-Blanc, au N. du hameau de la Vigne	400	Bar.	E. D.	O. inf.	
* SALAVAS. 1° Point culminant de la montagne du roc de Jau	178.10	Bar.	E. D.	Cal. à hip.	Ar.
2° Au mas de la Roche	236.10	Bar.	E. D.	Cal. à hip.	Ar.
3° Sur le pont situé à 17 50 au-dessus de l'étiage de l'Ardèche	96.75	Bar. 2	E. D.	Cr. chl.	Ar.
* SALINDRES, commune au N.-E. d'Alais. 1° Seuil de l'église	169	Bar.	E. D.	Congl. lac.	
2° Dans les ruines de la tour de Becmil	215	Bar.	E. D.	Congl. lac.	
* SALLÈLES, seuil de l'église	219	Bar.	E. D.	Trias.	Ar.
SALLEFERMOUSE, sur le chemin, au-dessus de la maison Brahic	377	Bar.	E. D.	Houil.	Ar.

LIEUX DES STATIONS.	Élévation en mètres au-dessus du niveau de la mer.	NOMBRE et NATURE des observations.	Auteurs des observations.	Composition géologique DU SOL.	Observations.
SALLES-DE-GAGNIÈRES (les), commune de Castillon-de-Gagnières, à l'orifice du puits de M. Lavernède, au S.-E. du village	206	Bar.	E. D.	Houil.	
* SALLES-DU-GARDON (les), porte de l'église, 11 m. sur le Gardon	185	Bar.	H. F.	Trias.	
* SAMPZON. 1° Seuil de l'église	308	Bar.	E. D.	Néoc.	Ar.
2° Sur le rocher au milieu des ruines du château	386	Bar.	E. D.	Néoc.	Ar.
SAUVAGES, château près Alais. 1° Au pied de la tour	318	Bar. plus.	H. F.	Sch. Tr.	
2° Sommet dit le Serre-de-l'Eouzieiro, à l'E. du château	348	Bar.	E. D.	Néoc. 3.	
SAUVAS, dans le hameau, sur la route, au pied d'une croix	239.10	Bar.	E. D.	Oxf.	Ar.
SERRE (la), sommet au N.-O. de Bessas.	475	Trigon.	E. M.	Néoc.	Ar.
SERRE BLANC, au-dessus du mas de l'Ay.	400.30	Bar.	E. D.	O. inf.	
SERRE DU TRAVÈS (voyez Brannoux).					
* SEYNES, seuil de l'ancienne église convertie en temple	269	Bar.	E. D.	Néoc. 3.	
SOUSCANTON, vieille tour de construction romane, près Saint-Jean-du-Pin	284.70	Bar.	E. D.	Oxf.	
SUBE, montagne au N.-O. de Saint-Ambroix, près Courry	500.90	Bar. 2	E. D.	Lias.	
TARABIAS, commune du Chambon, point culminant au-dessus du village	510	Bar.	E. D.	Trias.	
TAUPUSSARGUES (Mas de), commune de Tornac	269	Bar.	E. D.	O. inf.	
TAVERNES, hameau de la commune de Ribaute. 1° Etiage du Gardon sous le moulin	91	Bar.	E. D.	Néoc.	
2° Point culminant de la montagne, à l'E. du village	163	Bar.	E. D.	Néoc. 3.	
* TORNAC, au pied du donjon du château ruiné	186	Bar.	E. D.	Oxf.	
TOUR (la), hameau et tour ruinée au N.-N.-O. d'Alais	179	Bar.	H. F.	Lias.	
TRÉLIS, commune de Saint-Florent, partie supérieure du village, dans la cour de la maison Vacher	479	Bar.	E. D.	Houil.	
TRESCOL DE VERNAS, près Saint-Paul-le-jeune	409.40	Bar.	E. D.	Trias.	Ar.
TROUILLAS, ancien château près la Grand'Combe, seuil de la porte	378	Bar.	E. D.	Trias.	
2° Sommet au N.-E	482	Bar.	E. D.	Lias.	
* VAGNAS, point culminant de la route de Vallon, à l'endroit dit Peyre-Plantade	257	Bar.	E. D.	Cr. chl.	Ar.

LIEUX DES STATIONS.	Élévation en mètres au-dessus du niveau de la mer.	NOMBRE et NATURE des observations.	Auteurs des observations.	Composition géologique DU SOL.	Observations.
VALLAT-DU-MERLE, à l'entrée de la galerie ouverte dans la concession Jalabert et Montet, sous Sallefermouse..........	235.60	Bar.	E. D.	Houil.	
*¦VALLON, seuil de l'église..............	121	Bar.	E. D.	Chr. chl.	Ar.
VALZ (bois de), montagne au N. d'Anduze, point culminant au-dessus du hameau de Valz.....................	362	Bar.	E. D.	Lias.	
* VANS (les), sur la place de la Grave...	172	Bar.	E. D.	Infr. L.	Ar.
VERN (le). 1° Sommet au N.-O. de ce hameau, commune de Chambon	615.20	Bar.	E. D.	Sch. tr.	
2° Ilot de terrain, houiller entre Bellepoële et le Vern....................	542	Bar.	E. D.	Houil.	
VERRIÈRE (la), hameau au-dessous de Rousson.............................	241.60	Bar.	E. D.	Cong. lac.	
* VEZENOBRE. 1° Au milieu des ruines de l'ancien château.....................	213	Bar.	E. D.	Cal. lac.	
2° Point culminant à l'O. de la commune, près le mas des Gardies.............	177	Bar.	E. D.	Néoc.	
* VIALAS. 1° Sur la place................	627	Bar.	E. D.	Gra.	
Aux fonderies, au milieu du pont de la Planche, situé à 8 m. au-dessus des eaux de la Luech..................	531	Bar.	E. D.	Sch. tr.	
VIÉ CIOUTA, emplacement d'un opidum gaulois (Voyez Monteils).					
* VILLEFORT. 1° Place de l'Ormeau.....	593	Bar.	E. D.	Sch. tr.	L.
2° Tunnel de Bayard, sur le trottoir....	575	Bar.	E. D.	Sch. tr. et Gra.	L.
3° Au collet de Villefort (voir Collet de Villefort).					
VINCENTE (côte de la), point culminant, environ à 1,800 d'Anduze............	193	Bar.	E. D.	O. inf.	
VINSONNET, au N. de Saint-Ambroix...	266	Bar.	H. F.	Oxf.	

ARRONDISSEMENT D'UZÈS.

LIEUX DES STATIONS.	Elévation en mètres au-dessus du niveau de la mer.	NOMBRE et NATURE des observations.	Auteurs des observations.	Composition géologique DU SOL.	Observations.
AIGALIERS (ruines du château d').......	266	Bar.	E. D.	Néoc.	
AIGUÈSE, au pied de la tour............	96.80	Bar.	E. D.	Néoc.	
AIGUILLON, petite rivière. 1° Sur le pont au Mas-Neuf, près Lussan............	245.60	Bar.	E. D.	Néoc.	
2° Niveau de cette rivière, *Aux Concluses*, à l'endroit dit *Les Portails*...	136.80	Bar.	E. D.	Néoc.	
AIRAN (Boulidou d'), commune de Saint-Quentin...........................	95	Bar.	E. D.	Mol. coq.	
ALZON. 1° Sa source dans les prés du Moutet, à l'endroit dit Trempachin...	186.20	Bar.	E. D.	Aptien.	
2° Au-dessous du village de Vallabrix..	133.50	Bar.	E. D.	Aptien.	
* ANGLES (les). 1° Seuil de l'église.......	79.20	Bar.	E. D.	Sub. et Dil.	
2° Télégraphe, seuil de la porte........	103.30	Bar.	E. D.	Sub. et Dil.	
ARDÈCHE. 1° son confluent.............	33.30	Bar.	H. F.	Alluvion.	
2° Niveau de l'Ardèche, vis-à-vis le village de Saint-Martin-d'Ardèche.......	50.70	Bar.	E. D.	Néoc.	Ar.
ARDOISE (l'), commune de Laudun, vis-à-vis ce hameau, sur la grand'route à l'entrée du petit chemin vicinal qui va à Laudun........................	31	Trigon.	E. M.	Sub. et Dil.	
ARGILLERS, devant le château, seuil de la petite chapelle.....................	62.60	Bar.	E. D.	Mol. coq.	
* ARPAILLARGUES, seuil du temple......	137.30	Bar.	E. D.	Cal. lac.	
* AUPIAS (château des), première marche de l'escalier dans la cour.............	250.90	Bar.	E. D.	Paulétien.	
AUZIGUE. 1° (Moulin d'), rez-de-chanssée du moulin.........................	160.15	Bar.	E. D.	Ucétien.	
2° Font d'Auzigue.....................	175.50	Bar.	E. D.	Ucétien.	
3° Sommet au-dessus du moulin........	227	Bar.	E. D.	Cal. à hipp.	
4° Lit du ruisseau d'Auzigue, sous le mas Ribières........................	147.90	Bar.	E. D.	Paulétien.	
AVEN DU CAMÉLIER, commune de Fons-sur-Lussan, au fond, sur le rocher formant l'entrée du gouffre............	274.40	Bar.	E. D.	Néoc.	
* BAGNOLS. 1° Seuil de la porte de l'hôpital..................................	71.40	Bar.	E. D.	Turonien.	
2° Sur le pont de la Cèze, sol...........	49	Trigon.	E. M.	Alluvion.	
BARAQUE DE CANDAUX, à l'embranchement de l'ancienne route de Villeneuve-lès-Avignon, sommet de la montée..................................	90	Bar.	E. D.	Néoc.	

LIEUX DES STATIONS.	Élévation en mètres au-dessus du niveau de la mer.	NOMBRE et NATURE des observations.	Auteurs des observations.	Composition géologique DU SOL.	Observations.
* BARON. 1° Ruines du château dit l'Arche de Baron. Le sol	244.50	Trigon.	E. M.	Néoc.	
2° Seuil de l'église....................	158	Bar.	E. D.	Cal. à hip.	
BARRIS (point culminant de la montagne de)............................	310	Bar.	E. D.		
* BASTIDE D'ENGRAS (la). 1° Sur la terrasse N. du château, seuil de la porte.	260.35	Bar.	E. D.	Tavien.	
2° Seuil de la chapelle Saint-Jean......	230.10	Bar.	E. D.	Turonien.	
3° SAINT-CLÉMENT, monticule au N. de la Bastide........................	224.50	Bar.	E. D.	Mol. coq.	
BEZUC, hameau de la commune de Baron, seuil de la porte de la maison Galibert..............................	208.30	Bar.	E. D.	Cal. à hip.	
* BLAUZAC, point culminant du village, sol de la terrasse ou bosquet de la maison Pintard.....................	117.40	Bar.	E. D.	Cal. lac.	
BOIS DE HUDEAU OU VEDEAU, commune de Saint-Julien-de-Peyrolas, à l'O. de Pradou............................	197.50	Bar.	E. D.	Gault sableux.	
BOIS DE LA CHAUX, 1°.................	284.40	Bar.	E. D.	Néoc.	
2°....................................	251.30	Bar.	E. D.	Néoc.	
BOIS DE VARUS, près Vallabrix.........	220	Nivel.	E. D.	Néoc.	
BOISSET, hameau de la commune d'Argillers, seuil de la porte du rez-de-chaussée de la maison commune......	84.70	Bar.	E. D.	Mol. coq.	
* BOLLÈNE. 1° Statue de la vierge, au-dessus des trois marches qui forment le socle du piédestal..................	58.60	Bar.	E. D.	—	V.
2° Vallon où se trouvent les exploitations d'argile réfractaire.................	145.55	Bar.	E. D.	....	V.
BONAMY (grange de), commune de Mondragon..............................	100.70	Bar.	E. D.	....	V.
Sommet dit Fangouse, au-dessus de la grange de Bonamy..................	143.20	Bar.	E. D.	....	V.
BORD (ruines du château de), sol.......	176	Trigon.	E. M.	....	
BRÈS OU CORNARÈDE (ancien couvent), maison de campagne, commune de Goudargues........................	181.70	Bar.	E. D.	Gault infér.	
BRIVES, hauteur des eaux de ce ruisseau, près le Mas-Menu..................	116.90	Bar.	E. D.	Subap.	
BRUGAS (serre de), près Vallabrix.......	268.20	Bar.	E. D.	Tavien.	
BUIS (le), signal entre Saint-Victor-la-Coste et Tavel.....................	260.70	Trigon.	E. M.	Néoc.	
CABARESSE, hameau de la commune de Salazac. 1er étage de la maison Thibon.	216.10	Bar.	E. D.	Gault sableux.	

LIEUX DES STATIONS.	Élévation en mètres au-dessus du niveau de la mer.	NOMBRE et NATURE des observations.	Auteurs des observations.	Composition géologique DU SOL.	Observations.
CAMP-DE-CÉSAR, montagne au N. de Laudun, à la chapelle dite Saint-Jean de-Rousigue, sol	254.30	Bar.	E. D.	Turonien.	
CANÈQUE, montagne au N. de Tresque et dans cette commune	266.80	Bar.	E. D.	Cal. à hip.	
* CAPELLE (la). 1° Seuil de l'église	204.50	Bar.	E. D.	Tavien.	
2° Au bord de l'étang, hauteur moyenne des eaux	170.40	Bar.	H. F.	Alluv.	
CARMIGNAN, hameau de la commune de Bagnols	49.50	Trigon.	E. M.	Alluv.	
* CARSAN, seuil de l'église	146.80	Bar.	E. D.	Paulétien.	
CASTEL (Roc Castel), près Bagnols, sommet de Calcaire à Hippurites, au-dessus et au N. de Castel	207.50	Bar.	E. D.	Cal. à hip.	
* CASTILLON DU GARD, seuil de la porte du clocher	92.80	Bar.	E. D.	Mol. coq.	
* CAVILLARGUES. 1° Seuil de l'église	133.90	Bar.	E. D.	Subap.	
2° Seuil de la chapelle du Saint-Sépulcre.	206.50	Bar.	E. D.	Turonien.	
CÈZE (1). 1° Embouchure de cette rivière dans le Rhône	26	Nivel.	P. C.	Alluvion.	
2° A une distance de 5.174 m. de l'embouchure de la Cèze	29	Nivel.	P. C.	Alluvion.	
3° Sous le pont de Bagnols	37.50	Nivel.	P. C.	Alluvion.	
4° Sur le barrage du moulin du Cros, à environ 9,000 m. du pont de Bagnols	52.50	Nivel.	P. C.	Ucétien.	
4 bis Sous le barrage	51	Nivel.	P. C.	Ucétien.	
5° Chute de la Roque à une distance de 620 m. du barrage ci-dessus	52.50	Nivel.	P. C.	Cal. à hip.	
6° Sur le barrage de la Roque, au-dessus du n° 5, la distance du barrage à la chute est de 1,007 mètres	62.50	Nivel.	P. C.	Cal. à hip.	
7° Sur le barrage de Cazernau, à une distance de 2,447 m. du barrage de la Roque, ou à une distance de 12m, 386m du pont de Bagnols	65	Nivel.	P. C.	Alluvion.	
8° A une distance de 16,580 m. du pont de Bagnols, ou à 6,000 m. du barrage de la Roque	67.50	Nivel.	P. C.	Alluvion.	

(1) D'après le nivellement de M. de Montluisant (1822), l'embouchure de la Cèze serait de 27 m. 70 cent. au-dessus du niveau de la mer. C'est ce chiffre que nous avons ajouté aux cotes de la Cèze dans l'arrondissement d'Alais. Le nivellement de la Cèze depuis son embouchure jusqu'à Bességes, a été fait par les ponts et chaussées dans l'été de 1842, pour servir à l'étude de la canalisation de cette rivière, par l'ordre de M. Teste, ministre des travaux publics.

LIEUX DES STATIONS.	Élévation en mètres au-dessus du niveau de la mer.	NOMBRE et NATURE des observations.	Auteurs des observations.	Composition géologique DU SOL.	Observations.
9° A une distance de 23,000 m. en aval de l'embouchure de la Claisse.......	80.50	Nivel.	P. C.	Alluvion.	
10° A 15,000 mètres en aval de l'embouchure de la Claisse, à peu près à Montclus............................	90.50	Nivel.	P. C.	Néoc.	
11° Sur le barrage du moulin Ferreirolles, à une distance de 9,800 m. en aval de l'embouchure de la Claisse (dans l'arrondissement d'Alais).......	97.50	Nivel.	P. C.	Néoc.	Arrond. d'Alais.
CHAMPCOUFFÉ, commune de Saint-Paulet. 1° A l'entrée d'une galerie ouverte en 1855............................	100.80	Bar.	E. D.	Paulétien.	
2° Sur la montagne où sont ouvertes les mines..........................	142.70	Bar.	E. D.	Paulétien.	
CHAPELAS, commune de Saint-Paulet. 1° Seuil de la porte d'entrée de la ferme............................	325	Trigon.	E. M.	Turonien.	
2° Sommet de la montagne dite le *Devès du Chapelas*......................	347.40	Bar.	E. D.	Cal. lac.	
CHAPELLE DE SAINT-JEAN DE ROUSIGUES, crête de rocher au N. de la chapelle, sur le plateau de la Caux...........	261.57	Trigon.	E. M.	Turonien.	
CHAPELLE DE SAINT-PIERRE-DE-CASTRES, sol sur le plateau de la Caux.........	242	Trigon.	E. M.	Turonien.	
CHARAVEL, hameau de la commune de Sabran............................	209.30	Bar.	E. D.	Cal. à hip.	
CHARTREUSE-DE-VALBONNE. 1° Sol de la cour vis-à-vis la chapelle............	196.78	Bar. 6	E. D.	Cénomanien.	
2° Saoût Daoû Miôou (au-dessus du), sur le pâtis de Salazac...............	354.20	Bar. 2	E. D.	Cal. lac.	
3° La croix de Sablet (au N. de)........	290	Bar.	E. D.	Paulétien.	
* CHATEAU-NEUF-DU-PAPE. 1° Sol au pied de la tour du château, à gauche de la porte Est....................	117.50	Trigon.	E. M.	....	V.
2° Clef de la voûte de cette même porte..	121.60	Trigon.	E. M.	....	V.
* CHUSCLAN 1° Seuil de l'église.........	33.37	Bar. 3	E. D.	Alluvion.	
2° Sur le tablier du pont suspendu.....	40	Trigon.	E. M.		
COL DE L'ANCISE, passage de la route à la limite des arrondissements d'Alais et d'Uzès, près Font-Couverte..........	192.50	Bar.	E. D.	Néoc.	
* COLLIAS. 1° Seuil de l'église...........	64.83	Bar. 3	E. D.	Mol. coq.	
2° Tablier du pont suspendu..........	64.10	Bar.	E. D.		
3° Point culminant de la montée de la Torte..............................	193.20	Bar.	E. D.	Néoc.	
4° Plaine du grès de Collias...........	91	Bar.	E. D.	Mol. coq.	

LIEUX DES STATIONS.	Élévation en mètres au-dessus du niveau de la mer.	NOMBRE et NATURE des observations.	Auteurs des observations.	Composition géologique DU SOL.	Observations.
* CONNAUX. 1° Dans le village, à la borne 232	81.55	Nivel.	P. C.	Aptien.	
2° Sommet de la montagne dite les Costes, où sont ouvertes les mines de de lignite	172.85	Bar.	E. D.	Paulétien.	
3° A l'entrée de la mine du Rocher	140.50	Bar.	E. D.	Paulétien.	
* CORNILLON. 1° Seuil de l'église	160	Bar. 2	E. D.	Turonien.	
2° Montagne du clos de Saint-Vincent	260.70	Bar.	E. D.	Cal. lac.	
3° Point culminant sur le chemin vicinal de Cornillon à Issirac, vis-à-vis le travers de la forêt de Cornillon	280.80	Bar.	E. D.	Turonien.	
COURNET, montagne, commune de Foissac	197.30	Bar.	E. D.	Cal. lac.	
CROIX DE SABLET, près la chartreuse de Valbonne, sur le socle de la croix	272.55	Bar. 2	E. D.	Cénomanien.	
CROMPE (signal de la), situé près la ferme de ce nom, commune de Saze, base	232	Trigon.	E. M.	Néoc.	
DARBOUS OU DERBOUS, château ruiné	189.50	Bar.	E. D.	—	V.
DENT DE MARCOULE (près Chusclan) sol	221.90	Trigon.	E. M.	Turonien.	
DENT DE SIGNAC, rocher, commune de Bagnols	225.41	Trigon.	E. M.	Turonien.	
DÈVES, montagne au-dessus du hameau de Bezuc, commune de Baron	351.50	Bar.	E. D.	Néoc.	
DIOLE (Vallat de), à son origine, sur le chemin de grande vicinalité, n° 23, près Saint-Laurent-la-Vernède	245.60	Bar.	E. D.	Aptien.	
DIONS, clocher sommet	89.1	Trigon.	E. M.	Néoc.	
ERMITAGE DE LAVAL, commune de Collias, seuil de la porte de la chapelle	102.50	Bar.	E. D.	Néoc.	
ETANG DE MASSILLAN	120.65	Bar.	E. D.	Alluv.	V.
ETANG DE RUE OU DE RUS, commune de Sérignan. Fond de la cuvette de cet étang desséché	89.90	Bar.	E. D.	Alluv.	V.
* FOISSAC, seuil du temple, ancienne église	142.75	Bar. 2	E. D.	Aptien.	
* FONS-SUR-LUSSAN, seuil de l'église	292	Bar. 2	E. D.	Néoc.	
* FONTARÈCHE. 1° Seuil de l'église	254.70	Bar.	E. D.	Turonien.	
2° Serre de Cabrière, montagne au S. du village	254	Bar.	E. D.	Tavien.	
3° Moulin à vent d'Amilhac	288	Bar. 2	E. D.	Néoc.	
FONT-D'EURE, commune d'Uzès (voir Uzès).					
FORÊT-DE-MALMONT, à l'Est de Valliguières	280.80	Bar.	E. D.	Néoc.	

LIEUX DES STATIONS.	Élévation en mètres au-dessus du niveau de la mer.	NOMBRE et NATURE des observations.	Auteurs des observations.	Composition géologique DU SOL.	Observations
* FOURNÈS, devant la porte de la tour de l'horloge	63.85	Bar.	E. D.	Subap. et Dil.	
FRACH (mas de), commune de Saint-André-d'Oleirargues, très-petite grange inhabitée	227.30	Bar.	E. D.	Turonien.	
FRÉCHIÈRES. 1° (Source des), en aval du pont Saint-Nicolas. Cette source est un peu plus haute que l'eau du Gardon	35	Bar.	B. V.	Néoc.	
2° Sommet du rocher à pic au-dessus de la source des Fréchières	185	Bar.	B. V.	Néoc.	
GACHETTE (anciennement TOUR CARAMUDE), sur le bord du Rhône entre Roquemaure et Villeneuve	104.60	Bar.	H. F.	Néoc.	
* GARN (Le), seuil de l'église	266.70	Bar.	E. D.	Cal. lac.	
* GAUJAC. 1° Seuil de l'église	146	Bar.	E. D.	Paulétien.	
2° Sur la montagne Saint-Vincent, au milieu de la chapelle ruinée de ce nom	248.20	Bar.	E. D.	Tavien.	
GAUJAC (Combes de), à 2,800 m. de Connaux, borne 260	160.67	Nivel.	P. C.	Néoc.	
GICON. 1° Château ruiné, commune de Chusclan, au milieu des ruines	250.70	Bar.	E. D.	Cal. à hip.	
2° Ferme de Gicon, sous le château	147.70	Bar.	E. D.	Cal. à hip.	
GOUDARGUES, niveau des eaux de la source	80	Bar. 2	E. D.	Néoc.	
GRANGE-DES-SIX-DENIERS, commune de Saint-Marcel-de-Carreiret	237.30	Bar. 2	E. D.	Cénomanien.	
GRIGNAN (Château de)	308	Bar.	Gasparin.	—	Dr.
ISSARTS (Les), derrière le château, sur la route d'Aramon à Villeneuve	46	Bar.	H. F.	Néoc.	
* ISSIRAC, sol du clocher	296	Trigon.	E. M.	Cal. lac.	
JASSE D'ALEXIS FRA, au S. de Cavillargues	151.70	Bar.	E. D.	Cénomanien.	
JASSE DE CAMPEY, près Tavel	219.50	Bar. 2	E. D.	Néoc.	
JASSE SOULIER, col au-dessus de cette jasse, sur le terrain à lignite (près Cavillargues)	226.60	Bar.	E. D.	Paulétien.	
JONADE (La), montagne près Saint-Julien-de-Peyrolas	171.30	Bar.	E. D.	Tavien.	
JONGUIER (Le), ferme au N. de la commune de Chusclan	93.70	Bar.	E. D.	Cal. à hipp.	
JOLS (Château de), commune de Saint-Quentin	127.10	Bar.	E. D.	Mol. coq.	
JUSTON. 1° Dans la cour de la ferme (commune d'Aubussargues)	161.20	Bar.	E. D.	Aptien.	

LIEUX DES STATIONS.	Élévation en mètres au-dessus du niveau de la mer.	NOMBRE et NATURE des observations.	Auteurs des observations.	Composition géologique DU SOL.	Observations
2° Sur la montagne. Sol	205.50	Trigon.	E. M.	Cal. lac.	
* La Bruguière. 1° Seuil de l'ancienne église située au point culminant du village	296.40	Bar. 2	E. D.	Tavien.	
2° Au mas de Cabillan	251.70	Bar.	E. D.	Mol. coq.	
* La Calmette, traverse de la route nationale n° 106, borne 132	77.62	Nivel.	P. C.	Cal. lac.	
La Gardie, montagne au Sud de Saint-Pons-la-Calm. Sol	289.10	Trigon.	E. M.	Tavien.	
* La Roque, sur la chaussée du moulin de La Roque	50.40	Bar.	E. D.	Cal. à hip.	
Larnac, hameau de la commune de Montaren. Seuil de la porte de la ferme de M. Charles Amoreux	200.80	Bar.	E. D.	Néoc.	
Lascours (Château de), commune de Laudun	43	Trigon.	E. M.	Sub. et Dil.	
* Laudun. 1° Seuil de l'église	65.90	Bar. 2	E. D.	Paulétien.	
2° Observation faite à la limite du calcaire gris et de l'étage à lignite	138.90	Bar.	E. D.	—	
3° Pont sur la Tave. Pavé du pont	35.40	Bar.	E. D.	—	
* Laval-Saint-Roman. Seuil de la porte de la mairie	133.40	Bar.	E. D.	Néoc.	
* Lirac, à la source Fonbesse	112.40	Bar.	E. D.	Néoc.	
Lombren, groupe du m^t Gicon, commune de Vénéjan	292.15	Trigon.	E. M.	Cal. à hip.	
* Lussan. 1° Seuil de l'église	304.40	Bar. 4	E. D.	Néoc.	C'est la commune la plus élevée de l'arrondissement d'Uzès.
2° Seuil de la porte du château de Fan	249.30	Bar.	E. D.	Néoc.	
3° Au Mas-Neuf. Seuil de la porte de l'auberge, au niveau du sol du pont sur Aiguillon	245.60	Bar.	E. D.	Néoc.	
Marignac, hameau de la commune d'Aigaliers. Sol de la basse-cour de la maison d'Étienne Quet	223.90	Bar.	E. D.	Aptien.	
Marques (Les), campagne de M. Sartre, commune de Verfeuil	72.55	Bar.	E. D.	Turonien.	
Mas-de-Bialès, commune de Cavillargues	148	Bar.	E. D.	Cénomanien.	
Mas-de-Carrière, hameau de la commune de Pougnadoresse	177.90	Bar.	E. D.	Tavien.	
Mas-de-Cade, commune de Cavillargues	165.95	Bar. 2	E. D.	Subap.	
Mas-de Menu. 1° A l'Ouest de Saint-Pons-la-Calm	126.10	Bar. 2	E. D.	Gault infér.	
2° Sommet à l'O. de ce mas, où sont deux cippes romains	181.10	Bar.	E. D.	Cénomanien.	

LIEUX DES STATIONS.	Élévation en mètres au-dessus du niveau de la mer.	NOMBRE et NATURE des observations.	Auteurs des observations.	Composition géologique DU SOL.	Observations.
3° Sommet près du mas	146.20	Bar.	E. D.	Cénomanien.	
MAS-DE-PALISSE, près le Pin	168.50	Bar.	E. D.	Paulétien.	
MAS-D'EVESQUE, commune de Serviers	158.40	Bar.	E. D.	Cénomanien.	
MAS-DU-CELLIER, hameau de la commune de Saint-André-d'Oleirargues. 1° Rez-de-chaussée de la maison Prade	268.20	Bar.	E. D.	Paulétien.	
2° Sommet au N.-E. de ce hameau	264	Bar.	E. D.	Paulétien.	
MAS-DU-PERROT, commune de Cavillargues	165.95	Bar. 2	E. D.	Paulétien.	
MAS-DU-PONSONET, commune de Saint-André-d'Oleirargues	196.55	Bar. 2	E. D.	Paulétien.	
MASMOLÈNE, commune de La Capelle, base de la tour bâtie sur le roc	263	Trigon.	E. M.	Tavien.	
MAS RAOUX, commune de Laval	246.70	Bar.	E. D.	Cal. lac.	
MASSEPAS, commune de Saint-Laurent-Lavernède. 1° Seuil de la porte de la cour de cette campagne	200	Bar. 2	E. D.	Cénomanien	
2° Serre de Massepas, station A., sur le cal. à *Ostrea columba*	239.50	Bar.	E. D.	Turonien.	
3° Bois de Massepas, station B, sur le grès rouge lustré	257.40	Bar.	E. D.	Tavien.	
MEGIERS, hameau de la commune de Sabran	178.60	Bar.	E. D.	Ucétien.	
MÉZERAC, commune de Saint-Paulet-de-Caisson. 1° Au premier étage de la maison des mines	159	Bar.	E. D.	Paulétien.	
2° Sommet de la montagne	181.70	Bar.	E. D.	Cénomanien.	
3° Au-dessus de la couche de grès rouge ferrugineux lustré, sur le revers E de la montagne	147.50	Bar.	E. D.	Tavien.	
MONDRAGON, au milieu des ruines du château	102.50	Bar.	E. D.	Turonien.	V.
MONTAGNÉ (Grand), près Villeneuve-lès-Avignon	191.60	Trigon.	E. M.	Néoc.	
MONTAIGU, commune de Carsan, château ruiné	236.10	Bar.	E. D.	Turonien.	
MONTAIGU, à l'Est et à 1,800 m. de Saint-Victor-Lacoste	252.9	Trigon.	E. M.	Néoc.	
MONTAIGU, rocher à l'E.-N.-E. d'Uzès. Sol	259.60	Trigon.	E. M.	Tavien.	
MONTAREN, seuil de la porte du moulin à vent, au N. du village	158.80	Bar.	E. D.	Cénomanien.	
* MONTCLUS. 1° Seuil de l'église	103.50	Bar.	E. D.	Néoc.	
2° Signal de l'Etat major, dit le Grand-Serre. Sol	331	Trigon.	E. M.	Néoc.	

LIEUX DES STATIONS.	Élévation en mètres au-dessus du niveau de la mer.	NOMBRE et NATURE des observations.	Auteurs des observations.	Composition géologique DU SOL.	Observations.
Montèzes (Les), hameau de la commune de Verfeuil. Premier étage de la maison de Louis Broche.................	158.60	Bar.	E. D.	Gault infér.	
Montfaucon, au milieu des ruines du château............................	77.8	Bar	E. D.	Turonien.	
Monticault, colline à l'E. de Chusclan.	121.90	Bar.	E. D.	Turonien.	
* Mornas. 1° Sommet le plus élevé des ruines du château..................	164	Trigon.	E. M.	—	V.
2° Télégraphe, sol	169	Trigon.	E M.	—	V.
Moulin-a-Vent de la Bruguièrette, commune d'Aigaliers................	174	Bar.	E. D.	Cal. à hip.	
Moulin-de-Fabre, commune de Carsan. 1° Moulin à eau sur le ruisseau de *Ricu-Sablet*.......................	103.70	Bar.	E. D.	Gault sableux.	
2° Sur la montagne au N. du moulin dite le Brugas, commune de Saint-Paulet-de-Caisson	158.90	Bar.	E. D.	Cénomanien.	
Moulin-de-la-Baume, sur le Gardon, au-dessous du pont Saint-Nicolas. Niveau de l'écluse....................	33.80	Bar.	E. D.	Néoc.	
* Moussac, au pied de la tour	93.75	Bar.	H. F.	Cal. lac.	
Notre-Dame-de-Rochefort, seuil de la porte de l'église........................	138	Bar.	E. D.	Néoc.	
* Le Pègue, seuil de l'église...........	397.90	Bar. 2	E. D.	—	Drôme.
* Orange. 1° Au pied de l'échelle du télégraphe.........................	110.8		Annuaire du bureau des Longitudes.	—	V.
2° Cabinet de M. Adrien de Gasparin, 1er étage............................	44.83	Bar. plus.	Gasparin.	—	V.
3° Sommet du clocher................	82.50	Trigon.	E. M.	—	V.
* Orsan. 1° Seuil de l'église...........	42.60	Bar. 2	E. D.	Subap.	
2° Sur le roc de la Pise	96.20	Bar.	E. D.	Paulétien.	
* Orgnac, seuil de l'église.............	281.05	Bar.	E. D.	Cal. lac.	
Paret, montagne.....................	196.20	Bar.	E. D.	—	
Patis de Salazac, plateau entre Salazac et la chartreuse de Valbonne. Au seuil de la porte de la bergerie Bouillard...	328.82	Bar. 2	E. D.	Cal. lac.	
Peyrières (Les), hameau de la commune de Goudargues. Sur le roc, derrière la maison de Joseph Védrine....	182.70	Bar.	E. D.	Gault infér.	
Pierre-Fiche, menhir Gaulois, commune de Verfeuil, le pied du monument	102.50	Bar.	E. D.	Néoc.	
Pigeonnier ruiné, dit de Belle-Vue, près les mines de lignite du mas Perrot, commune de Cavillargues....	193	Bar.	E. D.	Paulétien.	

LIEUX DES STATIONS.	Élévation en mètres au-dessus du niveau de la mer.	NOMBRE et NATURE des observations.	Auteurs des observations.	Composition géologique DU SOL.	Observations.
PIGNIÈRE, montagne près Saint-Alexandre. Sol	275.10	Trigon.	E. M.	Cal. à Gry.	
PIOLENC, sur le Serre-des-Costes. Point culminant dit le Serre-de-Gau	107.20	Bar.	E. D.	—	V.
* PIN (Le). 1° Seuil de l'église	176	Bar.	E. D.	Paulétien.	
2° Orifice du puits Vallier	178.70	Bar. 2	E. D.	Paulétien.	
PLUMET, montagne entre Saint-André-de-Roquepertuis et de Saint-Christol-de-Rhodières	348.20	Bar.	E. D.	Cal. lac.	
PONT-D'ARDÈCHE, route nationale n° 86.	50.24	Nivel.	P. C.	Subap.	
PONT-DE-MERCADIÈS, sur la Tave. Sol	30.81	Nivel.	Poul.	Subap.	
PONT-DE-NIZON, à l'embranchement de la route départementale n° 13 bis	38.85	Nivel.	Poul.	Subap.	
PONT-DU-GARD, sommet du pont à 20 m. 10 c. sur les eaux du Gardon	36.05	Bar.	H. F.	Néoc.	
PONT-SAINT-ALEXANDRE, aux tuileries, sur le ruisseau de l'Arnave, route nationale n° 86	65.54	Nivel.	Poul.	Sub. et Dil.	
* PONT-SAINT-ESPRIT. 1° A Saint-Nicolas, sur le pont, 11 m. 75 au-dessus du Rhône	40.11	Bar.	H. F.	Alluvion.	
2° A la borne n° 40	51.24	Nivel.	P. C.	Subap.	
PONT-SAINT-NICOLAS, sur la route de Nimes à Uzès, à 15 m. 6 sur les eaux du Gardon	48.86	Nivel.	P. C.	Néoc.	
* POUGNADORESSE. 1° Seuil de la porte d'entrée de la cour du château	231.30	Bar.	E. D.	Tavien.	
2° Sommet vis-à-vis ce village, au Nord.	219.70	Bar.	E. D.	Turonien.	
* POUZILHAC. 1° Sur la route nationale n° 86, borne 296	218.37	Nivel.	P. C.	Néoc.	
2° Au N. du village, à l'embranchement de la route départementale n° 21, sur la borne 278	228.63	Nivel.	P. C.	Néoc.	
PRADOU. 1° Ferme isolée de la commune de Saint-Julien-de-Peyrolas. Seuil de la porte du rez-de-chaussée	155.60	Bar.	E. D.	Tavien.	
2° Au-dessous de cette ferme, à la limite du Cénomanien et du Gault	113.45	Bar.	E. D.	Cén. et Gault.	
3° Au fond du ravin, au-dessous de cette ferme	88.70	Bar.	E. D.	Gault sableux.	
* PUJAUT, sol du moulin à vent	119.90	Trigon.	E. M.	Sub. et Dil.	
ROC DE LA FOLLE, près Chusclan	188.40	Bar.	E. D.	Ucétien.	
* ROCHEFORT, seuil de l'ancienne église, sur le rocher	128.20	Bar. 2	E. D.	Néoc.	
ROCHERS D'ESCATE, commune de La Roque	198.60	Bar.	E. D.	Cal. à hip.	

LIEUX DES STATIONS.	Élévation en mètres au-dessus du niveau de la mer.	NOMBRE et NATURE des observations.	Auteurs des observations.	Composition géologique DU SOL.	Observations.
ROQUEBRUNE (sommet de la côte de), entre Bagnols et le Pont-Saint-Esprit, route nationale n° 86, à la borne 81..	134.25	Nivel.	P. C.	Cal. à hip.	
* ROQUEMAURE. 1° A l'entrée S. de la ville, sur le couronnement de la borne 128, route départementale n° 13......	23.55	Nivel.	Poul.	Alluvion.	
2° Au bord du Rhône, sous le château..	20.80	Bar.	H. F.	Néoc.	
RUSSAN. 1° Moulin à vent. Sol..........	126.20	Trigon.	E. M.	Néoc.	
2° Croix en pierre au-dessus du village. Sol..................................	173.90	Trigon.	E. M.	Néoc.	
SABLAS (Montagne du), commune de Bollène..............................	207.05	Bar. 2	E. D.	—	V.
* SABRAN, seuil de l'église..............	270.50	Bar.	E. D.	Cal. à hip.	
SAGRIÈS, commune de Sanilhac. Seuil de l'église..............................	87.60	Bar.	E. D.	Mol. coq.	
* SAINT-ALEXANDRE. 1° Seuil de l'église.	133.40	Bar.	E. D.	Sub. et Dil.	
2° Col au pic de la montagne de la Cazelle, à l'origine du valtat de Vallien..	209.20	Bar.	E. D.	Turonien.	
* SAINT-ANDRÉ-DE-ROQUEPERTUIS, seuil de l'église..........................	119.55	Bar. 3	E. D.	Cal. lac.	
* SAINT-ANDRÉ-D'OLÉRARGUES, seuil de l'église	219.47	Bar. 3	E. D.	Cénomanien.	
SAINT-CHRISTOL, hameau de la commune de Saint-André-d'Olérargues.........	159.80	Bar.	E. D.	Turonien.	
* SAINT-CHRISTOL-DE-RODIÈRES. 1° Seuil de l'église	225.23	Bar. 4	E. D.	Gault infér.	
2° Au mas de Sallet	252.60	Bar.	E. D.	Gault infér.	
3° Origine du vallat de Rodières et du vallat de Saint-Christol, près du mas Toulair.........	209.22	Bar.	E. D.	Aptien.	
* SAINT-GÉNIÈS-DE-COMOLAS, sur la route	61	Nivel.	P. C.	Subap.	
* SAINT-GERVAIS. Seuil de l'église......	76	Bar.	E. D.	Subap.	
* SAINT-HILAIRE-D'OZILLAN. 1° Seuil de la porte du clocher....................	57.10	Bar. 2	E. D.	Subap.	
2° Au milieu des ruines du château dit Saint-Hilaire-le-Vieux	150.50	Bar.	E. D.	Néoc.	
* SAINT-HIPPOLYTE-DE-MONTAIGU, sur la route..................................	132.69	Nivel.	P. C.	Aptien.	
* SAINT-JULIEN-DE-PEYROLAS, seuil de l'église..............................	112.25	Bar. 3	E. D.	Subap.	
* SAINT-JUST, seuil de l'église	74.80	Bar. 3	E. D.	Subap.	Ar.
* SAINT-LAURENT-DES-ARBRES. 1° Seuil de l'église..............................	85.50	Bar. 2	E. D.	Subap.	
2° Plateau diluvien dit *des Causses*, à l'extrémité O. de la commune, sur la route de Saint-Victor	150.10	Bar.	E. D.	Sub. et Dil.	

LIEUX DES STATIONS.	Élévation en mètres au-dessus du niveau de la mer.	NOMBRE et NATURE des observations.	Auteurs des observations.	Composition géologique DU SOL.	Observations.
* SAINT-LAURENT-DES-CARNOLS, seuil de l'église	91.32	Bar. 3	E. D.	Subap.	
* SAINT-LAURENT-LA-VERNÈDE, seuil de l'église	216.95	Bar. 2	E. D.	Mol. coq.	
SAINT-MARCEL-D'ARDÈCHE. 1° Seuil de l'église	124.95	Bar. 2	E. D.	Subap.	Ar.
2° Colline entre les hameaux de Trignan et de Saint-Sulpice	187.60	Bar.	E. D.	Subap.	Ar.
* SAINT-MARCEL-DE-CARREIRET, seuil de l'église	202.96	Bar.	E. D.	Turonien.	
* SAINT-MICHEL-D'EUZET, seuil de l'église	97.60	Bar.	E. D.	Subap.	
SAINT-NICOLAS (point culminant de la côte de), sur la route de Nîmes à Uzès	193.23	Bar.	E. D.	Néoc.	
SAINT-PANCRACE, chapelle près le Pont-Saint-Esprit	148.50	Bar.	E. D.	Turonien.	
* SAINT-PAULET-DE-CAISSON, seuil de l'église	65.72	Bar. 2	E. D.	Sub. et Dil.	
* SAINT-PAUL-TROIS-CHATEAUX	121	Bar	Gasparin.	—	Dr.
* SAINT-PONS-DE-LA-CALM, seuil de l'église	132.10	Bar. 2	E. D.	Néoc.	
* SAINT-QUENTIN. 1° Seuil de l'église	127.57	Bar. 3	E. D.	Ucétien.	
2° Sommet dit la Coste, au N.-E. du village	187.40	Bar.	E. D.	Gault infér.	
3° Au rez-de-chaussée de la campagne de Castelnau	153.20	Bar.	E. D.	Aptien.	
SAINT-SAUVEUR (chapelle de), commune de Cornillon. Sommet du clocheton	206	Trigon.	E. M.	Turonien.	
* SAINT-SIFFRET, seuil de l'église	157.20	Bar.	E. D	Mol. coq.	
* SAINT-VICTOR-DES-OULES. 1° Seuil de l'église	206.30	Bar. 3	E. D.	Cal. lac.	
2° Aires communales du village, plateau désigné sous le nom de *Rotacamp*	238	Bar.	E. D.	Cal. lac.	
3° Au grand Terrier, rez-de-chaussée du mazet d'Antoine Saler	220.40	Bar.	E. D.	Ucétien.	
* SAINT-VICTOR-LACOSTE. 1° Seuil de l'église	145	Bar. 2	E. D.	Gault.	
2° Sommet des ruines du Castelas	248	Trigon.	E. M.	Néoc.	
3° Sur la colline dite le Bosquet	160.20	Bar.	E. D.	Cénomanien.	
4° Seuil de la chapelle de Meyran	100.40	Bar.	E D.	Subap.	
5° Sur la colline dite *Baraca*, où sont les mines de lignite	118.20	Bar.	E. D.	Paulétien.	
* SALAZAC, seuil de l'église	239.67	Bar. 3	E. D.	Gault infér.	
* SANILHAC. 1° Dans la cour du château, seuil de la porte d'entrée du vestibule	127.20	Bar. 2	E. D.	Mol. coq.	

LIEUX DES STATIONS.	Élévation en mètres au-dessus du niveau de la mer.	NOMBRE et NATURE des observations.	Auteurs des observations.	Composition géologique DU SOL.	Observations.
2° Au domaine de la Clastre, seuil de la porte du salon donnant sur le jardin	99.60	Bar.	E. D.	Mol. coq.	
3° Dans le bois de la Couffine, sur le chemin, en venant de la montagne de la Baume....	170.80	Bar.	E. D.	Néoc.	
SELOUZE, colline au S. de Saint-André-de-Roquepertuis..................	160.50	Bar.	E. D.	Gault infér.	
SERRE-DE-MONTOLIVET, près la chartreuse de Valbonne................	346	Bar.	E. D.	Gault.	
* SERVIERS. 1° Dans la cour du château, au niveau du seuil de la porte d'entrée du vestibule......................	157.36	Bar. 3	E. D.	Cal. à hip.	
2° Seuil de l'église.................	120.40	Bar. 2	E. D.	Ucétien.	
3° Sur le pont de Serviers............	105	Bar.	E. D.	Cal. à hip.	
4° Au moulin à vent de la Garriguette..	110.90	Bar.	E. D.	Néoc.	
SIGNARGUES (plateau de), à l'entrée de la route départementale n° 27, passant par Rochefort......................	153.27	Nivel.	Poul.	Sub. et Dil.	
SIMON (Jardin potager du sieur), commune de Saint-Quentin. Sol du rez-de-chaussée........................	104.10	Bar.	E. D.	Mol. coq.	
Sommet au N.-O. de Tavel, marqué dans les altitudes de l'Etat Major, sous le nom d'Arbre Isolé (feuille d'Avignon), 153 60. Sol.........................	150	Trigon.	E. M.	Néoc.	
TAVE. 1° Source de ce ruisseau, près La Bruguière......................	264.60	Bar.	E. D.	Cénomanien.	
2° Lit de ce ruisseau sous le mas de Palisse, près le mas de l'Allemand....	114.60	Bar.	E. D.	Cénomanien.	
3° Sur le pont de Tave, au moulin de M. de Castries, dit moulin de Gaujac, commune de Saint-Pons-la-Calm.....	98.90	Bar.	E. D.	Subap.	
* TAVEL. 1° Seuil de l'église...........	105.35	Bar.	E. D.	Néoc.	
2° Point A du cadastre................	175.50	Bar.	E. D.	Néoc.	
3° Sur la route départementale n° 27, sur le bahut du parapet, aval du pont situé sur le ruisseau qui vient du village............................	72.73	Nivel.	Poul.	Subap.	
TOUR DE CANTADUC, commune de Saint-Quentin. Seuil de la porte...........	187.50	Bar.	E. D.	Mol. coq.	
TOUR DE VILLEPERDRIX, au château de La Blache, commune du Pont-Saint-Esprit. Seuil de la porte d'entrée.....	163.80	Bar.	E. D.	Cénomanien.	
* TRESQUE. 1° Seuil de l'église.........	96.40	Bar. 2	E. D.	Tavien.	
2° Près de la tuilerie Borely, aux recherches de combustible et au N.....	126.10	Bar.	E. D.	Tavien.	
* UZÈS. 1° Sur la place des Casernes...	120.63	Bar.	H. F.	Mol. coq.	

LIEUX DES STATIONS.	Élévation en mètres au-dessus du niveau de la mer.	NOMBRE et NATURE des observations.	Auteurs des observations.	Composition géologique DU SOL.	Observations
2° Seuil de l'Hôtel de Ville. — Nota : Ce point est sensiblement à la même hauteur que la place des Casernes....	136.15	Nivel.	Service hydraulique.	Mol. coq.	
3° Sol du pavé de la porte d'entrée de la tour de l'horloge, origine des marches.	138.20	Trigon.	E. M.	Mol. coq.	
4° A la fontaine d'Eure, 57 m. 13 sous la place des Casernes, d'après M. d'Hombres-Firmas	63.50	Bar.	H. F.	Néoc.	
* Vallabrix. 1° Seuil de l'église........	145.23	Bar. 3	E. D.	Gault infér.	
2° Au-dessus de l'escarpement de la rivière d'Auzon........................	161.30	Bar.	E. D.	Aptien.	
3° Au-dessous de cet escarpement au niveau de la rivière.................	133.50	Bar.	E. D.	Aptien.	
4° A l'origine du Valladas de Vallabrix. Cette hauteur donne le niveau du bois de Varus............................	219.90	Bar.	E. D.	Tavien.	
* Valliguières, sur la route nationale n° 86, à la borne 336; à l'entrée N. du village	120.17	Nivel.	P. Ch.	Néoc.	
Valonnière, commune de Sabran. Sur la lisière occidentale du bois de ce nom	267	Bar.	E. D.	Cal. à hip.	
* Valréas. 1° A l'auberge............	142.77	Bar.	Gasparin.	—	V.
2° Seuil de l'église....................	247.80	Bar.	E. D.	—	V.
Valsauve, commune de Verfeuil, sommet à 200 mètres à l'O. de la ferme des *Plaines*, dépendance de ce domaine..	250.90	Bar.	E. D.	Aptien.	
Varus (Bois de), commune de Vallabrix.	219.90	Bar.	E. D.	Néoc.	
* Vénéjan. 1° Dans les ruines du château..............................	135.80	Bar.	E. D.	Cal. à hip.	
2° Chapelle. Sommet du clocheton......	148.60	Trigon.	E. M.	Cal. à hip.	
* Vers, seuil de l'église...............	56.96	Bar. 3	E. D.	Mol. coq.	
Veyre (La). 1° Source de ce ruisseau près La Bruguière.................	264.60	Bar.	E. D.	Aptien.	
2° Sur le ponceau de la route d'Uzès, au sud de la Bastide-d'Engras...........	216.20	Bar.	E. D.	Aptien.	
Vic, hameau de la commune de Sainte-Anastasie. Seuil de l'église..........	128.50	Bar.	E. D.	Mol. coq.	
* Villeneuve-lès-Avignon. 1° Sur le chemin au bord du Rhône, près la tour, 3 m. 50 sur les basses eaux.....	16.50	Bar. 2	H. F.	Néoc.	
2° Chapelle de N. D. de Belvezet, ancienne paroisse de Saint-André	70.66	Bar. 2	H. F.	Mol. coq.	
3° Dans le fort Saint-André, sur la tour des Masques, pavé de la tour........	82.90	Bar.	E. D.	Mol. coq.	
Vionne, hauteur de cette petite rivière à l'intersection de la route de grande vicinalité n° 6, d'Alais à Bagnols.....	155.20	Bar.	E. D.	Ucétien.	

ARRONDISSEMENT DU VIGAN.

LIEUX DES STATIONS.	Élévation en mètres au-dessus du niveau de la mer.	NOMBRE et NATURE des observations.	Auteurs des observations.	Composition géologique DU SOL.	Observations.
AIGUAL. 1° Montagne au N. du Vigan. Sommet, au signal de Cassini........	1568	Trigon.	E. M.	Gra. et Sch. tr.	Limite de ces deux terrains.
2° Sommet dit *la Ferrèze*............	1555	Bar. 2	E. D.	Sch. tr.	
3° Source de l'Hérault	1413	Bar. 2	E. D.	Gra. et Sch. tr.	Limite de ces deux terrains.
4° Vallon de l'Hort-de-Dieu; seuil de la porte de la baraque	1304	Bar.	E. D.	Sch. tr.	
AIRE-DE-COSTE. 1° Montagne au N. de Valleraugue, seuil de la porte de la baraque..........................	1091	Bar.	E. D.	Sch. tr.	L.
2° Sommet au S. de la Baraque	1187	Bar.	E. D.	Sch. tr.	L.
* ALZON. 1° Seuil de l'église	601	Bar. plus. ob.	E. D.	Tri.	
2° Point culminant de la côte d'Alzon, au-dessus du tunnel...............	696	Nivel.	P. C.	Tri.	
ANGEAU (Pic d'), montagne conique au S.-E. de Montdardier...............	852	Bar.	E. D.	Oxf. Dol.	L'Etat Major a trouvé 865.40.
ARRE (voyez pont d'Arre).					
AUGLANOU, montagne au S. de Meyrueis.	1059.10	Bar.	E. D.	O. inf.	L.
* AULAS, seuil du temple..............	337	Bar.	E. D.	Sch. tr.	
AUMESSAS (voyez pont d'Aumessas).					
BARAQUE DE MICHEL, commune de Saint-Sauveur-des-Pourcils. Seuil de la porte	1148	Bar. 2	E. D.	Gra.	
BARTE, montagne au N.-O. de Monoblet.	521.70	Bar.	E. D.	Lias Dol.	
BANELLES, montagne au N.-E. de Saint-Hippolyte-le-Fort	449	Bar.	E. D.	Oxf.	
* BAUCELS, près Ganges. Seuil de l'église ruinée donnant son nom à la commune	254	Bar.	E. D.	Néoc.	H.
* BEZ, seuil de l'église................	311	Bar.	E. D.	Lias.	
* BLANDAS. 1° Dans le hameau, devant le château.........................	650	Bar.	E. D.	Oxf.	
2° Sommet au N.-O. de cette commune, dit le *Serre-du-Peyroou*, au-dessous de Trestaulières....................	897	Bar.	E. D.	Oxf.	
BOIS-DE-PARIS. 1° Montagne au N.-O. de Sommières. Point culminant de la montagne, au Castelet.............	238	Bar.	E. D.	Oxf.	
2° A l'entrée de la grotte..............	170	Bar.	E. D.	Oxf. 4.	
BRION, montagne au N.-E. de Lasalle..	1000	Bar.	H. F.	Gra.	
CABANIS, bergerie au-dessus des mines de plomb de Durfort................	302.50	Bar.	E. D.	Cal. à Gry.	

LIEUX DES STATIONS.	Élévation en mètres au-dessus du niveau de la mer.	NOMBRE et NATURE des observations.	Auteurs des observations.	Composition géologique DU SOL.	Observations.
* CADIÈRE (La), sur la route nationale, vis-à-vis le village....................	207	Nivel.	P. C.	Néoc.	
* CAMPESTRE (Causse de), seuil de l'église	769	Bar. 2	E. D.	Oxf.	
CAMPRIEUX, commune de Saint-Sauveur-des-Pourcils, au milieu du village....	1121	Bar.	E. D.	Lias.	
CANTOBRE, hameau de la commune de Nant, seuil de l'église................	545	Bar.	E. D.	Col. inf	Av.
CAP DE COSTE, sur la route départementale nº 24, vis-à-vis l'auberge..........	1186	Nivel.	P. C.	Gra.	
CAP DES MOURÈSES, point culminant du chemin du Vigan à Mandagout.......	580	Bar.	E. D.	Cal. trans.	
CAPELLIER (Côte du), près Alzon, avant la rectification....................	820	Nivel.	P. C.	O. inf. Dol.	
* CARNAS, dans le jardin du château....	99.50	Bar.	E. D.	Néoc.	
CAUCANAS, village près Montdardier....	720.38	Bar.	H. F.	Oxf.	
* CAUSSE BÉGON, sommet à l'O du village, point culminant du Causse.....	907	Bar.	E. D.	Oxf.	
CAUSSE MÉJAN, sommet dit le *Roc-de-l'Hon*, au-dessus de Fraissinet-de-Fourques..........................	1192	Bar.	E. D.	Oxf.	L.
CAVAILLAC, sur la route nationale, devant la maison d'administration des mines de houille	257.75	Nivel.	P. C.	Houil.	
* CEZAS. 1º Sur la place du village	628.70	Bar.	E. D.	Lias.	
2º Sommet au S. du village, dit *le Baguet*, ou le roc du Cailla............	736	Bar.	E. D.	Lias.	
COL DE MERCOIRET, point culminant de la route, entre Saint Martin-de-Corconac et le pont de Vallongue........	410.14	Nivel.	P. C.	Sch. tr.	
COL DE MERCOU, route de La alle à Saint-André-de-Valborgne...........	567.14	Nivel.	P. C.	Gra.	
COL DE LASCLIÉ, sur la chaîne du Lireu, au-dessus du cabaret	903	Bar.	E. D.	Sch. tr.	
COL SOLIDÈS, à l'O. de Saint-André-de-Valborgne........................	1022	Bar.	E. D.	Sch. tr.	L.
* CONQUEYRAC, sommet de la montée de Merle, sur la route nationale nº 99, d'Aix à Montauban................	166.27	Nivel.	P. C.	Oxf.	
CRESPAT, auberge sur l'ancienne route du Vigan à l'Esperou	801	Nivel.	P. C.	Gra.	
CROIX DE FER, sur la route départementale nº 24..........................	1139	Nivel.	P. C.	Sch. Tr.	
COUTACH. 1º Montagne au S. de Sauve, sommet dit *Piedcau*, sol du signal..	477	Bar.	E. D.	Oxf. 4.	
2º Sommet dit *la Moutette*...........	427	Bar.	E. D.	Oxf. 4.	
3º Sommet dit *Serre de Leyris*	409	Bar.	E. D.	Oxf. 4.	

LIEUX DES STATIONS.	Élévation en mètres au-dessus du niveau de la mer.	NOMBRE et NATURE des observations.	Auteurs des observations.	Composition géologique DU SOL.	Observations.
* DOURBIES, niveau de la rivière au-dessous du village	859	Bar.	E. D.	Gra.	
DRUS, montagne entre Anduze et Saint-Félix-de-Pallières	385	Bar.	E. D.	O. inf. Dol.	
DURFORT, sommet dit *les Rocs*, au-dessus de Font-del-Vert	276	Bar.	E. D.	Oxford.	
ESPARON (Roc d'), à l'O. du Vigan	671	Bar.	E. D.	O. inf. Dol.	
ESPEROU (Village de l')	1224	Nivel.	P. C.	Sch. tr.	
ESPINASSOUS, hameau de la commune de Lanuéjols, dans la cour du château	877	Bar.	E. D.	O. inf. Dol.	
EXIL (Côte de l'), entre Saint-Jean-du-Gard et Saint-Roman	720	Nivel.	P. C.	Sch. tr.	
FONS, ferme de M. de Fenouillet, revers N. de la montagne de l'Aigual, seuil	112[illegible]	Bar. plus. obs.	E. D.	Gra.	L.
FONSANCHE (Bains de), niveau de la source minérale	114	Bar.	E. D.	Oxf. 1.	
* FRAISSINET-DE-FOURQUES, au milieu du pont	729	Bar.	E. D.	Schis. tr.	L.
* FRESSAC. 1° Dans les ruines du château	365	Bar.	E. D.	O. inf. Dol.	
2° Vallée de Fressac, sous le château, dans le lit du ruisseau de Contrebie	193	Bar.	E. D.	M. sup. L.	
* GAILHAN (Point culminant de la côte de), vis-à-vis la croix	115	Bar.	P. C.	Néoc. 3.	
* GANGES, sur la promenade	161	Bar.	E. D.	Néoc.	H.
GARDON D'ANDUZE. 1° Source de la branche dite Gardon de Saint-Jean, sous le mas des Crotes	994	Bar.	E. D.	Trias.	L.
2° Source au N. du Pompidou de la branche dite de Mialet	852	Bar.	E. D.	Trias.	L.
GOURGAS, campagne au S. et au pied de la montagne de Saint-Amant, près Saint-Hippolyte-le-Fort	255.35	Bar.	E. D.	Néoc.	
GRENOUILLE (Montée de la), point culminant de la route entre Anduze et Durfort, à 3,000 mètres de Tornac	198.47	Nivel.	P. C.	Oxf. 4.	
GROTTE D'ANGEAU, à l'entrée	632	Bar.	E. D.	Oxf.	
* HORTOUX (Pont d'), à 6 m. 50 au-dessus de l'eau du Crieulon	60	Nivel.	P. C.	Néoc.	
LACAN DE L'HOSPITALET. 1° Sommet au S. du Causse, près La Bastide	1039	Bar.	E. D.	O. inf.	L.
2° Devant l'auberge	1035.35	Bar.	E. D.	—	L.
3° Serre de Montgros, point culminant du Causse	1118.50	Bar.	E. D.	Oxf.	L.
4° Dans la ferme de Montgros	1039.70	Bar.	E. D.	O. inf. Dol.	L.

LIEUX DES STATIONS.	Élévation en mètres au-dessus du niveau de la mer.	NOMBRE et NATURE des observations.	Auteurs des observations.	Composition géologique DU SOL.	Observations.
LAFAGE. 1° Montagne au N.-O. de Saint-Hippolyte-le-Fort. Sommet formant le point culminant vis-à-vis Saint-Romans	947	Bar.	E. D.	Cal. à gryph.	
2° Sommet au-dessus de Sounalou......	454	Bar.	E. D.	Cal. à gryph.	
LAFOUS, source et moulin sur la Vis, entre Vissec et Madières. Niveau de l'écluse	358	Bar.	E. D.	O. inf. Dol.	
LAMBRUSQUIÈRE, près de ce village, à l'exploitation du gypse	426.90	Bar.	E. D.	Trias.	
* LANUÉJOLS, sur la place, seuil de l'église neuve..........	902	Bar. plus.	E. D.	O. inf.	
* LASALLE, devant l'hôtel de ville.......	284	Bar.	E. D.	Gra.	
LATOUR, sur le Causse Noir; sommet au N. de cette ferme	1004	Bar.	E. D.	Oxf.	
LENGAS, montagne au N.-O. du Vigan.	1441	Bar.	H. F.	Gra.	
LESCOUTET, hameau de la commune de Gorniès, sur le pont de la Vis........	211	Bar.	E. D.	O. inf.	H.
LESTRÉCHURE..........	310.50	Bar.	E. D.	Sch. tr.	
LIROU, montagne au N.-O. de Lasalle. 1° Sommet dit *Costeplane* ou *Fageas*.	1179.50	Bar.	E. D.	Sch. tr.	
2° Sommet dit *le Pucch*.........	1179	Bar.	E. D.	Sch. tr.	
3° Sommet dit *Lafosse*..........	1117	Bar.	D. F.	Gra.	
LOGIS DU BOS, sommet au point culminant de la route au N..........	328.65	Nivel.	P. C.	Néoc.	H.
LUZETTE, sommet à l'E. de l'Esperou...	1380	Nivel.	—	Sch. tr.	Moyenne entre le nivel. des P. et C. et l'obs. de M. Poulon.
MADIÈRES, hameau de la commune de Rogues, sur le pont situé à 19 m. au-dessus des eaux moyennes de la Vis..	237	Bar.	E. D.	O. Inf.	
MALET, aux fours à chaux, près Valleraugue, dans le lit de l'Hérault	540	Bar.	E. D.	Sch. tr.	
MARJUAC (Le), hameau près Lanuéjols..	1024.80	Bar.	E. D.	Oxf.	L.
MASSAVAQUE, village près la commune des Rousses..........	1029	Bar.	E. D.	Gra.	L.
MERDANSON, ruisseau au N. de La Roque	171	Bar.	E. D.	Néoc.	H.
* MEYRUEIS, sur la place..........	725	Bar.	E. D.	M. sup. L.	L.
MONJARDIN. 1° Hameau de la commune de Lanuéjols. Sommet dit Montredon.	1060	Bar.	E. D.	O. inf.	
2° Montagne dite le Cap-du-Devès	1207	Bar.	E. D.	Sch. tr.	
MONTALS, sommet du bois de ce nom, sur la montagne de l'Esperou........	1422	Bar.	D. F.	Sch. tr. et Gra.	
* MONTDARDIER, sur la terrasse du château..........	641	Bar. plus. obs.	E. D.	Trias.	
* MONTOULIEU, dans le vallon..........	177	Bar.	E. D.	Cong. lac.	H.

LIEUX DES STATIONS.	Élévation en mètres au-dessus du niveau de la mer	NOMBRE et NATURE des observations.	Auteurs des observations.	Composition géologique DU SOL.	Observations.
* Molières, seuil de l'église............	351	Bar.	E. D.	Lias.	
* Monoblet, seuil de l'église...........	303.90	Bar.	E. D.	Lias.	
Mouline (La), commune de Lanuéjols, sur le pont situé à 9 m. 80 au-dessus des basses eaux de Trévézels.........	740	Bar.	E. D.	Sch. tr.	
* Nant, au milieu de la place du Claux ; socle du piédestal de la statue de Louis XVI..........................	502	Bar.	E. D.	M. sup. Lias.	Av.
Paliès. 1° Au milieu du hameau, commune de Monoblet..................	447	Bar.	E. D.	Sch. tr.	
2° Sur le serre des Tuilières, sommet entre Paliès et le mas de Lacan......	503	Bar.	E. D.	Trias.	
3° Montagne au S. de Paliès, dite le Biscar..............................	521	Bar. 2	E. D.	Lias.	
Pallières, sommet de la grande Pallière, m[t]........................	443	Bar.	E. D.	Gra.	
Perjuret, maison située au point culminant de la route de Meyrueis à Florac.............................	1036	Bar.	E. D.	M. sup. L.	L.
Pié Ponchu, montagne à l'E. de Meyrueis..............................	1113	Bar.	E. D.	O. inf.	L.
Pic des deux Jumeaux, à l'O. de Sumène. Sur le sommet oriental.............	534	Bar.	E. D.	Oxf.	
* Pompidou (Village du)...............	784	Nivel.	P. C.	Sch. tr.	L.
Pont d'Arre, sur le pont, route du Vigan à Alzon.........................	343.27	Nivel.	P. C.	Trias.	
Pont d'Aumessas.....................	336.10	Bar.	E. D.	Sch. tr.	
Pont de Brestalou.....................	65.47	Nivel.	P. C.	Néoc.	
Pont de Cazalet, sur le ruisseau, à l'entrée de la vallée de Fressac.......	176	Bar.	E. D.	O. inf. Dol.	
Pont de Courme, arrondissement de Nimes, près Vic-le-Fesq..............	46.11	Nivel.	P. C.	Néoc.	
Pont du Gras, sur le Gardon, près Saint-Martin-de-Corconac...........	289.85	Nivel.	P. C.	Sch. tr.	H.
Pont d'Hérault, route de Ganges au Vigan. Sur le pont situé à 9 m. au-dessus des eaux moyennes de l'Hérault	194	Bar.	E. D.	Sch. tr.	
Pont de Masclas ou Masclar.........	172	Nivel.	P. C.	Néoc.	H.
Pont de Saumane, sur le pont situé à 9 m. 19 au-dessus des eaux du Gardon	317	Nivel.	P. C.	Sch. Tr.	
Pont de Tarieu, sur le suisseau de Rieumassel........................	116	Nivel.	P. C.	Oxf.	
Pont de Vallongue....................	332	Nivel.	P. C.	Gra.	
Pradine, commune de Lanuéjols. Seuil de la porte du château...............	880	Bar.	E. D.	O. inf. Dol.	

LIEUX DES STATIONS.	Élévation en mètres au-dessus du niveau de la mer.	NOMBRE et NATURE des observations.	Auteurs des observations.	Composition géologique DU SOL.	Observations.
PUECH-DE-MAR, montagne au S. de Saint-Hippolyte-le-Fort	344	Bar.	E. D.	Néoc. 4	
* QUISSAC, au milieu du pont situé à 7 m. 10 sur les eaux du Vidourle.....	74	Nivel.	P. C.	Néoc.	
REDARÈS, point culminant de la route de Saint-Hippolyte à Lasalle.........	387.27	Nivel.	P. C.	Gra.	
* REVENS, seuil de l'église	789	Bar.	E. D	O. inf. Dol.	
ROC-MÉRIGOU, sur le Causse au S. de Vissec; pied du roc..................	785	Bar.	E. D.	Oxf. Dol.	
* ROGUES, seuil de l'église	551	Bar.	E. D.	Oxf.	
ROQUE-FOURCADE, tour ruinée au S. de Saint-Hippolyte-le-Fort	266	Bar.	E. D.	Néoc.	
* ROQUEDUR. 1° Sur le roc dit *le Castelas*	616	Bar.	E. D.	Cal. trans.	
2° Sur le serre de Lausselette ou Pié-Privat, entre Roquedur et Saint-Bresson	114.80	Bar.	E. D.	Cal. trans.	
ROQUE-D'ALAIS, montagne à l'O. de Saint-Hippolyte-le-Fort..................	517	Bar.	E. D.	Oxf. 4.	
* ROUSSES (Les), seuil de l'église........	744	Bar.	E. D.		L.
SAINT-AMANT (Pic de)...................	589	Bar.	E. D.	Oxf.	
* SAINT-ANDRÉ-DE-VALBORGNE, sur le pont situé à 5 m. 20 au-dessus des eaux du Gardon....................	422.17	Nivel.	P. C.	Sch. tr.	
* SAINT-ANDRÉ-DE-BUÈGES. 1° Seuil de l'église............................	160	Bar. 2	E. D.	O. inf. Dol.	H.
2° Montagne au-dessus dite Lacan de l'Euzière	265.40	Bar.	E. D.	Oxf.	H.
* SAINT-BAUZILLE-LE-PUTOIS, sur la grand'route, vis-à-vis l'auberge de Bonnet	133.35	Nivel.	P. C.	Cong. lac.	H.
* SAINT-BONNET, canton de Lasalle. 1° Dans la cour de l'ancien château...	336	Bar.	E. D.	Trias.	
2° Sur le serre de la Boriette, au-dessus des carrières de gypse	417	Bar.	E. D.	Gra.	
* SAINT-BRESSON, seuil de l'église.......	507.15	Bar.	E. D.	Cal. tr.	
* SAINTE-CROIX-DE-CADERLE, devant l'église	531	Bar.	E. D.	Trias.	
* SAINT-FÉLIX-DES-PALLIÈRES, sur la terrasse du château..................	302	Bar.	E. D.	Tri. et Cal. à gyp.	Sur la limite de ces deux terrains.
SAINT-GUIRAL. 1° Rocher en pain de sucre à l'O.-N.-O. du Vigan..........	1380	Bar.	H. F.	Gra.	
2° Rocher dit *Peyres-Besses*, au N.-E. du précédent........................	1416	Bar.	H. F.	Gra.	Moyenne de 2 observ.
* SAINT-HIPPOLYTE-LE-FORT, seuil de l'église	176	Bar.	E. D.	Oxf. et Néoc.	A la limite.

LIEUX DES STATIONS.	Élévation en mètres au-dessus du niveau de la mer.	NOMBRE et NATURE des observations.	Auteurs des observations.	Composition géologique DU SOL.	Observations.
* SAINT-JEAN-DE-BUÈGES, seuil de l'église	164	Bar.	E. D.	M. sup. Lias.	H.
* SAINT-JEAN-DE-CRIEULON (voyez Villeseque).					
* SAINT-JEAN-DU-BRUEL, sur le pont situé à 12 m. 30 au-dessus des eaux moyennes de la Dourbie	531	Bar.	E. D.	Sch. tr.	Av.
* SAINT-LAURENT-LE-MINIER. Place du Temple	169	Bar.	E. D.	Sch. tr.	
* SAINT-MARCEL-DE-FONT-FOUILLOUSE	1042	Bar.	H. F.	Sch. tr.	
* SAINT-MARTIAL, seuil de l'église	459.80	Bar.	E. D.	Sch. tr.	
* SAINT-MARTIN-DE-CORCONAC, sur la route, vis-à-vis l'église	362.74	Nivel.	P. C.	Sch. tr.	
* SAINT-ROMANS-DE-CODIÈRES. 1° Au pied de la tour	646	Bar.	E. D.	Trias.	
2° Au col de Peyre-Plantade	662	Bar.	E. D.	Gra. et Sch. tr.	A la limite.
* SAINT-SAUVEUR-DES-POURCILS, aux mines de plomb, quartier de Terre-Rouge	1034	Bar.	E. D.	Trias.	
* SAUCLIÈRES, au milieu du village	750	Bar.	E. D.	Sch. tr.	Av.
SÉRANNE, montagne au S.-O. de Ganges. 1° Point culminant	915	Bar.	E. D.	Coral.	H.
2° A la ferme de l'Euze	443	Bar.	E. D.	Coral. et Oxf.	H. à la limite de ces deux groupes jurassiques.
SÉRAYRÈDES, commune de Valleraugue, maison située aux eaux versantes du bassin des deux mers	1320	Bar.	E. D.	Sch. tr.	C'est le point habité, le plus élevé du département du Gard.
* SOUDORGUES, seuil du temple	495	Bar.	E. D.	Trias.	
SOUNALOU (Le Haut), hameau à l'E. de Sumène. Seuil de la maison Villaret	456	Bar.	E. D.	Houiller.	
SOUQUET, montagne au S. de Saint-Sauveur-des-Pourcils. Point culminant	1344	Bar.	E. D.	Gra.	
SUMÈNE. 1° Sur le Pont-Neuf	196	Bar.	E. D.	Sch. tr.	
2° Sommet à l'O. de la ville, au N.-O. du Puget	501	Bar.	E. D.	Sch. tr.	
3° Point culminant de la route du Vigan, dit *la Coste*	350	Bar.	E. D.	Sch. tr.	
TABILLON, montagne entre Fraissinet-de-Fourques et Cabrillac	1381	Bar.	E. D.	Sch. tr.	L.
THAURAC (Roc de), entre Ganges et Saint-Bauzille-de-Putois. Point culminant	473	Bar.	E. D.	Oxf. 4.	H.
TESSONNE, montagne au S.-O. du Vigan. 1° Sommet dit le Serre-de-Falguières	789	Bar.	E. D.	Oxf. 4.	
2° Rez-de-chaussée du mazet d'Espinassous	409.90	Bar. 2	E. D.	Trias.	

LIEUX DES STATIONS.	Elévation en mètres au-dessus du niveau de la mer.	NOMBRE et NATURE des observations.	Auteurs des observations.	Composition géologique DU SOL.	Observations.
Tour (Montagne du), située à l'extrémité N.-O. du causse de Blandas.........	984	Bar.	E. D.	Oxf. 4	Point culminant de l'Oxf. dans le Gard.
* Trèves. 1° Sur le pont situé à 10 m. sur les eaux de Trévezels.............	555	Bar.	E. D.	M. sup. L.	
2° Roc de Pruniers, au-dessus du village, à l'E.........................	946	Bar.	E. D.	O. inf. Dol.	
Trévezels. 1° Confluent de ce torrent et de la Dourbie, près Cantobre.........	441	Bar.	E. D.	O. inf.	Av.
2° Sous le pont de Trèves..............	544	Bar.	E. D.	M. Sup. L.	
3° Sous le pont de la Mouline.........	729	Bar.	E. D.	Sch. trans.	
Tude (La), montagne au S. du Vigan...	867	Bar.	E. D.	Oxf. Dol.	
Valcrose (Sommet de la côte de), à l'O. d'Alzon. A la limite du Gard et de l'Aveyron..........................	805.80	Bar.	E. D.	O. inf. Dol.	
* Valleraugue, sur le quai situé à 3 m. 60 au-dessus des eaux moyennes de l'Hérault	356	Bar.	E. D.	Sch. tr.	
Valmy (La), hameau de la commune de Saint-Martin-de-Corconac. A l'ancienne mine de fer..................	579	Bar.	E. D.	Sch. tr.	
* Vic-le-Fesq........................	58	Nivel.	P. C.	Néoc. 2.	
Vidourle, rivière, sa source près Saint-Romans-de-Codières................	499	Bar.	E. D.	Trias.	
Vidourles, hameau dépendant de la commune de Sainte-Croix-de-Caderle.	529	Bar.	E. D.	Trias.	
* Le Vigan, sur la place dite le Quai....	224	Bar.	E. D.	Cal. trans.	
Villeseque, hameau de la commune de Saint-Jean-de-Crieulon, à la sortie S., à la borne n° 74................	144	Nivel.	P. C.	Néoc.	
Vis, rivière. 1° A son confluent avec l'Hérault...........................	150	Bar.	E. D.	Oxf.	
2° Son niveau au moulin de Lafous.....	358	Bar.	E. D.	O. inf. Dol.	
3° Son niveau, sous le pont du Rieu, à Alzon	592	Bar.	E. D.	Trias.	
* Vissec, sur la place, devant le château.	464	Bar. 2	E. D.	Oxf.	

Comparaison du zéro du rhonomètre de Beaucaire avec celui des basses mers.

Nous avons inscrit dans le delta du Rhône, sur la feuille de l'arrondissement de Nimes, un grand nombre de cotes de hauteurs que nous avons jugé inutile de reproduire dans le tableau qui précède.

Celles placées sur la partie du delta appartenant aux Bouches-du-Rhône, sont dues au nivellement général de la Camargue, exécuté en 1837, par M. Poulle, ingénieur en chef des ponts et chaussées, à l'appui de ses études sur l'amélioration de cette île.

Celles comprises dans la partie du delta qui appartient au département du Gard, sont extraites du *Plan général des canaux et propriétés de la Compagnie du canal de Beaucaire à Aiguesmortes*, exécuté en avril 1833, par M. Paulin Talabot, ingénieur des ponts et chaussées, alors attaché au service de ce canal.

Mais nous ferons observer que ces deux séries de cotes de nivellement ont chacune une origine distincte, un point de départ différent, qui les rend discordantes entre elles : M. Poulle a pris pour base de ses calculs le zéro de l'échelle du *port de Bouc*, tandis que c'est le zéro de l'ancienne échelle en fer du *pont d'Artois*, à Aiguesmortes, qui a servi de point de départ pour établir les cotes situées dans le Gard. Or, ce dernier paraît se trouver plus élevé de 0,45 c. Cette différence s'accorderait, d'ailleurs, assure-t-on, avec l'observation des hauteurs de la mer en ces deux points.

Les divers zéros placés sur les bords de nos cotes maritimes sont aussi très-variables entre eux. En étudiant les résultats des nivellements indiqués ci-dessus et de ceux exécutés plus tard, lors de l'établissement des chemins de fer d'Alais, de Beaucaire, de Marseille et de Nimes à Montpellier, et en les rapportant à un point commun, on établit de la manière suivante l'altitude du zéro du rhonomètre de Beaucaire au-dessus de celui des basses mers repéré dans divers ports environnants (1) :

Altitude au-dessus du zéro de Marseille	....	3m,61
Idem	du pont d'Artois à Aiguesmortes	3 ,64

(1) Cette échelle est placée à l'entrée du canal de Beaucaire à Aiguesmortes.

Altitude au-dessus du zéro des demi-écluses du Vidourle, près Aiguesmortes......... 3m,75

Idem du port de Cette............ 3 ,88

Idem du port de Bouc............ 4 ,09

Zéro Lefort.

M. Lefort, ingénieur en chef du service hydraulique, résidant à Montpellier, a cru devoir établir, au port de Cette, un nouveau zéro qui ne correspond ni à l'ancien zéro de ce port, ni à celui d'Aiguesmortes.

Ce nouveau repère a été établi en calculant la hauteur moyenne de la mer, d'après une longue série d'observations faites dans le port de Cette; mais il n'a pas l'avantage de représenter, plus exactement que l'ancien, le point fixe de la hauteur moyenne de la mer, car de nouvelles observations, ajoutées aux anciennes sur lesquelles est basé ce zéro, pourront encore un jour en abaisser ou relever le point.

Le zéro Lefort se trouve à 0m,15 au-dessus de celui d'Aiguesmortes. C'est à ce nouveau zéro qu'il faut rapporter les altitudes inscrites sur les petites plaques de fonte placées par les soins de M. Charles Dombre sur divers points du département. C'est aussi sur lui que l'administration du service hydraulique se propose de baser le nivellement qu'elle va faire exécuter. Il nous semble qu'il eût été plus rationnel de prendre pour point de départ de ces divers travaux le zéro du *pont d'Artois*.

Celui-ci, en effet, a pour lui son ancienneté, et c'est sur lui que s'appuient déjà des nivellements antérieurs et importants tels que ceux des chemins de fer du midi et de la nouvelle carte topographique de la France, exécutée par l'Etat major.

Première partie.

CONSTITUTION PHYSIQUE

CHAPITRE III.

Hydrographie.

Division de l'étude de l'hydrographie du Gard en quatre sections. — Eaux atmosphériques, observations météorologiques, division du département en quatre zones pluviales. — Circulation souterraine des eaux, origine des sources, puits artésiens. — Eaux courantes à la surface du sol, 15 bassins hydrographiques formés par le bassin méditerranéen et le bassin océanique. — Eaux stagnantes, étangs, marais, salins et canaux. — Tableau des cours d'eau qui sillonnent le Gard.

L'hydrographie d'une contrée est la conséquence de sa forme orographique, de la nature des couches qui la composent, aussi bien que de la direction et de l'inclinaison de ces couches. Elle est en rapport, non-seulement avec sa végétation naturelle, son agriculture, son industrie et la distribution de la population à la surface du sol, mais elle se rattache encore à la plupart des travaux d'utilité publique et particulière qu'on y exécute. Généralités.

Ces considérations nous ont engagé à donner ici des détails assez étendus sur l'hydrographie de la contrée que nous décrivons. Division.

Nous diviserons cette étude en quatre sections : la première, traitera des eaux atmosphériques ; la seconde, de la circulation souterraine des eaux ou du phénomène des sources, ainsi que de la théorie des puits forés ou artésiens ; la troisième, comprendra la division du département en bassins hydrographiques et la description des eaux courantes à la surface du sol qui donnent naissance aux ruisseaux, aux rivières et aux fleuves; la quatrième, enfin, aura rapport aux eaux stagnantes, c'est-à-dire à l'étude des étangs, des marais et des canaux.

Nous terminerons cette partie de notre travail par un tableau général de tous les cours d'eau du département.

§ I.

Eau atmosphérique.

La quantité d'eau de pluie qui tombe annuellement sur la surface de la terre varie considérablement suivant les circonstances locales ; elle paraît principalement dépendre de la température, de l'élévation, de la distance de la mer, du voisinage des forêts et de la position par rapport aux chaînes de montagnes. Le département du Gard, offrant sous ce rapport des conditions très-diverses, on comprend que la quantité d'eau qu'il reçoit doit être aussi très-variable d'un point à un autre.

Observations météorologiques.

A Nimes, d'après les observations météorologiques faites de 1746 à 1755 par le docteur Baux, l'épaisseur moyenne de la couche d'eau de pluie tombée annuellement, pendant ces dix années, serait de 0m685 (1). Cette même hauteur d'eau, dans 42 jours, terme moyen des journées de pluie pendant l'année à Nimes, depuis 1768 jusqu'en 1783 inclusivement, est en moyenne de 0m648,2 (2). M. Benjamin Valz a trouvé dans cette même ville que

(1) Ménard, t. VII, p. 560 ; et *Mémoire de l'Académie des sciences savantes étrangères*. Voir aussi *Examen comparatif des thermomètres employés aux observations de M. Baux*, par B. Valz. *Mémoire de l'Académie du Gard*, 1833, p. 182.

(2) *Topographie de Nimes et de sa banlieue*, pages 202 et 216.

l'épaisseur moyenne annuelle de cet élément, calculé sur quinze années d'observations (1821 à 1836), était de 0m650. Enfin dans ces derniers temps MM. Ed. Boyer et Belchamps ont constaté que cette moyenne, de 1846 à 1855, avait été de 0m676,37. Leur pluviomètre était placé à 2 mètres au-dessus du sol et à une altitude de 41 mètres (1).

A Sommières, dans le bassin du Vidourle, notre pluviomètre étant situé à 2m50 au-dessus du sol et à une altitude de 32 mètres, cette couche d'eau, d'après nos propres observations qui embrassent un espace de trente années, de 1825 à 1855, se trouve de 0m748 (2).

M. le baron d'Hombres-Firmas a calculé que dans la ville d'Alais, située au pied des Basses-Cévennes, à une altitude de 131 mètres, la couche d'eau qui tombe annuellement a une épaisseur de 0m991.

A Valleraugue, ville placée à une altitude de 356 mètres dans le bassin de l'Hérault, au centre des Hautes-Cévennes, dans une vallée profonde et resserrée formée par les montagnes de l'Aigual et de l'Espérou dont les sommets s'élèvent à une altitude de 1200 à 1500 mètres, il tomberait, par an, d'après les observations inédites de M. Anglivieil, jusqu'à 1820 millimètres (3).

A Saint-Jean-du-Bruel (Aveyron), ville située au pied de l'extrémité occidentale du massif granitique de l'Aigual, sur les bords de

(1) *Résumé général des observations météorologiques faites à Nimes pendant les années de 1846 à 1855.* Nimes 1856, in-4° de 24 pages.

(2) Notre pluviomètre est en fer blanc recouvert d'une épaisse couche de peinture. La partie supérieure a la forme d'un entonnoir assez profond dont les bords sont verticalement relevés afin d'empêcher les gouttes de pluie d'en sortir en rejaillissant. Cet entonnoir est soudé sur un tube cylindrique dont le diamètre est 10 fois plus petit que celui de l'ouverture supérieure ; un robinet, placé dans le bas de l'instrument, sert à évacuer l'eau pluviale qu'on reçoit dans un vase de même dimension que le tube cylindrique et gradué intérieurement en centimètres, ce qui permet d'évaluer facilement les dixièmes de millimètre.

(3) Sept années d'observations très-suivies faites au mas Lafabrègue, altitude 250 mètres environ, dans la vallée du Vigan, au moyen d'un pluviomètre construit sur le même modèle que celui de l'auteur, nous ont donné une moyenne de 1607 millimètres. (*Note de l'éditeur*).

la rivière de Dourbies, et à une altitude de 531 mètres, l'épaisseur de l'eau pluviale annuelle serait de 1387mm33 (1).

A Saint-Etienne-de-Valfrancesque (Lozère), commune placée au milieu de hautes montagnes et dans le fond de la vallée du Gardon de Saint-Germain-de-Calberte, sur le revers septentrional du même massif granitique, les observations udométriques de sept années (1777 à 1783), faites par M. Cabiron, donnent une moyenne annuelle de 1328mm68 (2).

A Viviers (Ardèche), la moyenne de l'eau de pluie annuelle serait de 905mm4 ; et à Joyeuse, altitude 153 mètres, de 1240mm70.

Dans la vallée du Rhône, d'après les observations faites à Orange par M. le comte Adrien de Gasparin pendant vingt-sept ans, de 1817 à 1843, et à une altitude de 45 mètres, cette quantité d'eau serait de 0m738 (3).

La quantité de pluie qui tombe à Privas, altitude 426 mètres, comparée à celle qui tombe à Orange, est ainsi qu'il suit :

	Privas.	Orange.	Différence.
1843	121,9	82,4	39,5
1844	125,0	87,5	37,5

On voit que les pluies suivent les mêmes progressions dans ces deux localités, et qu'à Privas, dont l'altitude est plus élévée, il est tombé, dans chacune des deux années ci-dessus, une épaisseur d'eau de près de 40 millimètres de plus qu'à Orange (4).

Division en quatre zones pluviales.

De ces diverses observations sur l'épaisseur de la couche d'eau de pluie que reçoivent annuellement le département et les contrées environnantes, il résulte que cette épaisseur d'eau est très-variable.

(1) *Essai sur le climat de Montpellier*, par Jacques Poitevin, in-4°, Montpellier, 1803. D'après cet observateur, une série de 35 années d'observations (de 1767 à 1802), faites dans cette ville, lui ont donné un résultat de 764mm724.

(2) *Essai sur le climat de Montpellier*, par Jacques Poitevin.

(3) Gasparin, *Cours d'agriculture*, t. II, p. 252.

(4) *Rapport sur les observations météorologiques faites à Privas*, par M. Fraisse, *commissaire;* MM. Arago, de Gasparin, *rapporteurs*. *Compte rendu des séances de l'Académie des sciences*, t. XXII, séance du 25 mai 1846.

Mais en comparant les divers points où ces observations ont été faites, on est conduit à diviser en quatre zones ou régions pluviales distinctes, la contrée que nous décrivons.

La première, celle des *Hautes-Cévennes*, occuperait la partie la plus élevée de la chaîne des Cévennes et s'étendrait du S.-S.-O. au N.-N.-E. en suivant à peu près la ligne de faîte qui partage le bassin des deux mers et qui suit les montagnes du *Saint-Guiral*, du *Lengas*, de l'*Aigual*, de *La Can-de-l'Hospitalet*, du *Buget* et de la *chaîne de la Lozère*. Dans cette zone, l'épaisseur de la couche d'eau atmosphérique annuelle serait la plus considérable : elle y atteindrait, comme à Valleraugues, jusqu'à 1820 millimètres, et à Joyeuse 1240^{mm}70.

La deuxième zone, celle des Basses-Cévennes, s'étendrait à peu près parallèlement à la précédente, sur une largeur moyenne de 35 kilomètres ; elle peut être limitée vers le S.-E. par une ligne à peu près droite, tirée de Sommières à Alais et à Vallon. L'épaisseur moyenne de la couche d'eau dans cette zone, si l'on prend pour type les observations d'Alais, serait de 0^{m}991.

La troisième zone occuperait le littoral du Rhône et s'étendrait en grande partie dans l'arrondissement d'Uzès. L'épaisseur de la couche d'eau ne serait plus ici que de 0^{m}734, en prenant pour base les observations faites à Orange et à Viviers.

Enfin la quatrième zone ou *région maritime*, s'étendrait de Nimes à la Méditerranée, et occuperait tout l'arrondissement de Nimes. La moyenne de l'eau tombant annuellement dans cette région, représentée par les observations faites à Nimes et à Sommières, ne serait plus que de 0^{m}685.

On voit, d'après ce qui précède, que la quantité d'eau atmosphérique diminue graduellement à mesure que, de la ligne de faîte des Cévennes, on descend d'un côté, à l'E., vers les bords du Rhône, et que, d'autre part, on se rapproche du S., c'est-à-dire des bords de la mer.

Nous n'avons pas d'observations pluviométriques faites au milieu de nos marais, dans la partie tout à fait méridionale et littorale du département; mais il est à présumer que la quantité d'eau pluviale y est encore moins considérable.

D'après M. de Rivière, il tomberait à Arles, pendant les 45 jours de pluie qu'on y compte moyennement, 0m400 d'eau ; le tiers environ de cette quantité, 0m130, tombe dans l'espace de peu de jours, en octobre et en novembre (1).

A Marseille, d'après les relevés qu'on fait à l'Observatoire depuis près d'un siècle, cette couche d'eau n'est en moyenne que de 0m460,19 à 0m487,26 environ.

Maintenant, si l'on tient compte de la quantité de pluie répartie sur les quatre zones que nous venons d'établir, on peut fixer l'épaisseur moyenne annuelle de la couche d'eau atmosphérique qui tombe sur la surface du département à 1m055,93, représentant en volume, 6,154,656,953,8 mètres cubes d'eau, soit moyennement de 105,593 hectolitres par hectare.

§ II.

Circulation souterraine des eaux. Phénomènes des sources ou fontaines; puits artésiens ou forés.

On sait que lorsque la pluie tombe sur la surface de la terre en petite quantité, elle humecte seulement le sol qui la reçoit et que l'évaporation la reporte bientôt dans l'atmosphère. Mais on sait aussi que lorsque la pluie est abondante, l'eau se divise en deux parties : l'une pénètre dans le sol, l'autre s'écoule immédiatement à la superficie en suivant le sens des pentes et finit par se rendre à la mer, tout en diminuant de volume par l'évaporation. On n'évalue guère qu'à un septième de l'eau tombée celle qui s'écoule par les rivières. Le reste s'infiltre dans le sol et donne lieu au phénomène des sources.

Origine des sources.

Les physiciens du siècle dernier exprimaient encore des opinions diverses sur l'origine de ce phénomène. Les uns, tout en niant

(1) *Mémoire sur la Camargue*, p. 19, Paris, 1826, 1 vol. in-8° de 215 pages.

que l'eau des pluies en fût la cause unique, admettaient des cavités souterraines en forme d'alambic où s'amasseraient les vapeurs des eaux qui circulent dans la terre à la hauteur des mers ; ces vapeurs s'élevant, croyaient-ils, par les fentes des rochers viendraient se condenser par le froid à la superficie du sol ; ils ajoutaient même que les sels de pierres peuvent encore aider à arrêter et à fixer ces vapeurs.

D'autres croyaient que le phénomène des sources est intimement lié au phénomène du flux et du reflux de la mer qui, venant à comprimer l'air des cavités où se trouvent les eaux douces souterraines, les forceraient à s'échapper par quelque ouverture, à la surface de la terre.

Cependant Mariotte et Perrault avaient déjà trouvé une explication de ce phénomène que la géologie moderne devait pleinement confirmer : la portion des eaux pluviales qui ne s'écoule pas à la surface pénètre dans la terre à travers les couches à texture poreuse et perméable, ou par les interstices qui existent entre les strates des divers terrains. Ces eaux s'infiltrent ainsi jusqu'à ce qu'elles rencontrent des couches imperméables sur lesquelles elles forment des nappes souterraines et coulent jusqu'à ce qu'elles trouvent, sur les flancs des collines et des montagnes, ou dans les coupures qui forment les vallées, une issue par où elles s'échappent.

Telle est l'origine de toutes les sources ou fontaines naturelles. Nulle déperdition d'eau par voie souterraine n'est à craindre : la chaleur interne de la terre s'y oppose. On sait en effet que, pour chaque profondeur de 30 mètres, on trouve la terre plus chaude d'un degré centigrade. Les eaux par une infiltration trop profonde rencontreraient inévitablement une chaleur telle qu'elles seraient bientôt réduites à l'état de vapeur et renvoyées ainsi vers la surface.

Différentes espèces de sources.

Les sources sont de deux expèces : les *sources latérales* qui s'échappent des flancs des couches, et les *sources de fonds* qui remontent perpendiculairement et en bouillons. Ces dernières se rapprochent du phénomène des puits artésiens dont nous parlerons plus loin.

Enfin on trouve une troisième espèce de sources dans les marais qui s'étendent de Beaucaire à Aiguesmortes et en général au pied des coteaux de la Costière qui les bordent vers le N. : on les désigne, dans le pays, sous le nom de *Laurons*. Ce sont des sources d'eau douce qui surgissent au milieu de l'eau saumâtre. C'est surtout en été, alors que les marais sont à sec, qu'on peut se faire une idée de leur importance. Il existe aussi des sources de cette nature dans les marais qui bordent la plaine de la Crau.

Ce genre de sources a son niveau dans les assises du terrain subapennin.

Comme la présence des fontaines, leur nombre, leur abondance, leur niveau ne dépendent pas seulement de la quantité d'eau que les phénomènes atmosphériques versent sur la contrée, mais qu'ils dépendent surtout des caractères minéralogiques des roches d'où elles s'échappent ainsi que de leurs rapports et de leur position géologique, nous avons cru devoir renvoyer les détails qui les concernent à la *seconde partie* de cet ouvrage où nous donnons la description particulière de chaque terrain. C'est là que nous ferons connaître successivement les divers niveaux d'eaux qui s'observent dans chaque formation, et que nous parlerons des *Laurons* et des sources minérales, thermales, intermittentes et incrustantes.

Nous allons cependant terminer cet article par la théorie des puits forés.

Puits artésiens.

D'après ce que nous venons de dire sur l'origine des fontaines, on voit qu'une portion des eaux infiltrées alimente les sources et fontaines naturelles, et l'autre les nappes souterraines.

Ces couches aquifères qui se meuvent entre des couches sédimentaires perméables, intercallées entre deux couches imperméables, ont souvent la faculté, dans certaines circonstances, de remonter et de prendre un niveau beaucoup plus élevé que celui qu'elles occupent dans l'intérieur de la terre. C'est ce qui arrive quand on vient à les atteindre par un trou de sonde perpendiculaire et qu'on les met ainsi en communication avec l'extérieur.

Ce phénomène remarquable constitue les *puits artésiens*, ainsi appelés du nom d'une province française, l'Artois, où l'on paraît s'être occupé plus spécialement de la recherche des eaux souterraines (1).

Origine des puits forés.

On ne sait point à quelle époque remonte la découverte de cette méthode si simple et si ingénieuse, de se procurer de l'eau à l'endroit même où on la désire. Dans l'Artois et l'Italie elle est pratiquée de temps immémorial. Il paraît même que ce procédé n'était pas inconnu aux anciens, car M. de Niébuhr, dans la *Gazette d'état de Prusse*, cite d'Olimpiodore, historien dont Ponthius a fait des extraits, le passage suivant : « On creuse dans les » oasis des puits de 200, 300 et même 400 aunes (à un demi-pied » l'aune), dont l'eau jaillit et déborde ». Les Arabes paraissent avoir conservé cet antique procédé. M. de Humboldt nous a aussi révélé l'existence de puits de 1,000 mètres, creusés en Chine par des moyens analogues à ceux que nous employons.

Tout le monde sait aujourd'hui que le phénomène des puits forés est basé sur la propriété qu'ont les liquides de rechercher leur niveau dans les deux branches verticales d'un tube coudé, tel par exemple que celui des *niveaux d'eau.* De sorte que si l'extrémité de la branche naturelle est plus élevée que l'orifice du puits, l'eau devra jaillir par le trou de sonde à une hauteur plus ou moins considérable, suivant que l'origine de la branche naturelle sera plus ou moins élevée, si non elle restera au-dessous de l'orifice artificiel.

Il faut donc, pour que ce phénomène se produise, qu'il y ait continuité entre le point de départ de la couche aquifère et le trou de sonde : une vallée profonde qui couperait la couche, ou une faille qui interromprait la correspondance entre ses parties, rendraient nulles toutes les tentatives de forage. On comprend aussi que la condition essentielle des eaux jaillissantes est d'être retenues entre deux couches imperméables qui les empêchent de se perdre et de se gaspiller à travers les fissures du terrain (2).

(1) Voir la notice scientifique de M. Arago, *Annuaire du bureau des longitudes*, année 1834.

(2) Le sol de la ville de Modène est un des exemples les plus anciens et les

D'après les calculs faits sur la vitesse moyenne et le volume d'eau qui passe sous l'un des ponts de Paris, il a été reconnu que la Seine n'y amène guère que le 1/3 des eaux pluviales tombées en amont dans son bassin. Les deux autres tiers représentent par conséquent l'*évaporation* et les *infiltrations* qui ne fournissent rien aux sources extérieures et sur lesquelles sont basées les jaillissements artésiens.

Il est également reconnu que les nappes d'eau découvertes perdent par l'évaporation autant d'eau qu'elles en reçoivent par les pluies ; mais la surface de la terre imbibée ne peut suivre la même loi. Il serait donc difficile de préciser quelle est la quantité d'eau que le soleil et les vents lui enlèvent. Tant que cet élément de calcul nous manquera, nous ne pourrons arriver à la connaissance exacte de la masse d'eau infiltrée et définitivement acquise aux couches profondes.

En établissant pour un bassin hydrographique de l'une de nos rivières, la Cèze par exemple, la quantité d'eau de pluie qu'il reçoit annuellement ainsi que la quantité des eaux de source qui s'écoulent immédiatement de ses couches, et en comparant ces résultats au débit annuel de ce même cours d'eau à son embouchure tout en tenant compte de l'évaporation, on trouverait pour différence le chiffre juste des eaux qui vont former des nappes et des courants dans l'intérieur de la terre. Des jaugeages répétés dans chaque saison de l'année seraient indispensables pour établir une moyenne exacte. Mais nous avouons que ce travail minutieux serait sujet à beaucoup de chances d'erreurs. Cependant, avec de la persévérance, il pourrait être conduit à bonne fin.

plus intéressants de cette hydrographie souterraine. Le terrain tertiaire de cette ville, placé entre les rivières de Panaro et de Secchia, renferme une nappe d'eau ascendante qui reprend partout le même niveau horizontal. Le nombre des puits forés dans cette couche est très-considérable ; presque toutes les maisons en ont un. A l'époque où écrivait Ramazzini (1681), il résultait déjà de cette multiplicité de puits, que le niveau des anciennes fontaines avait baissé et qu'une partie de celles qui étaient situées sur les points les plus élevés avaient même cessé de fournir de l'eau à la surface du sol.

Puits artésiens absorbants.

Si l'étude des couches du globe nous apprend à utiliser les nappes d'eau souterraines, à reconnaître les conditions favorables à leur jaillissement, elle nous enseigne aussi à nous débarrasser dans certains cas des eaux croupissantes à la surface du sol.

Ces cas se présentent lorsqu'une couche poreuse et inclinée sert de base à une couche superficielle imperméable. Il suffit alors de faire communiquer la surface du sol avec la couche poreuse au moyen d'un trou de sonde qui absorbe les eaux stagnantes. On obtient ainsi, suivant l'heureuse expression de M. Arago, un *puits artésien négatif.*

Essais de puits artésiens tentés dans le Gard.

Quatre essais seulement de puits artésiens ont été, à notre connaissance, tentés dans le département du Gard, et aucun de ces sondages n'a donné des eaux jaillissantes.

Le premier fut exécuté à Sommières en 1829, par M. Barthélemy Griolet, dans les marnes inférieures au *calcaire moellon.* Il fut poussé seulement jusqu'à 200 pieds de profondeur, sans percer cet étage.

Le second fut fait à Nimes, à l'embarcadère du chemin de fer d'Alais, en 1839. Après avoir traversé une épaisseur de 36 mètres dans les *sables marins supérieurs*, il pénétra dans le *calcaire compacte secondaire* qui offre dans le Gard une épaisseur fort considérable.

Le troisième a été foré dans la ville d'Uzès en 1843. Il atteignit le *calcaire néocomien* après avoir traversé toute l'épaisseur de la molasse coquillière qui couronne le plateau de cette ville et ne rencontra que des infiltrations.

Le quatrième, enfin, près du mas du Pauvre-Ménage, non loin de la ligne du chemin de fer de Nimes à Beaucaire, fut exécuté en 1844. Un sondange de 20 mètres fut poussé dans les marnes bleues subapennines, au fond d'un puits de 10 mètres de profondeur, creusé dans les mêmes argiles. Après avoir foré quelques mètres dans la molasse coquillière, on rencontra un niveau d'eau qui remonta dans le puits, mais qui s'arrêta à 2 mètres environ au-dessous de la surface du sol. Une couche aquifère devait exister entre le calcaire moellon et les couches de calcaire bleu argileuses qui se trouvent à la partie inférieure de cette formation.

Les sondages de ce genre ne sont possibles qu'après l'examen de la nature géologique et de la disposition orographique du sol. L'appréciation des circonstances qui peuvent en rendre la réussite plus ou moins probable étant intimement liée à la constitution géologique de la contrée, cette recherche rentre dans la description particulière des divers terrains qui constituent le sol du département.

Après avoir étudié ce qu'on peut appeler l'*hydrographie souterraine*, nous allons nous occuper de la distribution des eaux courantes à la surface du sol.

§ III.

Eaux courantes à la surface du sol.

La portion des eaux pluviales non infiltrées dans le sol se réunit en ruisseaux, rivières et fleuves, ou reste stagnante dans les dépressions du sol, formant ainsi des étangs ou marais d'eau douce.

Ces eaux peuvent donc être divisées en *eaux courantes* et en *eaux stagnantes*. Bien que du domaine de la géographie physique, leur étude intéresse vivement aussi le géologue à cause de la nature des terrains sur lesquels elles passent ou séjournent.

Les eaux courantes se distinguent en *permanentes* ou *accidentelles :* les premières se divisent en fleuves, rivières et ruisseaux, selon l'importance des cours d'eaux ; les eaux accidentelles sont quelquefois ainsi appelées *eaux sauvages ;* lorsqu'elles arrivent par masses considérables, coulant avec violence et ravageant sur leur passage, on leur donne le nom de *torrent*.

L'ensemble de l'étude des cours d'eaux qui sillonnent la surface d'un pays constitue ce qu'on appelle son régime hydrographique, ou sa division par bassins.

Le département du Gard, considéré à ce dernier point de vue, se divise naturellement en deux grandes parties distinctes : le *bassin méditerranéen* et le *bassin océanique.*

Le *bassin méditerranéen* comprend la presque totalité du département.

Il renferme : 1° tous les cours d'eaux qui se dirigent vers l'E. dans le Rhône ; 2° ceux qui s'écoulent directement au S. dans la Méditerranée et dans les étangs.

Le *bassin océanique* ne s'étend qu'au N.-O., sur une petite partie de l'arrondissement du Vigan. Il renferme les cours d'eau qui portent leur tribut dans la rivière du Tarn, dont les eaux se rendent par la Garonne dans l'Océan.

La surface du bassin méditerranéen est, dans le département, de 560.866 hectares, et celle du bassin océanique de 22.000 hectares seulement. Le premier est donc à peu près 25 fois plus étendu que le second.

Ligne de partage des eaux entre les deux mers.

La ligne de partage des eaux entre ces deux bassins existe vers l'extrémité N.-O. du département. Elle est très-sinueuse : partant du causse de La Can-de-l'Hospitalet (département de la Lozère), dont l'altitude moyenne est de 1035 mètres, elle passe à la baraque de Marquairès ; au col Solidès (altitude 1022) ; à la baraque d'Aire de Coste (altitude 1091) ; tourne presque à angle droit vers l'O. en suivant la limite du département du Gard jusqu'à la montagne de l'Aigual (altitude 1568) ; passe au col de la Sérayrède (altitude 1320), d'où elle se retourne vers l'E., traverse le village de l'Espérou (altitude 1224), et suit le plateau que forme la montagne de ce nom jusqu'aux sources de la Dourbie qu'elle contourne pour se diriger encore vers l'O. en suivant les côtes granitiques des montagnes du Lengas (altitude 1441) et du Saint-Guiral (altitude 1380). Cette ligne entre ensuite dans le département de l'Aveyron, traverse la route nationale n° 99 un peu au-dessus du village de Sauclières (altitude 750) et va se rattacher au causse du Larzac.

Les cours d'eau qui sillonnent la surface du département constituent six principaux bassins hydrographiques dont voici les noms :

A. — Bassin de la Méditerranée.

1 Bassin du Rhône	l'Ardèche l'Arnave la Cèze la Tave (1) le Nizon la Roubine de Tras-le-Puy la Roubine du Grès la Dève le Gardon
2 Bassin du Vidourle	Crieulon, etc...
3 Bassin de l'Hérault.........	l'Arre, la Vis, etc...
4 Bassin du Vistre...........	Le Rhony, etc...
5 Bassin des Etangs	

B. — Bassin de l'Océan.

6 Bassin de la Dourbie	le Trévézels.

Nous allons successivement décrire ces six grands bassins, les bassins secondaires qui en dépendent et les divers cours d'eaux auquels ils empruntent leur dénomination.

A. — Bassin méditerranéen.

I.

Bassin du Rhône.

Le Rhône.

Le Rhône est l'un des quatre grands fleuves qui arrosent la France. Il prend sa source au mont Fourca, en Suisse. Son passage

(1) On trouvera plus loin, page 173, une note de l'auteur expliquant la raison qui l'a déterminé à considérer la Tave comme un affluent du Rhône.

(*Note de l'éditeur*).

à travers le lac Léman, sa perte sous les rochers de Bellegarde et sa descente rapide et presque en ligne droite depuis Lyon jusqu'à la Méditerranée sont connus de tous.

Etymologie.

On n'est pas d'accord sur l'origine de son nom, Ροδανος, — *Eridanus*, — *Rodanus*, — *Rosne* en vieux français, — *Rosé* en provençal et en languedocien : Pline prétend que le Rhône tire son nom d'une colonie que les Rhodiens fondèrent sur ses bords, aux Saintes-Maries en Camargue probablement, mais cette opinion ne paraît basée que sur la similitude des mots. Il nous paraît préférable d'attribuer, avec l'auteur de la *Statistique des Bouches-du-Rhône*, l'origine du nom de ce fleuve à la racine celtique *Rod* ou *Roud* qui s'applique à tout ce qui a un mouvement rapide, racine que le latin a conservée dans *Rota*, *roue* et ses dérivés, qu'on retrouve dans le français *rôder*, *rouler*, et plus particulièrement dans le provençal et le languedocien *Roudela*, rouler avec rapidité.

Dimensions du bassin du Rhône.

D'après M. Lortet, la longueur du bassin du Rhône serait de 566 kilomètres ; sa plus grande largeur de 266 kilomètres, et sa périphérie de 2,198 kilomètres. D'après le même auteur, sa superficie moyenne serait de 9,775,000 hectares ; mais, selon M. Surell, elle ne serait que de 927 myriamètres carrés ou de 9,270,000 hectares (1).

Longueur du Rhône dans le département.

Le Rhône ne traverse point le département du Gard : il en

(1) Les bassins qui avoisinent le Rhône ont à peu près les superficies suivantes :

Seine	7,777,000
Garonne (sans la Dordogne)	5,601,700
Pô	10,296,000
Loire	11,665,500
Rhin	22,440,000

Avec la méthode de comparaison plus facile, adoptée par Berghaus pour les rapports approximatifs des bassins des fleuves, nous aurons : Rhône 4, Pô 5, Rhin 11, Danube 39, Wolga 67, Obi 156 (Lortet, *Géographie physique du bassin du Rhône*, p. 3).

baigne seulement les bords sur une étendue d'environ 136 kilomètres, depuis l'embouchure de l'Ardèche jusqu'à Arles.

A 1 kilomètre en amont de cette ville, le fleuve se sépare en deux branches inégales qui tombent à la mer par des embouchures distinctes.

La branche principale, dite le Grand-Rhône, traverse Arles et débouche dans le golfe de Fos ; elle est accompagnée, à l'O., d'une ancienne branche, aujourd'hui presque entièrement abandonnées, qu'on appelle le Canal-du-Japon ou Bras-de-Fer.

Le Petit-Rhône, ou branche occidentale du fleuve, s'en détache au-dessus d'Arles, se dirige d'abord vers la droite et continue à servir de limite au département du Gard sur une longueur d'environ 58 kilomètres qui se décomposent ainsi :

De l'entrée du bras à Saint-Gilles........	17 kilomètres
De Saint-Gilles à Sylvéréal.............	26
De Sylvéréal à la mer.................	15
Total..........	58 kilomètres

mais arrivé à Sylvéréal ce bras tourne brusquement à l'E., laissant à droite un ancien canal presque abandonné, dit le *Rhône mort*, et se dirige vers la mer, dans laquelle il se jette au Grau d'Orgon, près du bourg des Saintes-Maries, à 38 kilomètres de la première embouchure.

Dans notre *seconde partie*, au chapitre *variations du lit du Rhône dans le Delta*, nous parlerons des anciennes branches du fleuve.

Largeur. Comme toutes les rivières à fond mobile, le Rhône tend à se partager en branches nombreuses qui serpentent au milieu d'anciens bancs de gravier ; aussi la largeur du fleuve est-elle très-variable. Au Pont-Saint-Esprit, point où le Rhône commence à border le département et où ses eaux sont à peu près concentrées dans un seul lit, sa largeur est de 650 mètres. Mais les nombreuses îles qui en divisent le cours étendent souvent la largeur de son domaine à 1500, 2000 et quelquefois à 3000 mètres.

En face d'Avignon les îles de la Barthalasse et de Piot, réunies aujourd'hui, partagent le Rhône en deux bras : celui qui coule du côté d'Avignon a 230 mètres ; le grand bras qui passe du côté de Villeneuve a une largeur double, c'est-à-dire 460 mètres ; un peu au-dessus de l'embouchure de la Durance, les deux branches étant réunies, la largeur de ce fleuve est de 550 mètres ; entre Beaucaire et Tarascon, elle est de 445 mètres.

Profondeur.

En prenant la ligne que suit habituellement la navigation, la profondeur moyenne des eaux du Rhône, au-dessous de l'étiage, est de 1^m50 à 2^m00 ; mais dans quelques endroits elle se réduit à moins de 1 mètre.

Dans le Petit Rhône, qui a 200 mètres de largeur moyenne, cette profondeur est, dans les biefs de Fourques à Saint-Gilles, de 2 à 3 mètres, et le lit présente un grand nombre de hauts fonds sur lesquels il n'y a que 0^m50 à 0^m70 d'eau, ce qui intercepte fréquemment la navigation. La profondeur augmente au-dessous de Saint-Gilles : elle est de 15^m48 à Sylvéréal ; elle varie ensuite de 6 à 8 mètres jusques vers l'embouchure où le fond du lit se relève pour former la barre (Surell, *Mémoire sur le barrage de Sylvéréal*, 1847).

Pente.

Le tableau suivant, que l'on doit à M. de Montluisant, ingénieur en chef des ponts et chaussées, donnera le résumé du nivellement du cours de ce fleuve entre Lyon et la mer :

TABLEAU DU COURS DU RHONE

DEPUIS L'EMBOUCHURE DE LA SAONE JUSQU'A LA MER

fait en 1822, par M. de Montluisant, ingénieur en chef des Ponts et Chaussées.

INDICATION DES LIEUX.	COTE de nivellement sur l'étiage.	DIFFÉRENCE entre les cotes ou pente totale.	DISTANCES.	PENTES moyennes par 100 mètres.	HAUTEUR des plus grandes CRUES.
Plus basses eaux du Rhône :	mètres.	mètres.	mètres.	mètres.	mètres.
A l'embouchure de la Saône...........	10,55	35,65	75,421,00	0,04727	5,30
A l'embouchure de la Galaure.........	46,20				
A l'embouchure de l'Isère	62,05	15,85	28,068,00	0,05647	
Au robinet de Donzère	114,92	75,19	101,666,00	0,07395	4,50
A l'embouchure du Lez..............	137,24				
En amont de la digue, vis-à-vis Roquemaure..........................	148,91	11,67	21,420,00	0,05448	6,30
Au pont de bois d'Avignon	157,62	17,79	43,520,00	0,04088	6,50
A l'embouchure de la Durance	160,44				7,10
A la Roche d'acier..................	162,31				7,50
A Tarascon.........................	166,70				6,00
A Arles	169,19	2,49	15,580,00	0,01598	5,80
Niveau de la basse mer à l'embouchure du Rhône au port de Bouc..........	170,98	1,79	46,100,00	0,00388	1,00
Pente totale de Lyon à la mer....	....	160,43	331,775,00	0,04835	

N. B. — Pour avoir la pente du Rhône entre deux points donnés, il faut prendre la différence entre les cotes correspondantes à ces points, exprimée dans la seconde colonne du présent tableau.

Par exemple, la pente entre Avignon et Arles se trouve, en retranchant de la cote d'Arles, à.. 169m,19

Celle d'Avignon à.. 157m,62

Différence ou pente cherchée................... 11m,57

Résumé : La pente moyenne pour 100 mètres est de :

0m,1454 dans la traversée du canton de Genève ;

0m,1058 depuis le lac jusqu'à Lyon ;

0m,0484 depuis Lyon jusqu'à la mer.

La pente moyenne sur toute la longueur du fleuve depuis le lac jusqu'à la mer est de 0m,0707.

Débit.

La pente moyenne du Rhône depuis le Pont-Saint-Esprit jusqu'à l'embouchure de la Durance est de 0m06131 par 100 mètres. La vitesse des eaux sur cette pente dépend de leur différend volume. Dans les basses eaux, la vitesse moyenne est de soixante-dix centimètres par seconde. La section du fleuve étant alors de 430 mètres, il s'ensuit que le volume d'eau, écoulé dans une seconde, est de trois cent un mètres cubes. C'est la moindre dépense.

Mais dans les grandes inondations la vitesse moyenne devient de 2 mètres par seconde. La section du fleuve se trouve alors de cinq mille mètres, ce qui donne pour le volume d'eau écoulé dans une seconde, dix mille mètres cubes ; c'est le plus fort débit. Il passe donc trente-trois fois plus d'eau dans les grandes inondations que dans les sécheresses.

Près d'Avignon, M. Bouvier, ingénieur en chef des ponts et chaussées, a trouvé en mars 1840, à l'amont de l'île de la Barthalasse, un produit de 456 mètres cubes. Lors des grandes crues le débit est de 12,000 mètres cubes.

D'après M. Surell, le débit d'étiage du Petit-Rhône pris à 200 mètres à l'aval du pont suspendu de Fourques, serait de 134 mètres cubes 17 (1), et le débit total et moyen des deux branches réunies, de 1718 mètres cubes.

Oscillations de niveau.

Le Rhône subit des crues qui reviennent assez régulièrement chaque année à deux époques principales : l'une au printemps, qui correspond à la fonte des neiges de la partie moyenne du bassin, l'autre au mois de juillet, qui coïncide avec la fusion des glaciers et des neiges des Alpes.

Des rhônomètres ou règles verticales graduées, placées dans le fleuve à Beaucaire et à Arles, servent à suivre toutes les oscillations de niveau.

C'est en 1816, époque de l'achèvement du canal de Beaucaire à Aiguesmortes, que fut placée l'échelle ou rhônomètre de Beaucaire : on avait alors marqué 0 au niveau le plus bas observé

(1) *Mémoire sur le barrage du Petit-Rhône*, p. 51, 1847.

les années précédentes, mais, en janvier 1819, le Rhône s'est abaissé au-dessous du zéro de cette échelle, de — 0,25.

Ce dernier chiffre correspond donc aux plus basses eaux observées depuis le commencement du siècle.

Quant aux plus hautes eaux observées au même rhônomètre, elles ont marqué les cotes suivantes au-dessus de zéro, savoir :

En Novembre	1840	+ 6,87
En Novembre	1843	+ 6,79
En Mai	1856	+ 7,95

Ainsi les eaux de mai 1856, les plus hautes qu'on ait observées à Beaucaire depuis 40 ans, s'élevèrent à 8m20 au-dessus des plus basses eaux constatées en ce point pendant le même laps de temps.

Le volume débité par le fleuve en une seconde est,

	à Arles.	**à Beaucaire.**	**à Avignon.**
	mètres cubes.	mètres cubes.	mètres cubes.
Lors des plus basses eaux	400	400	350
Lors des eaux moyennes	2300	2300	1800
Lors des plus grandes crues ...	13000	13000	10975

Le 31 mai 1856, lorsque les eaux s'élevaient à 8m20 au-dessus de l'étiage de l'échelle de Beaucaire, le volume des eaux était de 13,000 mètres par seconde (1).

On cite les inondations de 1548, 1594, 1624, 1706, 1751, 1763, 1774 qui firent craindre la dévastation de tout le territoire

(1) Nous devons toutes les données ci-dessus, restées en blanc dans le manuscrit de l'auteur, à l'obligeance de M. Rocard, ingénieur des ponts et chaussées, chargé du service du Rhône, à Avignon.

(*Note de l'éditeur*).

d'Avignon et l'écroulement des maisons (1) et celles plus récentes de 1820, 1823, 1840, 1841, 1843 et 1846.

. . . . .

A peine le Rhône a-t-il traversé le lac de Genève, dit Lyell (*Principes de géologie, seconde partie*, p. 161), que la pureté de ses eaux est troublée par le sable et le sédiment qu'y amène l'Arve, rivière qui descend impétueusement des sommets les plus élevés des Alpes et entraîne le détritus apporté chaque année par les glaciers du Mont-Blanc. Il reçoit une immense quantité de matières provenant des Alpes du Dauphiné, ainsi que des montagnes primaires et volcaniques de la France centrale ; puis lorsque enfin il entre dans la Méditerranée, il altère la teinte bleue des eaux de cette mer en y introduisant un sédiment blanchâtre qui rend le courant d'eau douce perceptible jusqu'à la distance de 6 à 7 milles (2 lieues à 2 lieues 1/2). Atterrissements.

M. Surell a calculé que la masse annuelle de limon charriée par le Rhône serait en moyenne de 21 millions de mètres cubes, dont 17 millions environ passeraient par le bras d'Arles. Nous verrons dans la Seconde partie, au chapitre *de la formation du delta du Rhône*, ce que devient cette masse de sédiment.

. . . . .

Le lit du Rhône est occupé par un grand nombre d'îles et de bancs de sables ou de graviers qui gênent souvent la navigation. Quelques-unes de ces îles sont considérables. Formées par les atterrissements récents du fleuve, elles sont très-fertiles et très-bien cultivées, mais aussi toutes submersibles, et par conséquent constamment exposées aux irruptions du fleuve qui emportent quelquefois leurs récoltes malgré les travaux de défense dont on les entoure. Iles du Rhône.

Voici les noms des principales, avec l'indication des communes auxquelles elles appartiennent :

Ile du Grand et du Petit Broteau.... Saint-Etienne-des-Sorts.
Ile des Rats.................... Chusclan.

(1) *Observations présentées à M. le préfet du département de Vaucluse, etc...* Broch. in-8° de 20 pages.

Ile du Colombier..................	Codolet.
Ilon de Codolet..................	*Idem.*
Ile de la Piboulette..............	Montfaucon.
Ile de Miémar	Roquemaure.
Ile de l'Oiselet..................	*Idem.*
Ile de la Motte...................	Villeneuve-lès-Avignon.
Ile de la Barthalasse.............	*Idem.*
Ile des Frères....................	*Idem.*
Ile de Cazeaux....................	Aramon.
Ile de Carlamejan.................	*Idem.*
Ile de Tamagnon...................	*Idem.*
Ile de Vallabrègues...............	Vallabrègues.
Ile de l'Ilette	*Idem.*
Ile de la Goussette	*Idem.*
Ile Vanel	*Idem.*
Ile du Comte......................	Beaucaire.
Ile Matago........................	*Idem.*
Ile de Lubière....................	*Idem.*
Ile Ranchier......................	*Idem.*
Ile des Canards...................	Fourques.
Ile des Sables	*Idem.*

Ile de la Camargue.

L'île de la Camargue (1) est formée par les deux bras du Rhône et la mer. Cette île n'est pas comprise dans notre département ; disons néanmoins que sa superficie est de 72,000 hectares. Sur

(1) On a fait plusieurs hypothèses sur l'étymologie du mot Camargue. Dans une procédure faite en 1448 par le cardinal de Foix, commissaire et légat apostolique, concernant l'élévation des corps des saintes Maries, Gervais de Tilburi, maréchal du royaume d'Arles, semble donner la véritable origine de ce nom en employant pour désigner, dit-il, ce qu'on appelle vulgairement *Camargas* les mots *Cara marchias*. En effet le mot *marchias* ne signifie pas proprement *terrain gras, fertile* ; il veut dire *terme, limite,* confins d'une province, d'un pays en général (comme on le voit par un grand nombre d'exemples cités dans le glossaire de Du Cange aux mots *marcha, marca* et *marchia* qui sont synonymes de ceux de *terminus, limes, finis* (*Glossarii*, t. IV, col. 517, 518) ; de sorte que cette île aurait été appelée *Marchia* à cause de sa position topographique, et surnommée

cette étendue l'étang de Valcarès couvre à lui seul une superficie de 6,480 hectares ; les marais ont une superficie de 7,880 hectares dont 1,650 seraient susceptibles d'être desséchés au moyen du limon du Petit-Rhône.

Le Grand-Rhône forme aussi près de son embouchure diverses îles qu'on appelle *teys* qui, par l'apport incessant de nouveaux sédiments, sont destinées à se réunir un jour. Déjà même, pour plusieurs d'entre elles, on peut passer de l'une à l'autre à pied sec en temps de sécheresse.

Formations sur lesquelles coule le Rhône.

Le Rhône, entre l'embouchure de l'Ardèche et de la Méditerranée, coule sur le *grès vert*, la formation *néocomienne*, la *molasse coquillière*, le *subapennin*, le *terrain diluvien* et les *terrains modernes*.

Analyse des eaux du Rhône.

Nous ne pouvons donner ici une analyse des eaux du Rhône prises au-dessous de l'embouchure de l'Ardèche ; mais pour y suppléer nous donnerons le résultat de l'examen fait sur les eaux de

Cara, puis par abréviation *Camarchia* ou *Camarga*, à cause de l'estime qu'on faisait des lieux. — Le plus grand nombre des étymologistes se rappelant que, d'après l'histoire, Caius Marius fit retirer dans la Camargue les habitants des contrés voisines après les avoir engagés à ravager leur territoire, afin d'affamer les barbares qu'il combattait, ont pensé que le mot Camargue doit provenir de *Campus Marii*, parce qu'elle devint alors un camp retranché. Cette opinion est fort ancienne, puisque dans une bulle de Callixte II, de l'année 1119, où la liste est donnée des possessions de l'abbaye de Psalmody, elle est appelée *Campus Marianus* (Germain, *Histoire de Nimes*, t. I, p. 200). Au N. et près du Valcarès, il existe un quartier dépendant du domaine du Mas-Neuf qui porte encore aujourd'hui le nom de Caimaye. — On lit dans les titres, *Insula Camarigas* en 925, *insula Camarica* en 1009, *insula Camaricas* en 1061 ; et en général dans la base latinité *Camargia* (Millin, *Voyage dans le Midi de la France*, t. 4, p. 4). D'autres l'ont supposé venir de *Commoni*, peuplade ligurienne qui paraît avoir réellement habité ces contrées. — On a aussi proposé l'étymologie qui fait dériver ce nom de deux mots grecs : χαμαι, bas, et αργος, champ, que les Phéniciens auraient donné à cette île, pour exprimer que le sol en est très-bas.

ce fleuve dans la ville de Lyon, en amont de son confluent avec la Saône, par M. Boussingault, Bineau et Dupasquier.

Gaz en dissolution pour un litre.

	Dupasquier 1840 1er février	Bineau 1839 2 mars	Bineau 1839 18 mars	Bineau 1839 28 avril	Boussingault 1835 juillet	Bineau 1839 20 septem.
Acide carbonique........	18,20	12,8	16,7	10,9	6,5	7,9
Azote....................	12,40	16,0	22,2	14,5	11,5	14,0
Oxigène..................	6,70	7,9	8,7	7,1	6,5	6,3
Total en centimètres cubes.	37,30	36,7	47,6	32,5	24,5	28,2

Les gaz ont été ramenés par le calcul à la température zéro et à l'état de sécheresse sous la pression de 0,760.

Sels en dissolution.

	Dupasquier 1840 1er février	Bineau 1839 2 mars	Bineau 1839 18 mars	Bineau 1839 28 avril	Boussingault 1835 juillet	Bineau 1839 20 septem.
Carbonate de chaux.........	0gr.156,7	0gr.141	0gr.135	0gr.140	0gr.100,6	0gr.133
Sulfate de chaux............	0 019,5	0 014	} 0 001 (sulfates de chaux, de soude et de magnésie)		0 006,7	
— de soude............	} 0 006,9 (sulfates de soude et de magnésie)	»		indéterm.	traces.	indéterm.
— de magnésie.........		0 016			traces.	
Chlorure de sodium.........	} 0 006,7 (chlorures de sodium, de magnesium et de calcium)	} 0 001	} 0 001	} indéterm.	traces.	} indéterm.
— de magnesium.....					»	
— de calcium........					traces.	
Azotates de potasse et de magnésie..............	»	0 003	0 003	indéterm.	»	indéterm.
Acide silicique.............	»	traces.	traces.	traces.	»	traces.
Total..............	0gr.189,8	0gr.175	0gr.140	0gr.140	0gr.107,3	0gr.133

Matières organiques.

	Dupasquier 1840 1er février	Bineau 1839 2 mars	Bineau 1839 18 mars	Bineau 1839 28 avril	Boussingault 1835 juillet	Bineau 1839 20 septem.
Total..............	»	0 007	0 013	indéterm.	»	indéterm.

M. de Montcarville, habile chimiste attaché au chemin de fer, a trouvé, dans plusieurs analyses des eaux du Rhône, à la hauteur d'Arles, que la moyenne des résidus par l'évaporation était de 20 grammes par hectolitre. Le carbonate de chaux domine dans ce résidu, et la proportion de sulfate varie jusqu'à 2 grammes par hectolitre (1).

La partie du département du Gard qui appartient au bassin du Rhône, ainsi qu'on a pu le voir dans un tableau précédent, se subdivise en 9 bassins secondaires qui sont, en allant du N. au S. :

Le bassin de l'Ardèche
de l'Arnave
de la Cèze
de la Tave (2)
du Nizon
de la Roubine de Tras-le-Puy
de la Roubine du Grès
de la Dève
du Gardon.

Nous allons décrire ces bassins secondaires dans l'ordre ci-dessus.

Affluents du Rhône.

1º *Bassin de l'Ardèche.*

La rivière de l'Ardèche prend sa source à une altitude de 1428 mètres, sur les montagnes de la Chavade, au N.-E. de Saint-Etienne-de-Lugdarès. Source et parcour

Elle dirige d'abord son cours de l'O. à l'E., mais à peu de distance et au-dessous de la ville d'Aubenas elle change brusquement

(1) *Etudes sur l'approvisionnement d'eau de la ville d'Arles*, par Al. Beau, ingénieur civil, 1 vol. in-4º 1848, p. 13.

(2) La Tave se réunit à la Cèze seulement à 800 mètres en amont de l'embouchure de cette rivière dans le Rhône, et devrait à la rigueur être considérée comme un des affluents de la Cèze ; mais comme la vallée où coule la Tave forme

de direction et coule du N. au S. en inclinant un peu à l'O. ; après avoir reçu les eaux de la rivière de Chassezac, elle reprend, sous le roc de Sampzon, sa première direction de l'O. à l'E., passe près de Vallon, sous le pont naturel d'Arc formé par le calcaire néocomien supérieur (1), et sépare ensuite le département auquel elle a donné son nom de celui du Gard qu'elle longe sur une longueur d'environ 22 kilomètres. Elle se perd dans le Rhône à 2 kilomètres au N. du Pont-Saint-Esprit.

L'Ardèche commence à être flottable à Aubenas et porte bateau à Salavas ; elle est navigable sur une partie de son cours (8,000 mètres). L'étendue de son flottage est de 109,000 mètres.

Pente.

De l'embouchure de Chassezac au Rhône, la largeur moyenne de cette rivière torrentielle est de 30 à 40 mètres ; elle est formée de biefs où l'on trouve jusqu'à 2 mètres de profondeur et de rapides que l'on peut passer à gué.

Débit.

L'Ardèche ayant beaucoup de pente doit présenter un débit beaucoup plus fort que ne le ferait supposer son profil. Nous ne pouvons donner les jeaugeages que par aperçu et tels que les donne M. Vallée (2) qui estime le produit des plus basses eaux à 246 mètres cubes, et celui des plus fortes à 900 mètres cubes.

Terrains sur lesquels elle roule.

L'Ardèche coule sur le *terrain granitique*, le *schiste de transition*, le *trias*, le *lias*, l'*oxfordien*, le *néocomien* et traverse une bande étroite de *craie chloritée* pour revenir dans le *néocomien*. C'est ce dernier calcaire qui l'encaisse dans des parois coupées

un bassin assez considérable et très-nettement circonscrit sous le rapport orographique et géologique, nous avons cru devoir faire figurer ici cette petite rivière parmi les affluents directs du fleuve.

(1) M. D'Hombres Firmas, dans son *Recueil de mémoires*, t. 4, p. 117, donne ainsi les mesures du pont d'Arc : Longueur de la voûte 25^m35 ; hauteur sous le cintre 33^m50 ; largeur au niveau de l'eau 55 mètres ; épaisseur du massif que l'arche supporte 32 mètres ; du sommet du rocher au fond de l'eau 65 mètres ; hauteur moyenne des eaux 5 mètres.

(2) *Du Rhône et du lac de Genève*, par L.-L. Vallée. Paris, 1843, 1 vol. in-8°.

presque à pic, depuis le pont d'Arc jusqu'à Aiguèze. Enfin elle coule sur le *terrain subapennin* et sur les *alluvions modernes* depuis ce dernier point jusqu'à son embouchure.

Les affluents de l'Ardèche sur la rive droite et dans le département du Gard sont peu importants ; ils se réduisent à quatre petits ruisseaux, savoir : Affluents.

Celui de Canaux ;
Saint-Julien-de-Peyrolas ;
Biordone ;
Sablier ou Vallat de Carsan.

La superficie totale du bassin de l'Ardèche est de 3,450 kilomètres carrés dont 2,500 jusqu'à Saint-Martin et 950 jusqu'à son embouchure. Superficie de ce bassin.

2° *Bassin de l'Arnave.*

Ce petit bassin, désigné plus particulièrement sous le nom de *Combe-Arnave*, court de l'E. à l'O., et a été déterminé par la nature et une disposition toute particulière des couches du grès vert. Les couches de ce système plongent au S. sous une assez forte inclinaison, et leurs extrémités viennent se relever, à niveau décroissant, dans le sens de la vallée ; elles appartiennent à trois étages distincts : le supérieur et l'inférieur sont calcaires et d'une nature très-résistante ; l'étage moyen est friable et sablonneux. C'est dans cet étage que le torrent de l'Arnave a creusé son lit. Il en résulte que l'étage inférieur, ou *Turonien*, forme vers le nord de la vallée une petite chaîne de montagne, en général assez inculte, dont les sommets les plus remarquables sont la *grande* et la *petite Cazelle* et *Montaigu* (altitude 275) ; le versant opposé est formé par l'étage supérieur ou calcaire à hippurites, qui constitue de ce côté du vallon des escarpements souvent verticaux. Ces derniers calcaires s'étendent vers le S., jusqu'à la vallée de Cèze et forment le vaste plateau des Cellettes et de Roccastel, le plus souvent sec et aride, mais couvert aussi sur plusieurs points d'assez Origine et parcours.

beaux bois de chênes verts. Aussi l'aspect de Combes-Arnave, est-il triste et sévère. Les hauteurs dont nous venons de parler limitent ce bassin et vont se rattacher aux massifs montagneux et boisés de la Chartreuse de Valbonne où se trouve l'origine de ce cours d'eau, près de la *Maison Forestière.*

Absence d'affluents réguliers.

L'Arnave est un cours d'eau torrentiel : il ne reçoit aucun affluent important et régulier, mais il est sujet à grossir énormément à l'époque des pluies. La longueur de son cours est de 10 kilomètres.

Près de Saint-Alexandre, après être sorti de la gorge étroite et sauvage que nous venons de décrire, son lit se trouve creusé dans les argiles subapennines qui constituent toute la plaine du Pont-Saint-Esprit ; il vient enfin se jeter dans le Rhône à 5 kilomètres au-dessous de cette ville, soit 7 kilomètres en aval de l'embouchure de l'Ardèche. Un peu avant son embouchure il reçoit le Rieuprimen, petit ruisseau qui sert d'écoulement aux eaux d'une petite plaine située entre le château de la Blache et le village de Saint-Alexandre.

Un syndicat formé par les riverains relativement au curage, à l'établissement et au redressement du lit de l'Arnave, ainsi qu'à la défense de ses rives dans la partie comprise entre le pont de la route impériale n° 86 et le Rhône, sur le territoire de Saint-Alexandre. a été établi par décret du 11 juin 1850.

3° *Bassin de la Cèze.*

Sa source.

La rivière de Cèze prend sa source dans les montagnes voisines de Villefort (département de la Lozère) ; elle doit son origine à deux petits ruisseaux qui viennent se réunir à Saint-André-de-Cap-Cèze (*S. Andreas capitis Cisseris*) (1), — commune située au N.-E. et non loin des limites du département du Gard. C'est seulement à partir de ce point que la Cèze commence à porter son

(1) Ménard, *Histoire de Nimes*. Dénombrement de la sénéchaussée de Nimes. T. 7, p. 652.

nom. Après un cours de 2 kilomètres dans la Lozère, elle entre dans le Gard au hameau de Plagnols. Elle coule alors du N.-O. au S.-E., traverse les arrondissements d'Alais et d'Uzès et va se jeter dans le Rhône au-dessous du village de Codolet, après avoir parcouru une longueur d'environ 112 kilomètres dans le Gard.

Sa largeur moyenne est de 80 mètres et sa pente moyenne de 3m904 par kilomètre, car sa source se trouve à 475 mètres au-dessus du niveau de la mer et son embouchure dans le Rhône à 26 mètres au-dessus du même niveau. Dimensions et pente.

Le nivellement de la Cèze a été fait par les Ponts et Chaussées dans l'été de 1842, pour servir à l'étude de la canalisation de cette rivière.

	LIEUX DES STATIONS.	ÉLÉVATION en mètres au-dessus du niveau de la mer.
Cèze	1° Embouchure de cette rivière dans le Rhône..	26m,00
	2° A une distance de 5m174 de l'embouchure de la Cèze	29 ,00
	3° Sous le pont de Bagnols..................	37 ,50
	4° Sur le barrage du moulin du Cros, à environ 9,000m du pont de Bagnols..............	52 ,50
	4° bis Sous le barrage........................	51 ,00
	5° Chute de la Roque, à une distance de 620m du barrage ci-dessus.....................	52 ,50
	6° Sur le barrage de la Roque, au-dessus du n° 5, la distance du barrage à la chute est de 1,007m	62 ,50
	7° Sur le barrage de Cazernau, à une distance de 2,447m du barrage de la Roque, ou à une distance de 12m,386 du pont de Bagnols..	65 ,00
	8° A une distance de 16,580m du pont de Bagnols ou à 6,000m du barrage de la Roque	67 ,50
	9° A 23,000m en aval de l'embouchure de la Claisse	80 ,50
	10° A 15,000m en aval de l'embouchure de la Claisse, à peu près à Montclus............	90 ,50
	11° Sur le barrage du moulin Ferreirolles, à une distance de 9,800m en aval de l'embouchure de la Claisse................................	97 ,50

Superficie du bassin de la Cèze.

La superficie totale du bassin de la Cèze, y compris la portion qui se trouve située dans le département de la Lozère, est de 95,000 hectares.

Inondations remarquables.

Cette rivière a une vitesse assez considérable ; ses crues accidentelles sont fortes et rapides, ce qu'il faut attribuer au grand nombre de vallons et de ravins qui viennent y verser, à l'état torrentiel, les eaux atmosphériques, principalement dans la région supérieure au-dessus de la ville de Saint-Ambroix.

On cite surtout parmi les crues les plus remarquables de la Cèze, la fameuse inondation de 1772 : les registres des délibérations de la commune de Saint-Ambroix constatent qu'on pouvait, étant sur le pont, toucher l'eau avec la main. On cite aussi celles des 9 juillet et 20 septembre 1826 : cette dernière plus subite et plus extraordinaire encore que celle du 9 juillet, ravagea les campagnes, détruisit les magnaneries et les filatures riveraines et fit plusieurs victimes. D'après un rapport fait par le sieur Romanet, directeur du bureau des postes de Saint-Ambroix, les dégâts occasionnés par cette inondation s'élevèrent à 500,000 francs (1). En 1826 la Cèze, à Montclus, s'éleva à 9 mètres au-dessus de l'étiage ; en 1827, à 8ᵐ40, et en 1834 à 8ᵐ25.

Affluents.

Les principaux affluents de la Cèze, dans le Gard, sont les suivants :

ARRONDISSEMENT D'ALAIS.

Rive gauche.	*Rive droite.*
La Chandoullière	Chambonnet
Bournaves	Connes
Niverette	L'Homol, petite rivière

(1) Voir registre des délibérations de la commune de Saint-Ambroix, 1er octobre 1826.

Rive gauche.

Source des Mouredes, source remarquable dans le keuper
Vallat de Lalle
Gagnière
Vallat de Montagnac à Meyrannes
La Vigne ou Vallat de Plauzolle
Vallat de Saint-Brès (à la Liquière)
Vallat de Malcap, à Saint-Victor
Le grand Vallat, à Saint-Denis
La Claisse, petite rivière
Malaygues
Roumejac
La source de Canet, près la chapelle de Saint-Féréol.

Rive droite.

La Luech, petite rivière
Vallat de la forge, à Bességes
Vallat du Devès, à Bességes
Rieusset, ruisseau
Le Bois ou Vallat de Fontfrède
Graverol, à Saint-Ambroix
Vallat de Vebron ou du Moulinet
L'Auzonnet.

ARRONDISSEMENT D'UZÈS.

Rive gauche.

La source de Monteil, à 1800 mètres en amont du moulin de Montclus
Boudouire
L'Event du moulin des Beaumes
Destel (Vallat du), à Saint-André-de-Roquepertuis, longueur 3,500 mètres
Issarts (Vallat des) 4 kilomètres
Rodières (ruisseau de) $4,200^{m}$
Valbonne, ou Saut du mulet (Vallat de), 4 kilomètres

Rive droite.

L'évent du moulin de Marnade
L'évent de Vezère ou du moulin d'Ussel
La fontaine de Goudargues
La fontaine de la Bastide
L'Aiguillon, ruisseau qui se jette au moulin Bès.
La Vionne (commune de Sabran), ruisseau
Pourpré, vallat qui débouche dans la Cèze, sous la chapelle Saint-Julien

Rive gauche.	*Rive droite.*
Derbèze ou Passadouire (ruisseau), à Bagnols.	Riaufrès ou Pijadon, vallat séparant la commune de Sabran de celle de Bagnols. Longueur 2,600 mètres
	La Roubine de l'étang de Tresque
	La fontaine de Bagnols
	La Tave.

Projets de canalisation.

Malgré le grand nombre de ses affluents, la Cèze n'est pas navigable et les compagnies houillères de Bességes ainsi que celle de la partie septentrionale du bassin houiller d'Alais ne peuvent pas tirer avantage de ce cours d'eau pour le transport de leurs produits. Déjà en 1778, une compagnie, formée à Alais pour l'épurement du charbon de terre, avait demandé aux Etats de la province du Languedoc aide et protection afin d'obtenir un arrêt du conseil pour rendre la Cèze navigable, mais les Etats convaincus de l'impossibilité d'une pareille entreprise rejetèrent les propositions de cette compagnie. — En 1842, M. Charles Teste, ministre des travaux publics, fit faire des études pour la canalisation de cette rivière depuis Bességes jusqu'au Rhône. Mais ce projet fut abandonné, attendu que son exécution donnerait lieu à une dépense bien supérieure à celle que pourrait occasionner un chemin de fer parcourant le même trajet. D'ailleurs les eaux de la Cèze sont trop basses à l'étiage pour fournir à l'entretien d'un pareil canal, et seraient souvent très-embarrassantes, à l'époque des grandes crues.

Constitution géologique du bassin de la Cèze.

La Cèze roule ses eaux sur le *granite*, les *schistes talqueux*, le *terrain houiller*, le *trias*, le *lias et l'infralias*, les *marnes supraliasiques*, l'*oolite inférieure*, l'*oxfordien*, le *néocomien*, le *grès vert*, la *formation lacustre* et le *terrain tertiaire supérieur* ou *subapennin*.

Particularités du cours de la Cèze. Sa perte en amont de Montclus.

Sur la limite de l'arrondissement d'Alais et de celui d'Uzès, à deux kilomètres environ avant d'arriver au village de Montclus, la Cèze fait un assez grand contour, mais une partie de ses eaux suit une ligne plus directe en pénétrant dans un couloir souterrain, naturellement creusé dans le calcaire qui forme l'étage néocomien supérieur. L'entrée de ce couloir est située à 200 mètres en aval du mas de Terris, sur la rive droite de la Cèze. Cette ouverture est désignée sous le nom de Baume Salène ; elle a 2m50 environ de hauteur sur 2 mètres de largeur. Les eaux après un cours souterrain d'environ 1700 mètres, reparaissent au jour vis-à-vis du village de Montclus, à 5 mètres au-dessus du niveau ordinaire des eaux de la rivière. On a profité de cette prise d'eau naturelle et de la chute qu'elle forme pour établir en ce point un moulin à farine. Pendant les basses eaux, on peut pénétrer dans le couloir jusqu'à près de 400 mètres, mais un rétrécissement des parois empêche d'aller plus avant. Dans ce trajet la voûte s'abaisse quelquefois de manière à permettre à peine le passage, d'autres fois elle a plus de 5 mètres d'élévation.

Chute de la Cèze dite le Sautadet.

Le cours de la Cèze offre dans la commune de la Roque, arrondissement d'Uzès, une particularité non moins remarquable : à 500 mètres en aval du pont qui conduit à ce village, le lit de la rivière, dont la largeur est d'environ 80 mètres, se trouve tout à coup barré et rétréci par une roche calcaire jaunâtre formant l'étage le plus supérieur du système de grès vert (calcaires à hippurites). Lors des basses eaux et vue d'une certaine distance la rivière semble avoir complétement disparu : sur un espace de 500 mètres elle laisse le rocher partout à découvert ; mais de près on la voit couler dans plusieurs petits canaux qu'elle s'est creusés dans le roc. Ces canaux se réunissent bientôt en un seul, profond et resserré, d'une largeur de 2 mètres à peine. L'eau s'y précipite avec violence, sautant de roche en roche avec un bruit étourdissant ; de là le nom de *Sautadet* qu'on donne à cette chute de la Cèze.

Le rétrécissement de cette rivière a beaucoup de rapports avec celui de la *perte du Rhône* : mais ici la Cèze, quoique profondément encaissée, ne disparaît pas complétement comme le fleuve à

Bellegarde. Nous ferons de plus ce rapprochement, que les calcaires de la perte du Rhône appartiennent, comme ceux du Sautadet, au système du grès vert.

Lorsque la rivière de Cèze grossit et coule à pleins bords elle s'élève au-dessus des rochers du Sautadet qu'elle recouvre : leur présence n'est plus alors attestée que par le bouillonnement des eaux.

Le Sautadet, dominé par la verte colline sur laquelle sont échelonnées les maisons de la Roque, l'église du village et le vieux donjon qui le couronne, offre un site des plus pittoresques et trop peu connu.

Principaux affluents de la Cèze.

L'*Homol*, la *Luech* et la *Claisse* sont trois petites rivières qui constituent les principaux affluents de la Cèze. Ils coulent tous les trois dans l'arrondissement d'Alais.

L'*Homol* prend sa source sur le massif granitique de la Lozère, au Bois-des-Armes, à la limite des départements de la Lozère et du Gard, non loin du hameau des Bouzèdes, à une altitude de 1490 mètres.

Les eaux torrentielles de l'Homol roulent d'abord sur le *granite porphyroïde*, pendant 6 kilomètres environ, puis sur les *schistes de transition* jusqu'à leur embouchure dans la Cèze qui se trouve un peu au-dessous de la commune de Sénéchas. La longueur du cours de cette rivière est de 17 kilomètres.

La *Luech* prend sa source sur le revers méridional du mont Lozère, passe à Vialas, à Chamborigaud, au Chambon et se jette dans la Cèze au-dessus de Peyremale, après un parcours de 26 kilomètres.

Cette rivière, presque toujours encaissée par des montagnes très-élevées formées par les schistes de transition plus ou moins modifiés, est très-remarquable, entre Chamborigaud et Peyremale, par les nombreux méandres que forme son cours. En divers points, et notamment près du Chambon, on a établi des usines dans le voisinage des replis de la rivière que l'on a coupée au moyen de tranchées et dont on a dirigé le courant dans des galeries souterraines, de sorte que les eaux, forcées d'abandonner leur ancien lit sinueux pour suivre ces nouvelles issues en ligne droite, ont donné lieu a de très-belles chutes.

La *Claisse* prend sa source au contact du terrain oxfordien avec le néocomien. dans le département de l'Ardèche, sur la commune de Saint-André-de-Crugières ; entre dans le Gard par la commune de Saint-André de Maruéjols et se jette dans la Cèze sur le territoire de cette même commune après un parcours de 15 kilomètres.

Cette rivière traverse le *terrain néocomien* sur une longueur de 6 kilomètres, et la *formation lacustre* sur un trajet d'environ 9 kilomètres.

4o *Bassin de la Tave.*

La Tave prend sa source près du village de la Bruguière à une altitude de 265 mètres. Après avoir traversé presque tous les étages de la formation du *grès vert* en courant toujours de l'O. à l'E., elle entre dans le *subapennin* à l'O. de Saint-Pons-la-Calm et vient se jeter dans la Cèze à 800 mètres en amont de l'embouchure de cette rivière dans le Rhône, à 31 mètres au-dessus du niveau de la mer. Son cours est d'environ 25 kilomètres, sa pente moyenne est de $9^{m}36$ par kilomètre.

Principaux affluents de la Tave.

La Tave reçoit sur ce parcours de nombreux ruisseaux dont les deux principaux, la *Diole* et la *Veyre*, prennent comme elle naissance dans les marnes aptiennes.

La Veyre a sa source tout près de celle de la Tave, mais elle se dirige d'abord du côté opposé, à l'O. ; contourne le plateau de la Bruguière et revient brusquement prendre une direction parallèle à la Tave dont elle s'écarte ensuite pour redescendre au S.-E. ; dans la commune de Gaujac elle se relève brusquement au N. et vient se jeter dans la Tave, entre les communes de Tresques et de Connaux, après un parcours de plus de 20 kilomètres.

Dans la vallée de la Veyre, au sud du village de la Bastide-d'Engras, on observe, sur une étendue d'environ 800 mètres de longueur, un terrain de transport très-intéressant. C'est une traînée de cailloux de toutes grosseurs, parmi lesquels se trouvent des blocs atteignant un volume de plusieurs mètres cubes. Ces cailloux quartzeux proviennent évidemment des grès qui forment une arête continue depuis La Bruguière jusques à Connaux, et qui bordent au N. la petite vallée de la Veyre. Ils ont la plus grande analogie avec le diluvium alpin de la vallée du Rhône, et il pourrait bien se faire que la plupart de ces derniers eussent une semblable origine. A première vue ces gros blocs ont l'air de former une nouvelle arête, mais de près on voit bien qu'ils ont été transportés là par les eaux.

La Diole prend naissance, avons-nous dit, dans l'étage *aptien* où elle a creusé son lit et sur lequel elle roule presque jusqu'à son embouchure dans la Tave. Ce ruisseau change de nom à l'ouest de Cavillargues où il prend celui de Brives ; il reçoit ensuite les eaux du ruisseau d'Auzigue formé par une abondante source qui sort de la base du calcaire à hippurites et qui traverse toutes les formations du *grès vert* en ligne presque droite avant de se jeter dans la Diole, au sud-est de Cavillargues.

Le bassin de la Tave a une étendue assez considérable qu'on peut évaluer à seize mille hectares environ.

5o *Bassin du Nizon.*

Le Nizon prend sa source dans le terrain *néocomien*, près de la Sainte-Baume, sur la commune de Lirac. La longueur de son cours, jusqu'à son embouchure dans le Rhône, est de 8 à 9 kilomètres seulement. A sa sortie du néocomien, après un parcours de 2 à 3 kilomètres, il entre sur la formation *subapennine* jusqu'au Rhône.

Ce ruisseau met en mouvement 6 usines : 5 moulins à blé et 1 fabrique pour la filature des cocons et l'ouvraison de la soie.

Les principaux affluents du Nizon sont le ruisseau de Gissac, alimenté par les ruisseaux de Cubesse et de Saint-Eynès, ceux du Valladas, des Cosses ou de Manobre et le vallat de Fontagnac ou de Fressinède.

Le Nizon ne traverse que les communes de Lirac, de Saint-Laurent-des-Arbres et de Montfaucon. L'étendue de son bassin est donc fort restreint.

6° *Roubine de Traslepuy.*

La roubine de Traslepuy sort de l'étang desséché de Traslepuy, dans la commune de Roquemaure; elle traverse cette commune et celle de Sauveterre et se jette dans le Rhône après un parcours de huit kilomètres environ.

Cette roubine met deux moulins en mouvement.

7° *Roubine du Grès.*

La roubine du Grès reçoit les eaux de la fontaine de Tavel et sert à l'écoulement de celles qui viennent des étangs du Pujaut, de Rochefort et de Saze.

A 500 mètres au sud du Pujaut, on a creusé un canal souterrain, voûté en partie et recouvert en quelques points par 26 mètres de terre. Ce canal reçoit les eaux de la roubine et les rend à 1150 mètres plus loin et en contre-bas de 4 mètres. C'est à cette issue qu'aboutissent également les eaux de l'étang du Pujaut évacuées par une roubine qui vient de Saze et de Rochefort, et pour laquelle il a été pratiqué aussi un canal souterrain d'une longueur de 1600 mètres. Ces deux percées sont dans l'argile bleue subapennine. Elles furent exécutées vers le commencement du XVIIe siècle.

Les roubines du Grès et de l'étang du Pujaut réunies mettent en mouvement trois moulins.

Le bassin de la roubine du Grès a une étendue de 8 à 9,000 hectares.

8° *Bassin de Dèves.*

Ce petit bassin se trouve placé au milieu d'un groupe de montagnes néocomiennes, situées vers le nord de la commune d'Aramon, à la limite des arrondissements de Nimes et d'Uzès.

Il reçoit l'écoulement des eaux de la plaine de la Doume et des roches Castillonnes.

La partie inférieure de cette petite vallée offre une plaine assez fertile, contrastant par sa végétation avec les montagnes arides et nues qui l'entourent. Au milieu serpente le petit ruisseau de Dèves alimenté par deux sources assez abondantes qui ne tarissent pas en été et qui surgissent du calcaire néocomien, près des mas de Dèves et de Choisity. Il met en mouvement deux moulins à farine et vient se perdre dans le Rhône entre Saint-Pierre-du-Terme et le domaine de La Vernède, en passant à travers une fissure, à gorge très-resserrée, ouverte dans une montagne de 216 mètres d'altitude et qu'on désigne sous le nom de *Saut-du-Renard.*

Le bassin de Dèves est fort petit : sa superficie ne dépasse guère six kilomètres carrés. Il est en entier situé sur le terrain néocomien.

9° *Bassin du Gardon.*

La rivière du Gard ou Gardon a donné son nom au département (1). Elle est formée de deux branches principales qui prennent leur source dans la Lozère et se joignent à 4 kilomètres environ en amont du pont de Ners (arrondissement d'Alais), pour former le Gardon proprement dit.

(1) Le Gardon portait anciennement le nom de Vardo. C'est la dénomination que lui donnent Sidoine Apollinaire au ve siècle (lib. 7, épist. 9) ; et Théodulfe, évêque d'Orléans, qui a vécu à la fin du viiie et au commencement du ixe siècle, (*Parænes ad Judic.* vers. iii). Voir Ménard, *Hist. de Nimes,* t. vii, p. 518.

La branche la plus septentrionale porte le nom de *Gardon d'Alais ;* elle descend des montagnes de la Lozère, à une altitude de 935 mètres sur les schistes de transition, au nord de la commune de Saint-Frezal-de-Ventalon. Après un cours d'environ 16 kilomètres, elle entre dans le Gard par la commune de Sainte-Cécile-d'Andorge, traverse la ville d'Alais, et vient se réunir au Gardon d'Anduze entre Ners et Cassagnolles, après un cours de 34 kilomètres dans l'arrondissement d'Alais. Gardon d'Alais.

Les principaux affluents du Gardon d'Alais, dans le département du Gard, sont : Ses affluents.

Sur la rive gauche.	*Sur la rive droite.*
Vallat de Vallonsière	Vallat de Blannaves
— des Luminières	— de Branoux
— de la Trouche	— des Salles ou de la Favède
— de la Grand'Combe	La belle source de la Tour
— de Laval	Le Galeizon, rivière torrentielle
— de la Rouvière	Chaudebois, ou vallat de Gisquet
— de Grabieu	Alzon, petite rivière
Avène, petite rivière.	Carriol, ruisseau.

Cette branche coule sur le *terrain de transition*, le *terrain houiller*, le *trias*, l'*infralias*, le *calcaire à gryphées*, le *néocomien* et la *formation lacustre*. Terrains qu'il traverse.

La seconde branche appelée *Gardon d'Anduze*, est formée de deux bras secondaires dont l'un est désigné sous le nom de *Gardon de Mialet* et l'autre sous celui de *Gardon de Saint-André-de-Valborgne* ou de *Saint-Jean-du-Gard.* Gardon d'Anduze.

Le Gardon de Mialet prend naissance dans le terrain triasique, à l'est du Causse de La Can-de-l'Hospitalet (Lozère), reçoit, au-dessous de Saint-Etienne-de-Valfrancesque, un autre ruisseau dit *Gardon de Saint-Germain-de-Calberte*, entre dans le département à 7 kilomètres au nord-ouest de Mialet et prend le nom de cette commune qu'il traverse.

Le Gardon de *Saint-André-de-Valborgne*, comme le précédent, a sa source au pied du Causse de La Can-de-l'Hospitalet, dans les marnes triasiques d'où on le voit sourdre au-dessous de la métairie des Crotes, à 994 mètres d'altitude. Il entre dans le Gard un peu au-dessus de Saint-André-de-Valborgne, passe à Saint-Jean-du-Gard et reçoit, à 6 kilomètres au-dessous de cette ville, la petite rivière de Salindres, désignée aussi sous le nom de *Gardon de La Salle*, dont l'origine est située au nord-ouest de cette ville, sur la chaîne granitique du Liron, à une altitude de 1180 mètres.

Les *Gardons de Mialet* et de *Saint-André-de-Valborgne* se réunissent à environ 2 1/2 kilomètres au nord-ouest de la ville d'Anduze, au pied du roc granitique dominé par les ruines de la tour de Montfescau et constituent par leur réunion le *Gardon d'Anduze* proprement dit.

Affluents du Gardon d'Anduze.

Les principaux affluents qui viennent grossir les *Gardon de Mialet* et de *Saint-André-de-Valborgne* et le *Gardon d'Anduze* proprement dit, sont les suivants :

Affluents du Gardon de Mialet.

Rive gauche.	*Rive droite.*
La Baumelle	Gardon de Saint-André.
Falguières	
Lauret	
Roquefeuille.	

Affluents du Gardon de Saint-André-de-Valborgne.

Rive gauche.	*Rive droite.*
Rieu obscur	Boisseron
Salliem.	La Borgne
	Grande Pallière
	Millerine
	Monezilles
	Salindres.

AFFLUENTS DU GARDON D'ANDUZE PROPREMENT DIT.

Rive gauche.	*Rive droite*
Amous	Allarenque
Fontaine d'Anduze	Brégou
Grimes	Claud
Lander.	Couloubry
	Font Fassot
	Liron
	Mauratet
	L'Ourne
	Rieu
	Tamon
	Veirac
	Vignerol.

Terrain qu'il traverse.

Le Gardon d'Anduze et les deux bras secondaires dont il est formé coulent sur le *granite*, le *schiste de transition*, le *trias*, le *lias*, l'*oolite inférieure*, l'*oxfordien*, le *néocomien* et la *formation lacustre*.

Pente.

Sa pente totale, d'Anduze à Ners, est d'environ 1^{m}91 par kilomètre.

Gardon principal.

Les Gardons d'Alais et d'Anduze, réunis près du village de Ners, ne forment plus qu'une seule rivière qui porte le nom de *Gardon* proprement dit et qui, coulant du N.-O. au S.-E., traverse la partie méridionale des arrondissements d'Alais et d'Uzès, et se jette dans le Rhône entre les communes de Montfrin et de Comps (arrondissement de Nimes), après un cours de 59 kilomètres environ.

A 1500 mètres avant son embouchure, le Gardon se bifurquait jadis en deux rameaux : le supérieur est aujourd'hui, et depuis plusieurs années, complétement atterri. Cette rivière ne coule plus que dans le bras inférieur qui passe devant le village de Comps.

Dimension profondeur et pente.

La largeur du Gardon est difficile a établir : elle varie de 80 mètres à 500 mètres. Les largeurs les plus grandes se trouvent entre Ners et Russan où la largeur moyenne est d'environ 200 mètres ; les largeurs les plus réduites sont entre Russan et le Pont du Gard où la largeur moyenne est de 100 mètres ; la largeur moyenne entre le Pont du Gard et le Rhône est d'environ 150 mètres.

La pente moyenne de Ners au Rhône est de 0^{m}00115 par mètre.

Affluents du Gardon principal.

Les affluents du Gardon principal à partir du pont de Ners sont peu importants :

Sur la rive gauche.	*Sur la rive droite.*
La Droude, petite rivière	Nozières
Les vallats de Moussac	L'Esquielle
Les vallats de Saint-Chaptes	Braune
Bourdic (la rivière de)	Les sources des Frégières.
Les sources du moulin de la Baume	
Alzon	
Les vallats de Castillon	
Briançon (Théziers).	

Terrains qu'il traverse.

Le Gardon principal, de Ners à Dions, coule sur la *formation lacustre;* de ce point jusqu'au Pont du Gard et sur une longueur de 43 kilomètres environ, il est encaissé dans une gorge étroite et resserrée formée par les montagnes du *calcaire néocomien supérieur;* du Pont du Gard jusqu'un peu après le village de Lafoux les eaux du Gardon roulent sur la *molasse coquillière*, et enfin sur les *alluvions modernes* jusqu'à leur embouchure dans le Rhône.

Superficie du bassin du Gardon.

La superficie totale du bassin du Gardon et de ses affluents est très-étendue : elle contient 2,200 kilomètres carrés qui se subdivisent ainsi d'après M. Charles Dombre :

Gardon d'Anduze	650	2,200 kil. carrés.
Gardon d'Alais	450	
Gardons réunis au pont de Ners	1100	

Géologiquement cette superficie est composée de la manière suivante :

Granite	108	2,200 kil. carrés.
Terrain de transition	575	
— houiller	25	
— triasique	50	
Lias	150	
Oolite inférieure	20	
Oxfordien	34	
Néocomien	590	
Grès vert	90	
Formation lacustre	398	
Terrains tertiaire supérieur et diluvien	120	
Alluvions modernes	40	

D'après les données recueillies également par M. Ch. Dombre, il tomberait moyennement dans ce bassin un prisme d'eau de 90 centimètres de hauteur, ainsi réparti :

Pour le Gardon d'Anduze	585,000,000 mètres cubes.
Pour le Gardon d'Alais	405,000,000
Pour les Gardons réunis	900,000,000
Total en mètres cubes	1,890,000,000

Débit à l'étiage.

Le débit du Gardon, dans les étiages ordinaires, peut être évalué à 1m50 par seconde au confluent des deux branches principales, et à 4 mètres cubes environ au moulin de La Foux, situé à 13 kilomètres de son embouchure dans le Rhône, et au-dessous duquel il ne reçoit plus aucun affluent important.

Mais dans l'étiage tout à fait extraordinaire et anormal de 1839, ce débit est descendu jusqu'à 0m25 au confluent et à 2 mètres au moulin de La Foux.

Il arrive très-fréquemment qu'à l'étiage et dans certaines parties du Gardon son lit reste complétement à sec, parce que l'eau s'écoule par filtrations sous l'épaisse couche de gravier qui en recouvre le fond.

La surface moyenne du profil transversal des grandes eaux extraordinaires, déduite de plusieurs profils réguliers pris en aval du confluent des deux Gardons, varie de 700 à 800 mètres.

La vitesse de la surface n'a jamais été observée ; il serait difficile d'ailleurs d'en déduire la vitesse moyenne à cause des grandes variations qu'elle présente sur l'étendue d'un même profil. Mais il est probable que la vitesse maximum de la surface n'est pas inférieure à 4 ou 5 mètres par seconde, et la vitesse moyenne du profil à $2^{m}50$, de sorte que la masse d'eau débitée serait au moins de 1800 à 2000 mètres cubes par seconde (1).

Régime des eaux.

Cette rivière, resserrée dans toute sa partie supérieure par des gorges étroites et environnée de montagnes très-élevées, reçoit donc une prodigieuse quantité d'eau, qui, roulant sur des pentes très-inclinées et sur des terrains peu absorbants, arrive lors des grandes pluies avec impétuosité et cause des inondations terribles. Alais a conservé le souvenir de celle du 15 septembre 1741 qu'on appela le *petit déluge*, et M. D'Hombres-Firmas qui la cite est convaincu que l'inondation de 1815 la surpassa (2). Le Gardon ravage des plaines superbes, les couvre de sable et de graviers, change de lit à chaque crue. Les territoires de Ners, Boucoiran, Saint-Chaptes, Remoulins sont particulièrement exposés aux coups de ce torrent furieux dont les eaux s'élèvent quelquefois de 6 à 7 mètres en quelques heures.

(1) Ces détails sur le débit du Gardon sont extraits du *Rapport des ponts et chaussées relatif à l'étude de l'alignement du Gardon entre Anduze et le village de Dions,* 31 août 1846. Vinard, ingénieur en chef; les ingénieurs ordinaires Ballon et Dombre, rapporteurs.

(2) *Recueil de mémoires,* t. V, p. 14.

Un canal de dérivation a été construit par M. de Calvières au-dessous du confluent des Gardons d'Alais et d'Anduze, avant le village de Ners. Trois moulins sont placés sur ce canal qui sert aussi à l'irrigation de la plaine de Boucoiran dont il porte le nom. Le reste des eaux du Gardon se perd sous les sables, un peu au-dessous du village de Ners. A la sortie du canal de Boucoiran le Gardon reparaît faiblement et n'acquiert une certaine force qu'au moment où il reçoit les eaux de la rivière de Droude. Il continue de couler jusqu'en face de Saint-Chaptes où il se perd de nouveau dans les graviers pour reparaître au-delà de Dions. Plus loin il se perd encore avant le pont Saint-Nicolas, à cinq cents mètres duquel on le retrouve alimenté par les sources de Frégières.

Canal de Boucoiran.

De nombreux projets ont été conçus pour amener les eaux du Gardon jusque dans la ville de Nimes et de là à la mer : aucun n'a été mis encore à exécution.

L'Alzon est le seul des affluents du Gardon principal qui mérite d'être mentionné. Cette rivière prend naissance sur l'étage aptien, à l'ouest du village de Vallabrix, dans l'arrondissement d'Uzès, à 186 mètres d'altitude. Elle reçoit, entre autres cours d'eau, les sources d'Airan que l'on voit sourdre dans la plaine de Saint-Quentin, et la fontaine d'Eure dont les eaux, dérivées par les Romains, venaient alimenter la ville de Nimes en passant sur le célèbre aqueduc dit le Pont du Gard.

Affluents du Gardon principal.

Cette rivière met en mouvement 24 moulins ou usines et se jette dans le Gardon, au nord-est de Collias, après un parcours de 25 kilomètres environ (1).

A deux kilomètres à l'est du hameau de Sagriès, l'Alzon est grossi par les eaux de la rivière de Seynes qui prend son origine dans l'arrondissement d'Alais sur le troisième étage du calcaire néocomien marneux, près du hameau de Vaurargues, commune de

(1) D'anciens jaugeages faits par M. Benjamin Valz, et des renseignements pris sur les lieux et que nous croyons exacts, nous prouvent qu'à son plus bas étiage, la rivière d'Alzon débite encore trois mille pouces d'eau. J. Teissier, *Histoire des eaux de Nimes*, IVe partie, p. 9.

Seynes. Cette rivière coule d'abord dans la direction de l'E. jusqu'au village de Belvezet où elle se retourne brusquement vers le S. A un kilomètre plus bas, elle entre dans une gorge étroite et sauvage, ouverte dans le calcaire néocomien supérieur, d'où elle sort tout à coup, dans le hameau de Labaume, commune de Serviers, en formant une chute de 3 ou 4 mètres d'élévation. Les eaux en tombant se sont creusé dans les marnes aptiennes un beau et large bassin qu'on désigne sous le nom de Gour-de-Conque.

Cette petite rivière, après avoir traversé les différentes assises du grès vert coule dans la plaine de Serviers sur l'étage inférieur lacustre. Arrivée au pont de Serviers elle traverse de nouveau les mêmes assises du grès vert qu'elle avait déjà rencontrées à Labaume et qui se montrent encore en ce point après s'être repliées sous les dépôts lacustres qui forment le fond du vallon. Enfin, près du mas Firminargues, ce cours d'eau rencontre la molasse coquillière sur laquelle il coule jusqu'à sa jonction avec le Gardon, après un parcours de 27 kilomètres 1/2 (1).

II.

Bassin du Vidourle.

Source et direction du Vidourle.

Le Vidourle (2) prend naissance sur le revers septentrional de la montagne de la Fage, dans la commune de Saint-Romans-de-

(1) La rivière de Seynes, à son plus bas étiage, au confluent, débite cinq cents pouces d'eau. J. Teissier, *Histoire des eaux de Nimes*, IVe partie, p. 944.

(2) Le nom latin de cette rivière nous a été conservé par une inscription très-curieuse :

IOVI ET AVGVSTo

VICINIA VITOVSVRLO

Ce fragment d'autel, dédié par les riverains du Vidourle à Jupiter et à Auguste, fut trouvé, en 1842, dans les démolitions de l'église de Notre-Dame-das-Ports et transporté à Lunel où on le plaça dans le mur des cuves vinaires de M. de Bernis. — Il en a été retiré, en 1847, par les soins de M. Aurès, ingénieur en chef des Ponts et Chaussées, dans le Gard, qui l'a donné à la Société archéologique de Montpellier.

Codières, arrondissement du Vigan. Sa source assez abondante sort de terre à une altitude de 499 mètres entre le lias et les marnes triasiques.

Cette rivière passe à Saint-Hippolyte, Sauve, Quissac et se dirige d'abord du N.-O. au S.-E. jusqu'au-dessous du village de Sardan où la colline de Quillan la force à se replier sur elle-même et fait prendre à son cours une direction diamétralement opposée. Elle coule ainsi du S. au N. pendant 3 kilomètres jusque près du village de Vic-le-Fesq, d'où elle redescend parallèlement à sa direction première.

Le Vidourle se dirige dès lors au S., entre dans l'arrondissement de Nimes vers l'extrémité nord de la commune de Lecques, sépare ensuite, un peu au-dessous de la ville de Sommières, le département du Gard de celui de l'Hérault et se jette enfin dans la mer par le Grau-du-Roi, après avoir traversé le canal de la Radelle et l'étang du Repausset.

La longueur de son cours est d'environ 85 kilomètres.

Particularités de son cours.

Pendant l'été le lit du Vidourle, au-dessus de Sauve, se trouve complétement à sec : à 5 kilomètres en amont de cette ville, près des ruines du château de la Roquette, une bande de calcaire oxfordien laisse s'infiltrer à travers les nombreuses fissures que présente ordinairement cette roche, les eaux de la rivière qui, après un assez long trajet souterrain, viennent se réunir aux infiltrations pluviales de la montagne de Coutach et donnent naissance à la belle fontaine de Sauve. Ce fait paraît incontestable, puisque, bien qu'il n'ait pas plu sur Coutach, lorsque le Vidourle est trouble, les eaux de la source le sont aussi ; elles ne redeviennent claires que lorsque le Vidourle a repris sa limpidité.

Affluents du Vidourle.

Les principaux affluents du Vidourle sont :

Sur la rive gauche.	*Sur la rive droite.*
Valestalière, à Figaret, près de Saint-Hippolyte	Faissière
Lagal	Valatoujès, à Figaret, près Saint-Hippolyte

Sur la rive gauche.

Crespenou, à Sauve
Banassou, près le mas Lévesque
Crieulon, petite rivière, à Hortoux
Courme, à Vic-le-Fesq
Doulibre, à Vic-le-Fesq
Brié, près Fontanès
Aigualade, vis-à-vis Salinelles
Corbière
Rieu d'Aubais.

Sur la rive droite.

L'Argentesse, à Saint-Hippolyte
Vallat de Salle de Gours, vis-à-vis la Roquette
Dartigue ou Rieu Massel, à Sauve
La fontaine de Sauve
Vallaguière, à Quissac
Brestalou, près Sardan
Quiquillan ou Coquilhan, à Lecques
La fontaine de Salinelles
Fontanieu, petit ruisseau
Coulès
Bénovie, à Boisseron (Hérault).

Superficie du bassin du Vidourle.

Nous donnons ici le détail des divers terrains qu'on observe dans la vallée du Vidourle et la superficie occupée par chacun d'eux dans le département du Gard :

Granite porphyroïde	7	kilomètres carrés.
Schistes de transition	10	
Trias	2	
Lias	34.5	
Oolite inférieure et ses dolomies	12	
Oxfordien et corallien	80	
Néocomien	337	
Formation lacustre	92.5	
Molasse coquillière	24	
Alluvions modernes	30	
Superficie totale du bassin du Vidourle.	629	kilomètres carrés.

On voit que la constitution géologique de ce bassin est très-variée ; les marnes et les calcaires néocomiens y dominent. Aussi les eaux du Vidourle sont-elles très-limoneuses et donnent-elles lieu à des dépôts très-abondants, doués d'une grande fertilité. A la suite d'une série d'expériences qui comprend plus de vingt années, nous avons constaté que les eaux du Vidourle, à l'époque des inondations, entraînent avec elles 405 grammes de limon par mètre cube d'eau.

Débit.

Un jaugeage du Vidourle, fait par M. Ch. Dombre, le 23 septembre 1846, à Saint-Laurent-d'Aigouze, au moyen d'un barrage à déversoir, a donné à cet Ingénieur un débit de 11 litres 82, équivalent à 53 pouces 27 par seconde. Ce débit peut être considéré comme l'étiage extrême de cette rivière : la sécheresse avait été excessive en 1846 et les moulins de Marsillargues ne fonctionnaient plus depuis plus de 3 mois.

Le 17 juillet 1849 un jaugeage par la même méthode, exécuté au même lieu, a donné 45 litres 09, ou 203 pouces 12 par seconde ; et le 20 juillet 1850, il donna 57 litres 80.

Lors des plus grandes inondations on peut évaluer son débit de 1200 à 1500 mètres cubes par seconde.

Digues du Vidourle.

Les eaux du Vidourle, depuis l'extrémité de la commune de Gallargues jusqu'aux étangs, sont encaissées dans des chaussées élevées pour empêcher les inondations.

Ces digues, sur la commune de Gallargues, sont fort anciennes puisqu'elles existaient déjà en 1229 : on trouve en effet dans les archives de Marsillargues une « *sentence arbitrale rendue par le juge-mage de Nimes pour obliger les riverains à les entretenir* » (1). Elles ont une largeur de 10 mètres à leur base, et 5m30 au-dessus des basses eaux. Mais ces chaussées ne sont pas parallèles entre elles : en certains points elles rétrécissent tellement le cours de la rivière, que les grandes eaux les franchissent et occasionnent des pertes immenses.

(1) J.-P. Hugues : *Une excursion dans la commune du Grand-Gallargues en 1835*, broch. in-8°, Nimes 1836, p. 127. L'auteur de cette brochure donne la traduction suivante d'une partie de cette sentence :

« Item, de l'avis et du consentement des dits hommes de bien, et avec l'appro-
» bation de Bertrand Chevalier, représentant la commune de Gallargues, le dit
» lieutenant a statué et ordonné que depuis le pont neuf de Lunel, l'autre rive de
» la rivière du côté de Nimes soit nettoyée, alignée et fortifiée comme il est besoin,

Pour obvier à ce vice de construction, les Etats de Languedoc, en 1773, firent ouvrir sur la rive gauche du Vidourle dix brèches ou déversoirs, à 4 mètres au-dessus de l'étiage. Lorsque les eaux atteignent ce niveau, elles s'échappent avec furie et inondent la plaine.

Ces dix brèches sont toutes placées sur le territoire de la commune du Grand-Gallargues qui en souffre plus particulièrement et qui depuis longtemps en demande la fermeture.

Inondations. Les débordements du Vidourle, dont le bassin est très-étendu et les affluents nombreux, causent fréquemment de grands ravages depuis Quissac jusqu'à son embouchure. Il suffit d'un orage dans les montagnes pour faire grossir subitement cette rivière qui s'élève, en quelques heures, à 5 ou 6 mètres au-dessus de son étiage. Les digues, dont nous venons de parler, et leur mauvaise disposition, ne sont pas sans influence sur ces crues subites.

L'histoire a conservé le souvenir de plusieurs inondations remarquables.

M. Emile Boisson, dans son *Histoire de la ville de Sommières*, cite l'inondation du 15 septembre 1575 (1) ;

Celle du 3 juillet 1684, qui enleva toute la récolte de blé sur les aires publiques, situées au bout du faubourg du Pont, à Sommières (2) ;

Celle du 18 novembre 1745 qui emporta une troisième arcade du pont romain d'Ambrussum (3).

» et que les arbres et autres empêchements s'opposant au cours de l'eau de la » dite rivière soient enlevés de la dite rive, et que l'ancien lit par lequel une » partie de la dite rivière avait coutume de se répandre sur les terres d'Aimargues » vers le lieu dit Bagarel, lequel lit est vulgairement appelé *la Corren de l'Irla*, » soit creusé et nettoyé, de façon que l'eau puisse couler librement comme elle » avait coutume de couler autrefois ».

(1) *Histoire de la ville de Sommières*, p. 215.

(2) *Histoire de la ville de Sommières*, p. 353, d'après les registres des délibérations de la commune de Sommières à la date du 16 juillet 1684.

(3) Il reste aujourd'hui deux arches de ce pont sur lequel passait la voie Domitienne (D'Aigrefeuille, *Histoire de l'église de Montpellier*, p. 292. Note sur la ville gauloise).

Le Vidourle se déchargeait jadis tout entier dans l'étang de Mauguio. Mais il s'était ouvert depuis quelque temps, par une large brèche, un passage jusques au canal de la Radelle qu'il encombrait de sable et de limon toutes les fois que ses eaux y arrivaient grossies par les orages. Demi-écluses et nouveau lit du Vidourle.

Pour remédier à ce grave inconvénient, on ouvrit, en 1823, un nouveau lit au Vidourle en face du point par lequel il entrait dans la Radelle ; puis en travers du canal, on construisit deux-demi écluses à poutrelles qui se manœuvrent à l'aide de cabestans placés sur les deux rives. Dans les moments de crue, on ferme ces demi-écluses pour empêcher que les eaux de la rivière ne puissent se répandre dans l'un ou l'autre bief, et pour les obliger ainsi à se jeter tout entières dans le nouveau lit qu'on leur a creusé. Ce lit les conduit par une ligne droite dans l'étang du Repausset où elles viennent déposer leur limon : déjà une île d'une assez grande étendue, l'île Montago, s'est formée à l'embouchure de ce nouveau lit. Pour donner ensuite une issue aux eaux du Vidourle, on a établi une communication entre l'étang du Repausset et la grande Roubine au moyen d'une brèche de quarante mètres de largeur, pratiquée un peu au-dessus des habitations du Grau-du-Roi. Les eaux de la rivière débouchent de l'étang dans le canal par cette brèche et s'écoulent dans la mer par la passe du Grau, qu'elles contribuent puissamment à déblayer lorsque les pluies ont imprimé à leur courant une action plus rapide (Di Pietro, *Histoire d'Aiguesmortes*, p. 331).

III.

Bassin de l'Hérault.

L'Hérault (1). Cette rivière prend naissance dans l'arrondissement du Vigan. A 1413 mètres d'altitude on la voit sortir sur la Sa source.

(1) Le nom celtique de la rivière de l'Hérault était *Araur*, d'où les Romains ont fait Arauris, en y ajoutant la terminaison latine. (Astruc, *Mémoire pour l'Histoire naturelle du Languedoc*, p. 79).

montagne de l'Aigual non loin de la ligne de faîte qui sépare le bassin méditerranéen du bassin océanique, à la limite des terrains granitique et de transition.

Son parcours.

Un peu plus bas ce petit filet d'eau se trouve augmenté par la réunion du *Vallat de la Dauphine* qui reçoit l'écoulement des eaux de la plaine de l'Aigual.

Immédiatement après, cette rivière se précipite dans la vallée de Valleraugue en formant une cascade très-élevée d'un aspect des plus pittoresques, désignée sous le nom de *Saut de l'Hérault.*

La direction de cette rivière est alors du N.-O. au S.-O. ; elle passe à Valleraugue, et, peu après cette ville, elle se dirige brusquement du N. au S.

Après un parcours de 29 kilomètres dans le département du Gard elle entre, près de la ville de Ganges, dans celui de l'Hérault auquel elle donne son nom. Elle arrose, dans ce département, les communes de Ganges, La Roque, Saint-Beauzille-de-Putois, Saint-Etienne-d'Issensac, Saint-Guilhen-le-Désert, Saint-Jean-de-Fos, Gignac, Canet, Belarga, Usclas-d'Hérault, Pézenas, Saint-Thibery, Bessan et Agde. L'Hérault se jette dans la Méditerranée un peu au-dessous de cette ville.

De la source de l'Hérault à Valleraugue la pente est très-rapide : ces deux points, éloignés seulement de 8 kilomètres, mais séparés par une différence de niveau de 1057 mètres, donnent à la rivière une pente moyenne de 132 millimètres par mètre.

De Valleraugue à l'embouchure de la Vis dont l'altitude est de 150 mètres, la pente moyenne de l'Hérault n'est plus que de 9 millimètres par mètres.

Sa plus grande largeur moyenne est de 15 mètres ;

Sa plus grande profondeur moyenne est de $0^{m}50$.

Affluents.

Au-dessus de Valleraugue, l'Hérault, d'abord grossi par les nombreux torrents qui descendent des montagnes de l'Aigual et de l'Espérou, reçoit ensuite les principaux affluents qui suivent :

Rive gauche.	*Rive droite.*
Le ruisseau de Clarou	Le ruisseau de Taleyrac
— de la Pierre	La rivière d'Arre
— le Cros	Le vallat de Bouliech
— de Vagnierette	Le vallat de Roquedur
Le Rieutor ou Ensumène, à Ganges, qui a sa source dans le département du Gard.	Le vallat de Piécourt
	La Vis.

Le jaugeage de cette rivière, fait en octobre 1841 au-dessus de l'embouchure d'Arre, a donné à M. Charles Dombre, Ingénieur des Ponts et Chaussées, un débit de 1m170 par seconde. La rivière n'était pas alors tout à fait à l'étiage, et l'on peut évaluer la diminution de ce produit à un quart environ pour l'époque des sécheresses. Débit.

A la hauteur de Saint-Guilhen-le Désert, le débit de l'Hérault à l'étiage serait, d'après M. Garella, ingénieur des mines, de 11 mètres cubes. Or de Saint-Guihen-le-Désert à la rivière Lamalou, on ne trouve aucun affluent notable, tandis qu'au-dessous de Saint-Guilhen l'Hérault reçoit plusieurs rivières. Aussi débite-t-il 20 mètres cubes à Agde (1).

Le bassin de l'Hérault avec celui de ses affluents, dans le Gard seulement, offre une superficie de 572 kilomètres carrés. Il est formé par le *terrain de transition*, le *granite*, le *trias*, le *lias*, l'*oolite inférieure* et les calcaires jurassiques des groupes *oxfordien* et *corallien*. Ces divers terrains recouvrent ce bassin dans les proportions suivantes : Superficie du bassin de l'Hérault.

Granite	125
Schistes de transition	145
Calcaires de transition	40
Trias	15
A reporter	325

(1) J. Teissier, *Histoire des eaux de Nimes*, t. 4, p. 78.

Report.........	325
Lias......................................	17
Oolite inférieure............................	25
Groupes oxfordien et corallien	205
Superficie totale du bassin de l'Hérault dans le département du Gard......	572

Les terrains schisteux et granitiques sont, comme on sait, peu absorbants : ils représentent la moitié de la surface de ce bassin. Les calcaires jurassiques sont au contraire très-absorbants : toutes les eaux qui tombent sur les causses compris entre la Vis et la rivière d'Arre s'infiltrent dans les fissures de ces plateaux dont la vaste surface contribuerait bien peu à l'alimentation de la rivière, si les sources nombreuses qui sortent du pied de ces calcaires ne venaient à peu près compenser l'absorption qui se fait sur les hauteurs.

Affluents de l'Hérault.

L'Arre (1). Cette petite rivière est un des principaux affluents de l'Hérault. Elle prend naissance et termine son cours dans l'arrondissement du Vigan. Elle est formée par la réunion, au Pont-d'Arre, des trois ruisseaux d'Estelle, d'Arrigas et d'Aumessas. C'est à partir de ce point que la rivière prend son nom. Elle coule de l'E. à l'O., traverse la ville du Vigan, et, après un cours de 16 kilomètres, tombe dans l'Hérault, un peu au-dessous du point dit le *Pont-de-l'Hérault*.

Les principaux affluents de cette rivière sont :

Sur la rive droite.	*Sur la rive gauche.*
Les sources de Las Fonts	Le vallat de Bez

(1) Il semble que la racine celtique Araur, dont on fait dériver le nom d'Hérault, conviendrait aussi au nom de l'Arre.

Sur la rive droite.	*Sur la rive gauche.*
Le ruisseau de la Glèpe, à Avèze	Le ruisseau d'Aulas dit Grimals qui prend le nom de Coudoulous au Plan, après avoir reçu le ruisseau de Salagosse
Le vallat de Coularou	Le ruisseau de Cauvalat
Le vallat de Ficou	Le vallat de Clinquant, du col des Mourèzes
Le vallat des Aliès, qui descend de Bouliech.	Le vallat du Pont-de-la-Masque
	Le vallat de la Terrisse
	Le ruisseau de l'Arbous, au Rey.

Cette rivière coule sur le *trias*, le *lias*, le *calcaire de transition* et les *schistes talqueux*.

La Vis est encore un des principaux affluents de l'Hérault dans le Gard.

Cette rivière prend naissance au pied de la montagne granitique du Saint-Guiral, au nord de la commune d'Alzon, dans l'arrondissement du Vigan. Elle coule ensuite sur les schistes de transition jusqu'à Alzon, où, après avoir traversé un affleurement du trias, elle pénètre dans une fissure étroite et profonde, ouverte dans le terrain jurassique, et reste ainsi constamment encaissée, presque jusqu'à son confluent, entre deux escarpements verticaux qui atteignent quelquefois une hauteur de 200 mètres.

Cette longue fissure sépare le causse de Campestre et celui de Saint-Maurice des causses de Blandas, de Rogues et de Montdardier.

Au-dessous du bourg d'Alzon le peu d'eau que présente la Vis se perd bientôt dans les nombreuses fentes du calcaire oxfordien, et la rivière demeure presque toujours à sec jusqu'au village de Vissec. Mais à 3 1/2 kilomètres plus bas, les eaux de la belle source de Lafous viennent de nouveau alimenter son lit.

La source de Lafous, située sur la rive droite de la rivière est très-considérable : elle met en mouvement un moulin à sa sortie du sol. Ordinairement très-limpide, elle s'échappe en bouillonnant d'une large cavité ouverte dans la dolomie oolitique. De gros blocs de calcaire dolomitique masquent en partie l'entrée de cette ouverture et ne permettent pas d'y pénétrer bien avant, ni d'apprécier la direction de ce couloir souterrain dont la partie supérieure s'abaisse rapidement.

D'après une note manuscrite, qui nous fut communiquée à la mairie de Saint-Laurent-le-Minier, cette source tarit tout à coup par un temps sec et chaud, le 9 avril 1779. Elle resta ainsi pendant 10 jours, mais le 19 du même mois elle reparut plus abondante que jamais.

Un phénomène semblable avait eu lieu, nous a-t-on assuré, un siècle auparavant.

Le Rieutor ou Ensumène prend également sa source dans les granites, sur la pente méridionale de la montagne du Lirou ; il coule du N. au S., alimenté par plusieurs petits affluents, passe dans la petite ville de Sumène et vient se jeter dans l'Hérault un peu au-dessous de Ganges, après un cours d'environ 18 kilomètres. Mais à un demi-kilomètre après Sumène, cette rivière se perd peu à peu dans les dolomies de l'oolite inférieure. En été son lit demeure complétement privé d'eau à partir de ce point jusqu'à son embouchure.

IV.

Bassin du Vistre.

Sa source. La petite rivière du Vistre, qui donne son nom à ce bassin, prend son origine dans la commune de Cabrières au nord-est de la ville de Nimes. Elle est alimentée par la source qui sort du calcaire néocomien dans le village de Cabrières et par celle qui se trouve un peu plus à l'E., dans le voisinage de la ferme de la Bastide, également sur la formation néocomienne. Elle reçoit au-dessous de la route d'Avignon, les eaux de deux ou trois petits fossés alimentés par des sources qui surgissent des sables et poudingues subapennins, autour du village de Bezouce. Ces fossés recevaient autrefois l'écoulement de celui de Ledenon, mais depuis quelques années ce dernier a été détourné, à la hauteur du mas Tourneysen, dans le ruisseau de Buffalon.

Les affluents du Vistre *sur la rive droite* sont : dans la commune de Marguerittes, le *Canabou* ordinairement à sec pendant les trois quarts de l'année ; ce ruisseau reçoit à son tour l'écoulement de la Font Cavalié, commune de Cabrières, et des Events de *la Fouze* et du *Fouzeron*, dont nous aurons à parler plus tard en traitant du système néocomien. Ces évents fournissent beaucoup d'eau à l'époque des pluies. Affluents.

Près de Caissargues le Vistre reçoit le ruisseau de l'*Agau* formé par l'écoulement de la fontaine de Nimes et le torrent du *Cadereau*.

Plus loin dans la commune du Cailar, il reçoit la petite rivière du *Rhony* formée par tous les petits ruisseaux du bassin de la Vaunage, et enfin la *Cubelle* qui prend son origine dans la commune d'Aubais. Ce torrent, ordinairement à sec, est cependant sujet à de grands débordements occasionnés par les orages.

Sur la *rive gauche*, le Vistre n'a pas d'affluent régulier. A part le vallat de *Buffalon* qu'il reçoit un peu au-dessous du pont de Cart, son cours n'est guère alimenté que par quelques fontaines peu considérables, mais qui ne se dessèchent jamais complétement en été.

Nous citerons les fontaines de Manduel, connues sous les noms de *Larrière*, de *Font Fumérian* et du *Terrier* ; la *Font Joffray*, dans la commune de Bezouce ; la *Font Darquière* et celle de *Couloure*, dans la commune de Marguerittes.

Beaucoup plus bas, l'abondante fontaine de Générac concourt aussi à grossir ce cours d'eau. Enfin, dans la commune de Vauvert, le Vistre reçoit le *vallat de l'Arène*.

Malgré tous ces affluents, cette rivière serait souvent à sec pendant l'été, si elle n'était alimentée, surtout entre Candiac et Milhaud, par un grand nombre de sources qui surgissent du fond de son lit.

Son embouchure.

Le Vistre allait se perdre autrefois en partie dans les marais de Psalmody et d'Aiguesmortes, mais en 1788 les Etats du Languedoc ordonnèrent son redressement depuis la commune du Cailar jusques au canal de la Radelle ; il va depuis lors se perdre dans ce canal près du mas de Vireventre.

Ancien projet du canal du Vistre.

Le canal de navigation de Nimes à la Méditerranée, dont le projet avait été conçu en 1749, par Maréchal, ancien directeur des fortifications de la province, devait aller rejoindre cette partie du Vistre ainsi redressée. Mais il devait être alimenté par les fontaines d'Eures et d'Airan, que les Romains avaient conduites à Nimes par le Pont du Gard ; la ville d'Uzès s'opposa fortement à ce projet parce qu'elle ne voulut pas être privée de ces précieuses sources qui arrosent son territoire et mettent en mouvement de nombreux établissements industriels.

Superficie du bassin du Vistre.

Le bassin cotier du Vistre est compris en entier dans l'arrondissement de Nimes. Il se dirige du N.-E. au S.-O. Il est bordé vers le N. par les montagnes néocomiennes qui s'étendent de Saint-Bonnet au Grand-Gallargues, et vers le S. par les coteaux sablonneux de la Costière.

Sa superficie est de 395 kilomètres carrés ; l'on peut évaluer la moyenne de l'eau pluviale qu'il reçoit annuellement à 270,575,000 mètres cubes.

Longueur et pente.

La longueur du cours de cette rivière est de 49 kilomètres, et sa pente depuis Bezouce jusqu'à son embouchure dans le canal de la Radelle est de $0^{m}135$ par kilomètre.

Le Vistre met en mouvement 20 moulins à farine, dont le dernier est situé près de la commune du Cailar.

Formations géologiques du bassin du Vistre.

Les collines qui bordent vers le N. le bassin du Vistre, de Saint-Bonnet jusques au Grand-Gallargues, appartiennent à la formation néocomienne, mais la presque totalité de ce bassin est formée par les sables et les marnes subapennines (terrain tertiaire supérieur, ou pliocène), presque partout recouverts par les cailloux diluviens.

C'est sur ces différents dépôts que le Vistre roule constamment depuis Cabrières jusqu'au village du Cailar, où il rencontre les alluvions du Vidourle.

Les eaux du Vistre déposent actuellement très-peu de limon, et les alluvions que nous avons indiquées sur la carte de l'arrondissement de Nimes pourraient être considérées plutôt comme alluvions paludiennes que fluviatiles. Les eaux pluviales venant des collines néocomiennes ont surtout contribué à augmenter les alluvions de ce côté. On voit, en effet, en jetant les yeux sur la carte, que cette nature de dépôt est moins étendue sur la rive gauche que sur la rive droite où elle présente des renflements et des rétrécissements nombreux ; et l'on peut observer aussi qu'à chacun de ces bassins d'alluvions correspond l'établissement d'un centre populeux. Dépôts du Vistre.

V.

Bassin du canal de Beaucaire ou des Etangs.

Nous comprenons sous cette dénomination tout l'espace qui s'étend de la Méditerranée à la ligne de faîte qui sert de point de partage aux eaux pluviales entre le bassin du Vistre au N., et la plaine qui va de la Costière à la mer. Extension.

Cette ligne divisoire est assez difficile à tracer d'une manière bien précise, attendu que la Costière qu'elle traverse forme un plateau souvent à peu près horizontal.

On peut dire néanmoins qu'elle part du petit groupe de montagnes néocomiennes situées au nord-ouest de Beaucaire et plus particulièrement du sommet dit l'*Aiguille* (altitude 155 mètres) ; qu'elle passe par la butte de Saint-Roman (altitude 116^{m}40), par le sommet de Jouton ou Triplelevade (altitude 131^{m}75), qu'elle suit le bord de la falaise subapennine jusqu'à l'origine du vallat de Bellegarde, et qu'elle traverse ensuite le bois de Broussan pour aller passer sur le serre Brugal, dont l'altitude au moulin de Baguet est de $116^{m}96$. Cette ligne se dirige de là vers les domaines de Puech-Férié et de Saint-Antoine, puis sur le sommet d'une colline située au sud du moulin à vent de Générac où elle atteint sa plus grande altitude (138 mètres) ; elle suit le bord septentrional de la Costière, passe près de Vauvert et va finir, en s'abaissant graduellement, à la tour d'Anglas, domaine qui se trouve à la pointe occidentale de la Costière, vis-à-vis Aiguesmortes.

Les eaux pluviales qui tombent sur le versant sud de la Costière forment un assez grand nombre de torrents ou ravins qui laissent perdre leurs eaux dans le sol sablonneux et perméable qu'elles traversent, mais qui grossissent brusquement au moment des orages.

Ces principaux ravins sont, en allant du N.-E. au S.-O. :

Commune de Bellegarde.	Les sources du mas de Bos et du mas de Vallescure
	Le vallat de Broussan
	Le petit ruisseau de Bellegarde servant d'écoulement à la fontaine des Codes et à celle du mas de Roure (1).
Commune de Saint-Gilles.	Le Valadas, près des Loubes
	Le vallat de l'Agau
	Le vallat des Crottes qui sert d'écoulement à l'étang desséché d'Estagel
	Le vallat de Sainte-Colombe.
Communes de Beauvoisin et de Vauvert.	Le vallat de Vallougiès, ou du mas de Listerne, qui prend son origine à l'extrémité orientale de la commune de Beauvoisin, traverse la commune de Vauvert, passe près du château de Beck et va se jeter dans le marais près du mas de Villard.

(1) Il existe un aqueduc de construction romaine qui prenait les eaux de cette source. Cet aqueduc allait-il jusqu'à Beaucaire, l'ancien *Ugernum*, en suivant la falaise contre laquelle il est adossé, ou allait-il aboutir ailleurs ? C'est ce que nous ne pouvons décider : nous avons perdu sa trace au mas du Bos.

Ces eaux sont toutes reçues par le canal de Beaucaire qui forme au pied des coteaux de la Costière une ceinture qui les empêche d'aller se répandre dans les étangs et les marais environnants.

Ce bassin, situé sur l'*étage subapennin*, recouvert par le *diluvium alpin*, et sur les *alluvions modernes*, présente une surface de 160 kilomètres carrés. Superficie.

B. — Bassin Océanique.

Bassin de la Dourbie.

Le bassin océanique n'est représenté dans le département du Gard que par le seul petit bassin de la rivière de Dourbie ; il est placé au nord-ouest de l'arrondissement du Vigan, au-delà de la ligne de faîte qui sépare les eaux versantes des deux mers.

Le bassin de la Dourbie est peu étendu : il est limité au S. par la ligne divisoire dont nous venons de parler, et au N. par une autre ligne de faîte qui s'étend de la montagne de l'Aigual jusques au causse Noir, près Lanuéjols, en passant par le sommet des montagnes de Montrefeuille, de la Croix-de-Fer et du Cap-du-Devès.

L'étendue de ce bassin comprend une bonne partie du causse Noir ou de Lanuéjols ; sa surface, dans le département, est d'environ 22,000 hectares. Surface.

La rivière de Dourbie prend sa source vers l'extrémité orientale de la montagne de l'Esperou, au nord de la ville du Vigan. Le lit de ce cours d'eau, orienté d'abord de l'E.-N.-E. à l'O.-S.-O., se dirige ensuite à l'O. et finit par descendre vers le S.-O. pour entrer dans le département de l'Aveyron, près de Saint-Jean-du-Bruel, après un cours de 22 kilomètres dans le Gard. Cours de la Dourbie.

Il coule encore dans cette même direction pendant 48 kilomètres, remonte vers le N., sert de limite au département dans les ravins qui bornent le causse Noir et va se jeter dans le Tarn, à Milhau.

L'altitude de la source de Dourbie est de 1373 mètres, et sa pente, jusqu'au village de Dourbie, est de 2m918 par kilomètre, sur une longueur d'environ 15 kilomètres. De ce dernier point jusqu'à Saint-Jean-du-Bruel elle est encore de 2m639 par kilomètre.

La source de Dourbie est située dans les schistes de transition ; cette rivière coule ensuite sur les granites jusqu'au village de Dourbies où elle traverse de nouveau les schistes jusqu'à Saint-Jean-du-Bruel. Puis elle rencontre le terrain jurassique qu'elle ne quitte plus jusqu'à son confluent.

Le Trèvezels, principal affluent.

Le *Trévezels* est, dans le département du Gard, le principal affluent de la Dourbie ; cette petite rivière, dont le cours est tout à fait torrentiel, prend sa source à une altitude d'environ 1200 mètres, à l'E. et non loin du village de l'Esperou, vers la ligne de faîte qui sépare le bassin des deux mers.

La longueur de son cours dans le Gard, est d'environ 25 kilomètres ; son embouchure a lieu un peu en amont de Cantobre, à l'altitude de 441 mètres.

Les sources du Trévezels sortent de terre sur la limite des schistes de transition et du granite. Après avoir coulé quelque temps sur ce dernier terrain, ce torrent traverse de nouveau, à la Mouline, une langue de schistes, pour entrer un peu plus loin, au moulin de Randavel, dans le terrain jurassique. A partir de ce point jusqu'à sa réunion à la Dourbie, qui a lieu près du hameau de Cantobre, et même jusqu'à son embouchure, le Trévezels se trouve constamment encaissé par de grands escarpements à pic de 3 à 400 mètres d'élévation, formés, dans le bas, par l'oolite inférieure, et dans le haut par les calcaires oxfordiens.

Sa perte.

Au pied du Causse-Bégon, au quartier de Lubac, entre Trèves et le mas de la Verrière, le Trévezels se perd, à l'époque des basses eaux, dans une large fissure ouverte entre les strates des calcaires de l'oolite inférieure, mais son lit se prolonge jusqu'à

Cantobre, où, en hiver et lors des fortes crues, ses eaux vont se réunir à la rivière de Dourbie.

La Dourbie et le Trévezels, ainsi que nous l'avons dit, sont les seuls cours d'eau du département qui se rendent dans l'Océan, par le Tarn et la Garonne.

La presque totalité des eaux qui tombent sur la partie du causse Noir, comprise dans le Gard, se rendent dans la Dourbie en suivant le *vallat de Garenne* qui prend son origine près de Lanuéjols et va se perdre dans cette rivière sous le village de Revens. **Vallat de Garenne.**

En se basant sur les observations udométriques faites par M. Anglivieł, à Valleraugue, on pourrait admettre que les 22,000 hectares dont se compose le bassin de la Dourbie reçoivent en moyenne pour chaque année une couche d'eau d'environ $1^{m}820$, ou un volume de 400,400,000 mètres cubes d'eau. **Eau pluviale qui tombe dans ce bassin.**

§ IV.

Eaux stagnantes.

I. — Etangs et marais d'eau douce.

Il existe dans le département du Gard plusieurs amas d'eau sans écoulement qui forment de petits étangs d'eau douce. La plupart d'entre eux sont aujourd'hui desséchés et livrés à l'agriculture.

On en compte 14, savoir : 8 dans l'arrondissement de Nimes qui sont, celui de *Jonquières*, de *Lognac* (1), de *Meynes*,

(1) Nous avons suivi l'orthographe de Cassini pour le mot *Lognac*, mais M. Eugène Trenquier, de Montfrin, paléographe distingué, écrit *Launac*. Voir *Notice sur différentes localités du Gard*, 3e livr. *Lédenon, Remoulins* et *Saint-Hilaire-d'Ozillon*. Nimes, 1852, p. 7.

d'*Estagel*, de *Redessan*, de *Campujet* et les deux *étangs d'Aramon* dans la plaine dite le *Plan-de-Théziers*.

Les 6 autres se trouvent dans l'arrondissement d'Uzès, ce sont : l'étang de *la Capelle*, de *Tresque*, de *Traslepuy*, du *Pujaut*, de *Rochefort*, et du *Plan-de-Saze*.

Nous allons dire un mot sur chacun de ces étangs pour faire connaître la nature du sous-sol géologique qui leur donne naissance et l'époque des travaux de desséchement qui y ont été exécutés.

Etangs de l'Arrondissement de Nimes.

1° *L'étang de Jonquières* est situé dans la commune de Jonquières et de Comps. Il présente une surface totale de 59 hectares 64 ares 84 centiares. Sa cuvette est formée par les argiles subapennines reposant sur le calcaire néocomien.

L'étang de Jonquières appartient à plusieurs propriétaires qui ont formé entre eux une société portant le nom d'*Association syndicale du marais de Jonquières*, pour en opérer le desséchement. Ce syndicat fut approuvé par une ordonnance royale du 28 août 1845.

Une galerie d'écoulement devait déboucher dans le Rhône, près de Comps ; mais les travaux, commencés en 1846, furent suspendus l'année suivante et n'ont pas été repris (1).

Au N.-E. de l'étang il existe l'entrée d'une galerie taillée dans le roc, désignée sous le nom de *Trou de l'orgue*. On ignore la date de ce travail, évidemment entrepris dans un but de desséchement : il est probable qu'il avait été exécuté vers le commencement du XVIIe siècle, époque à laquelle furent desséchés les étangs du *Pujaut*, de *Saze* et de *Rochefort*.

Nous relèverons à ce sujet l'opinion vulgaire qui établit une relation entre l'étang de Jonquières et la *fontaine de Pécou*. Cette

(1) Une note de l'auteur intercallée dans le manuscrit, dit que les principaux travaux de desséchement sont terminés (en 1855) et qu'il ne reste plus à exécuter que quelques ouvrages de perfectionnement.

fontaine ne coule, dit-on, que lorsque les eaux de l'étang de Jonquières, ayant atteint un certain niveau, se perdent par le *Trou de l'orgue*. Nous ferons observer que cette opinion n'a pas le moindre fondement, attendu que le Trou de l'orgue est une galerie taillée dans le calcaire néocomien, se dirigeant dans une toute autre direction que la fontaine de Pécou qui surgit de la molasse coquillière, laquelle revêt simplement la partie extérieure de ce groupe de montagnes néocomiennes et ne peut avoir aucune communication directe avec l'étang.

2° *Etang de Lognac.*

L'étang de Lognac est situé dans la commune de Lédenon, au pied des collines néocomiennes et d'un îlot de molasse coquillière. Sa cuvette est supportée par les marnes subapennines.

L'aqueduc romain qui apportait à Nimes les eaux de la fontaine d'Eure, longe cet étang du côté du N. ; comme son radier est inférieur de 2m50 au sol de l'étang, on avait anciennement mis à profit cette différence de niveau pour faire écouler par l'aqueduc une partie des eaux de l'étang et le dessécher partiellement.

Il y a un siècle environ, alors que l'aqueduc était depuis longtemps hors d'usage, M. Roques, seigneur de Clausonne, parvint à le dessécher de nouveau au moyen d'une percée dans la colline du côté du Gardon et d'un fossé profond qui dirigea les eaux dans cette rivière (1).

M. Benjamin Valz, dans un mémoire publié en 1841 (2), a proposé de se servir de l'aqueduc romain pour diriger et déverser dans la ville de Nimes les eaux de l'étang de Lognac et les diverses sources du Vistre.

(1) Jules Teissier, *Histoire des eaux de Nimes*, t. III, 1re partie, p. 17.

(2) *Mémoires de l'Académie du Gard*, 1841, p. 94.

3° *Etang de Meynes.*

Ce petit étang prend son nom de la commune où il est situé. Comme celui de Lognac, il repose dans une dépression argileuse du terrain subapennin.

Cet étang n'a guère plus de 400 mètres de long sur 250 mètres de largeur moyenne.

En été il se dessèche presque entièrement, et la commune de Meynes l'afferme comme dépaissance.

4° *Etang d'Estagel.*

L'étang d'Estagel, aujourd'hui desséché, fait partie du domaine de ce nom qui appartenait, avant la Révolution, à l'ordre de Malte. Sa contenance est d'environ 15 hectares.

Il est situé dans la commune de Saint-Gilles près la grande route de Nimes, dans une dépression des sables subapennins, et devait probablement son existence à la même assise argileuse exploitée à la tuilerie d'Aiguesvives, près du domaine de Reculan.

Le dessèchement de l'étang d'Estagel, sur l'époque duquel nous n'avons pu nous procurer des documents précis, paraît fort ancien ; il a eu lieu au moyen d'une galerie souterraine de 600 à 800 mètres de longueur.

5° *Etang de Redessan.*

Cet étang, situé dans la commune de Redessan, ne consiste qu'en une petite flaque d'eau supportée par les marnes subapennines. Il est rare néanmoins que l'été le dessèche complètement.

Il est probable qu'un coup de sonde débarrasserait ce terrain des eaux stagnantes et donnerait ainsi lieu à un puits artésien absorbant.

6° *Etang de Campuget.*

L'étang de Campuget, très-voisin de celui de Redessan, est situé sur la commune de Manduel. Il est d'une largeur moyenne de 300 mètres sur 900 environ de longueur et paraît être dans les mêmes conditions géologiques.

7° et 8° *Etangs d'Aramon.*

Ces étangs sont situés dans la vallée du Rhône, à 2 kilomètres au N.-O. d'Aramon et sont connus sous le nom de *Grande* et *Petite Palun*. Leur surface est de 52 hectares pour la première, et de 26 pour la seconde.

Ces deux marais sont desséchés depuis un temps immémorial par deux canaux ou brassières qui en conduisent les eaux dans le Rhône, en traversant la digue d'Aramon au moyen de deux aqueducs munis de vannes que l'on ferme lorsque le Rhône est en crue.

Les deux Paluns ne reçoivent que les eaux pluviales des versants des collines qui en forment le bassin. Dans les années pluvieuses, et lorsque les grandes pluies concordent avec un niveau un peu élevé des eaux du Rhône, les Paluns sont submergées sur un mètre de hauteur maximum au-dessus du sol, mais en été elles sont complétement à sec et à l'état de prairies.

Etangs de l'Arrondissement d'Uzès.

1° *Etang de la Capelle.*

L'étang de la Capelle est situé dans la commune de ce nom, au milieu des sables ferrugineux du grès vert au-dessous desquels passe probablement une couche d'argile réfractaire. Sa contenance est de 56 hectares.

La plus grande profondeur ordinaire de ses eaux est d'environ deux mètres, mais on les a vues s'élever brusquement à un niveau bien supérieur à la suite d'une pluie torrentielle, véritable trombe d'eau qui ne dura cependant que deux heures dans la matinée du 14 septembre 1840. Il y eut alors $6^{m}50$ d'eau dans l'étang qui, la veille, était presque à sec. Cette inondation subite surprit un grand nombre de charettes chargées du terreau végétal qui forme le fond de l'étang et que les agriculteurs de ce pays emploient pour amender leurs terres. La grande route d'Uzès fut entièrement recouverte et la circulation interceptée. Les eaux remontaient, dit-on, jusqu'à Panely.

Plusieurs projets de desséchement ont été formés. En 1840, M. Perrier, ingénieur des Ponts et Chaussées de l'arrondissement d'Uzès, proposa une galerie de 1676 mètres dont le débouché serait dans la vallée de la Veyre. Mais ce projet, qui devait coûter 80,000 francs, fut abandonné comme trop dispendieux pour le résultat qu'il devait produire.

En 1847, la commune, désireuse de se débarrasser de ces eaux croupissantes auxquelles elle attribue les fièvres qui règnent si souvent dans le village, vendit cet étang à MM. Chabeaud et Tardieu, d'Avignon, au prix de 6,000 francs à condition qu'ils le dessécheraient.

Un percé dans le terrain néocomien, exécuté dans la direction du S., devait écouler les eaux dans le bassin du Gardon. Ce projet n'a pas eu de suite.

2° *Etang de Tresque.*

L'époque précise du desséchement de l'étang de Tresque ne nous est pas connue. Il est probable qu'elle remonte au XVIIe siècle alors que furent desséchés aussi les étangs du Pujaut et de Traslepuy.

Il appartenait à la famille de Cadoule ; il est passé par alliance à la famille de Vogué.

La cuvette de l'étang de Tresque est dans le grès vert sur

l'étage du calcaire gris, au-dessous des sables à argile réfractaire et peut-être au-dessus d'une couche argileuse.

Sa contenance était à peu près celle de l'étang de la Capelle.

3° *Etang de Traslepuy.*

L'étang de Traslepuy est situé sur la commune de Roquemaure ; son desséchement a eu lieu à peu près à la même époque que celui des étangs du Pujaut, de Rochefort et de Saze dont nous allons parler.

Une roubine de 7500 mètres environ sert à écouler ses eaux dans le Rhône, et met en mouvement deux moulins à farine.

La contenance de cet étang est d'environ 100 hectares. Le fond repose sur les marnes subapennines.

4°, 5° et 6° *Etangs du Pujaut, de Rochefort et de Saze.*

Les étangs de Saze et de Rochefort sont contigus ; ils sont séparés de l'étang du Pujaut par une chaussée naturelle et insubmersible appelée *le Gravier*.

C'est au commencement du XVIIe siècle que fut opéré leur desséchement.

L'étang du Pujaut fut desséché le premier. Un M. de Montconis, trésorier du roi, commença en 1602 ; il se ruina à cette entreprise qu'il céda aux Chartreux de Villeneuve-lès-Avignon en 1607. Les chartreux continuèrent donc ces travaux et les modifièrent par une seconde roubine qu'ils construisirent à l'ouest de celle commencée par le premier entrepreneur, afin d'arrêter, avant de toucher à l'étang du Pujaut, les eaux venant du versant de Tavel ; ils construisirent en même temps, à l'est du terrain appelé le Planas, une grande chaussée revêtue d'un perré, avec une martellière pour introduire à volonté les eaux des étangs de Rochefort et de Saze grossies par celles venant de ces deux communes.

A l'est de l'étang du Pujaut, et presque au pied des montagnes néocomiennes qui les bordent de ce côté, on voit une roubine qui n'a jamais été achevée et que les habitants du pays désignent sous le nom de *Roubine de Fadaise.* On prétend qu'elle avait été commencée par M. de Montconis qui fut obligé de l'abandonner soit à cause du peu de pente qu'elle avait, soit parce que les eaux filtraient dans le roc. Mais au contraire, et selon les règles usitées dans tout desséchement, cette roubine avait été construite pour recevoir les eaux extérieures.

Ce desséchement terminé, les Chartreux construisirent, sur les terrains conquis, trois fermes auxquelles ils donnèrent les noms de Saint-Bruno, Saint-Antelme et Saint-Hugues fondateurs de l'ordre de Saint-Bruno.

L'étang du Pujaut contient 1270 hectares. Le roi, dans la concession de desséchement qu'il avait faite à M. de Montconis, s'était réservé cent salmées des meilleures terres qui portent encore aujourd'hui le nom de *Terres du roi.* Ces biens furent vendus à la Révolution.

Les eaux de ces trois étangs sont conduites au Rhône par deux roubines principales : la roubine du Grès et celle du Planas. Après un trajet souterrain de 1000 mètres, pour la première, et de 1350 pour la seconde, elles se réunissent à 4 mètres en contre-bas du point de leur entrée sous terre et mettent en mouvement 3 moulins à farine avant de tomber dans le Rhône.

II. — Etangs et marais saumâtres.

Le pays plat qui fait partie du grand Delta du Rhône et qui se trouve compris entre le Rhône, le Petit-Rhône, la mer, l'étang de Mauguio et le canal d'Aiguesmortes à Beaucaire, est presque entièrement couvert de marais au milieu desquels il existe des étangs salés plus ou moins considérables.

Ces étangs au nombre de dix, sont situés dans les communes d'Aiguesmortes, de Saint-Laurent-d'Aigouze, de Vauvert et de

Saint-Gilles où ils recouvrent une superficie de 5296 hectares 92 ares.

Voici les noms et la superficie de chacun d'eux, avec l'indication des communes où ils se trouvent :

			Superficie		Communes
1°	l'Etang	du Repausset	313 h.	12 a.	
2°	—	du Repos	197	57	
3°	—	de la Marette d'Aigues-mortes	150		Aigues-mortes.
4°	—	de la Ville ou de Labbat	513		
5°	—	du Roi	1200		
6°	—	du Commun (1)			
7°	—	des Caïtives	290	80	St.-Laurent d'Aigouze.
8°	—	du Leyran	1751	43	
9°	—	de Scamandre	861		597 pour St-Gilles.
10°	—	de Coute ?	20		264 pour Vauvert.
		Contenance totale	5296 h.	92 a.	

Niveau des marais.

D'après les opérations les plus exactes faites en 1833 par M. Paulin Talabot, il résulte que le sol des marais est en général peu élevé au-dessus du niveau des basses eaux de la mer, et que dans un grand nombre de points il se trouve même inférieur à ce niveau (2). Pour les marais de Bellegarde, la hauteur du sol varierait entre + 1,90 et + 0,25 ; pour ceux de Saint-Gilles, situés entre le Petit-Rhône et l'étang de Scamandre, elle serait de + 0m,45 à — 0,40 ; pour ceux de Vauvert elle serait de + 0,32 à — 0,45, etc...

En jetant un coup d'œil sur notre carte de l'arrondissement de

(1) Cet étang communiquait autrefois avec l'étang du Roi ; il en est séparé aujourd'hui par une chaussée.

(2) Voir le *Plan général des canaux concédés à la Compagnie des canaux de Beaucaire à Aiguesmortes et des propriétés qui lui appartiennent, dressé par Paulin Talabot, ingénieur des Ponts et Chaussées chargé de la direction des travaux de la compagnie*. Avril, 1833.

Nimes, on aura l'ensemble de la hauteur du sol des marais dans le delta du Rhône.

Tentatives de desséchement

La Compagnie du canal de Beaucaire avait obtenu de l'Etat la concession de tous ces marais à condition de les dessécher. Elle remplit assez bien son but quant aux marais supérieurs situés près de Beaucaire et plus élevés que la mer : le canal de Beaucaire servit de récipient à leurs eaux ; mais pour dessécher les marais inférieurs des machines étaient indispensables, et la compagnie n'ayant pu entreprendre un pareil travail fut déchue de son privilége par ordonnance royale du 19 juillet 1820.

Elle est parvenue néanmoins à améliorer la condition de ces marais. Autrefois ils étaient salés, ne servaient qu'à la pêche et repoussaient toute végétation. Des canaux ont été ouverts qui y versent pendant une partie de l'année des masses d'eau douce tirée du Rhône et évacuée par le canal de Beaucaire. Ainsi noyées les terres se dessalent. On ferme les prises vers le printemps : les étangs formés pendant l'hiver s'abaissent, se couvrent d'une forêt de roseaux et finissent par s'évaporer à siccité vers le mois de juillet. Les roseaux sont alors coupés et chargés sur des charettes qui peuvent circuler sur le sol devenu ferme.

Cette opération a été pratiquée d'abord en 1827, d'après les projets de M. Bouvier, sur une étendue de 5,162 hectares de marais salés, situés près du Scamandre et appartenant partie à la compagnie, partie à la commune de Vauvert. Plus tard elle a été étendue au bassin du Leyran. Le canal de *Capette* a été ouvert pour amener l'eau douce sur ces terrains. La compagnie possède aujourd'hui 6,863 hectares de terrains exploités de cette manière.

Dans quelques parties situées les unes près de Scamandre, les autre dans la cuvette du Leyran, le fond est tellement mou et fangeux qu'il est inabordable aux charettes et même aux piétons. Elle n'ont pu être exploitées (1).

(1) Surell, *Mémoire sur le barrage du Petit-Rhône*, p. 19.

III. — Salins.

Les étangs salés, ou marais salants, sont depuis un temps immémorial le champ d'une exploitation très-importante, et, pour l'Etat, la source d'un revenu qui se chiffrait, en 1849, par plus de 10,000,000 de francs.

Les salines, dites de Peccais, situées à deux lieues au sud d'Aiguesmortes, appartenaient, au XIIIe siècle, à l'abbé de Psalmody et aux seigneurs d'Uzès ; le nombre des salines et celui des propriétaires varia surtout depuis la Révolution. Les inondations de 1840 ruinèrent les propriétaires qui s'étaient, depuis 1716, réunis en société. La compagnie Rigal s'éleva sur ces ruines en achetant les salines de Peccais, devenues depuis la Révolution domaine de l'Etat, celle de *Quarante sols* près Aiguesmortes et celles de Mourgues et de la Larbière, sur les bords du canal de Sylvéréal ; en outre elle prit à ferme celles qu'elle n'avait pu acquérir et établit aux portes mêmes d'Aiguesmortes, sur l'étang dit de Laville, la saline *du Perrier* pour faire concurrence à la saline *de Médard* qu'on venait de créer sur les bords du canal de la grande Roubine, tout près du Grau du Roi, dans l'étang du Repausset. Une nouvelle saline, enfin, établie dans l'étang de la Marette par une maison de Marseille, élève à onze le nombre de celles exploitées aujourd'hui.

Mode d'exploitation

Le terrain sur lequel sont établies les salines est fortement tassé et divisé en *aires* ou *tables* carrées séparées par de petites chaussées en terre appuyées sur des fascines.

L'eau des étangs, préalablement emmagasinée dans de vastes réservoirs nommés *partènement*, où elle se condense sous l'action du soleil jusqu'à ce qu'elle ait atteint 12° de saturation, est introduite ensuite dans d'autres réservoirs moins étendus où elle est promenée et battue jusqu'à ce quelle marque 23 ou 24 degrés (1) ;

(1) A Peccais, dans un sondage de 4 mètres de profondeur, on a trouvé des

alors, au moyen de roues à tympan, ou de machine à vapeur, on la verse dans les *tables* où elle achève de s'évaporer.

Le sel, qui s'est précipité, est réuni en tas de 1,200,000 à 1,500,000 kilogrammes, nommés *camelles,* que l'on recouvre d'un tissu de roseaux. A ce moment de la récolte du sel, ces étangs occupent plus de 2,000 ouvriers (1).

Production. Les salins de Peccais fournissent plus de 50,000,000 de kilogrammes de sel, c'est-à-dire un peu plus du 10e de la production totale en France.

En outre, les eaux mères, c'est-à-dire qui ont fourni le sel, contiennent encore une assez grande quantité de sulfate de soude que M. Bérard, de l'Institut, a appris à utiliser. Autrefois cette substance était extraite des cendres du tamarin (*Tamarix gallica,* Linn.) qui pousse spontanément dans les terrains salés du midi de la France ; les cendres des fours d'Aiguesmortes étaient, dit-on, expédiées à Nimes chez le pharmacien Bellile qui les lessivait.

IV. — Canaux.

Pour compléter l'ensemble de la constitution hydrographique du Gard, nous allons donner la description des divers canaux de navigation, d'irrigation et de desséchement qui y ont été creusés, et faire connaître l'époque de leur établissement.

Ces canaux, au nombre de sept, se trouvent tous dans la partie basse ou maritime du département.

eaux marquant 12° de saturation ; l'eau de la mer qui arrive par le *Rhône mort de la ville* dans les partènements marque 4° ; à la mer elle ne marque que 3° ou 3° 1/2.

(1) Voir pour plus de détails Di Pietro, *Histoire d'Aiguesmortes,* 1849.

Voici leurs noms et la longueur de leur parcours :

1° Canal	de la grande Roubine ou du Grau, longueur	6,330 mètres
2°	—	de la Radelle........................	8,700
3°	—	du Bourgidou.......................	9,710
4°	—	de Sylvéréal.........................	7,290
5°	—	de Peccais...........................	3,200
6°	—	de Capette	11,300
7°	—	de Beaucaire à Aiguesmortes...........	50,400
		Longueur totale des canaux dans le département du Gard.........	96,930 mètres

1° *Canal de la Grande-Roubine ou du Grau-du-Roi.*

Historique.

Ce canal met en communication avec la mer tous les canaux et la ville d'Aiguesmortes. Il appartient à l'Etat.

Il fut ouvert par saint Louis, ou plus probablement par son fils Philippe III, le Hardi, ainsi que le constate un ancien mole qu'on observe sur les bords de l'étang du Repausset, précisément au point où ce canal s'arrêtait autrefois.

La Peyrade.

On désigne sous le nom de *la Peyrade* les ruines de cette ancienne construction. Elles consistent en un mur d'une largeur variable de 6 à 8 mètres, reconnu sur une longeur de plus de 600 mètres ; il est, sur ses deux faces, revêtu de pierres de taille carrées, taillées en bossage et tout à fait semblables à celles des murs d'Aiguesmortes qui remontent, comme on sait, au temps de Philippe le Hardi. C'est vers l'an 1272, qu'au retour de la Terre-Sainte ce roi accomplit le projet que saint Louis avait conçu d'entourer de remparts la ville qu'il avait fondée (1).

L'extrémité S.-O. de la Peyrade, mise à découvert par les travaux exécutés en 1846 par les Ponts et Chaussées lors de l'élargissement de ce canal, se terminait par une longue et double rangée

(1) *Histoire générale du Languedoc* (Reg. 30 du *Trésor des Chartes*, n° 441).

de pilotis qui venait se perdre dans l'étang du Repausset. Ces pilotis, entourés de blocs énormes de pierre calcaire, servaient d'enrochement et de défense à la tête de cette construction qui présentait ainsi tous les caractères d'un ancien môle.

Ce n'est qu'en 1725 que les jetées à travers l'étang du Repausset furent continuées jusques au Grau du Roi, où ce canal débouche aujourd'hui dans la Méditerranée.

Le Grau du Roi, ouvert naturellement en 1585, par l'effet des débordements des rivières, fut nommé *Grau des Consuls* (1). Quelque temps après, lorsque Henri IV eut songé à réparer le port d'Aiguesmortes, ainsi que le constatent les lettres patentes données le 6 octobre 1592 (2), il reçut le nom de *Grau Henri* (3). Mais les ordres contenus dans ces lettres et le rapport qui fut, en conséquence, dressé par des experts au mois de mai de l'année suivante, n'eurent aucun résultat (4).

La promesse faite par le roi à Angers n'eut pas de résultat plus efficace ; elle détermina cependant un rapport du sieur Marion, seigneur de Preignes, conseiller du roi et l'un des trésoriers généraux de France de la généralité de Montpellier, qui se transporta lui-même à Aiguesmortes le 1er juin 1598 (5).

Conformément aux conclusions de ce rapport, de nouvelles

(1) Il fut question de ce grau aux Etats de Béziers, tenus la même année 1585. Voir *Histoire générale du Languedoc*.

(2) Voir archives de la ville d'Aiguesmortes.

(3) Voir délibérations du conseil de la commune d'Aiguesmortes.

(4) Voir archives de la ville d'Aiguesmortes.

(5) Voir ce rapport du 2 juin 1598, dans les archives de la ville. Ce rapport est plein d'intérêt parce qu'il nous donne une idée exacte de l'état des lieux à cette époque. Voici en substance ce qu'il contient : « M. Marion, suivi de M. de Gondin, gouverneur, des consuls et de quelques notables, alla visiter les lieux. Entré par le canal de la Grande-Roubine dans l'étang du Repausset, il mit pied à terre sur la plage au *Grau des Consuls* qu'il trouva fermé par les sables. Il reconnut que celui de la *Croisette*, situé plus loin vers l'O., était encore ouvert, mais en si mauvais état que les tartanes et les bateaux de pêche pouvaient seuls y pénétrer, non toutefois sans de grandes difficultés. Ayant poussé jusqu'au *Grau Louis*, il eut peine à en distinguer les traces ». Di Pietro, *Histoire d'Aiguesmortes*, p. 254.

lettres patentes, signées du 26 octobre (1), ordonnèrent l'entreprise immédiate des travaux, et une augmentation de dix sols sur l'impôt du sel pour en couvrir les dépenses. Malheureusement, lorsque ces lettres patentes furent délivrées, le roi venait tout récemment, à la demande des Etats de Languedoc, d'en délivrer de semblables établissant aussi une augmentation de dix sols sur l'impôt du sel, pour l'ouverture du port de Cette. De telle sorte qu'en vertu des premières il fut mis opposition à l'exécution de celles-ci (2). La ville d'Aiguesmortes essaya vainement alors d'ouvrir le Grau avec ses propres ressources. Ce n'est que sous Louis XV, en vertu d'un arrêt du 14 août 1725 (3), que ces travaux furent entrepris, sous la direction de M. Senès, ingénieur du roi dans le Languedoc. Interrompus et repris à différentes époques, toujours menés avec beaucoup de lenteur, ils ne furent terminés qu'en 1745, par les soins de M. Mareschal, directeur des fortifications de la province (4).

L'amélioration du port d'Aiguesmortes fut reprise en 1809, mais arrêtée à la chute de l'empire.

Depuis 1835 jusqu'à cette époque, des travaux importants ont amélioré l'entrée du Grau, qu'une drague à vapeur, aidée de la rapidité des eaux du Vidourle aux moments de ses crues, débarrassent des sables apportés par les vents du S. et de l'E.

C'est par la Grande-Roubine que s'écoulent le Vistre, le Vidourle et toutes les eaux que reçoit la plaine à partir de Beaucaire.

2° *Canal de la Radelle.*

Ce canal, qui débouchait autrefois dans l'étang de Mauguio, s'unit aujourd'hui, par le *canal latéral* à l'étang de Mauguio, au

(1) Voir archives de la ville.

(2) Voir archives de la ville, l'ordonnance des trésoriers de France du 7 décembre 1598, où cette opposition se trouve rapportée.

(3) Voir archives de la ville.

(4) Mémoire manuscrit de Gautier de Terreneuve. Recueil manuscrit d'Alexandre d'Esparron (Mémoire préliminaire).

canal des étangs de Cette et doit être considéré comme un prolongement de celui de Beaucaire. Il établit une communication importante entre le Rhône et le canal des deux mers.

Le canal de la Radelle est fort ancien (1) et paraît avoir été creusé, surtout à partir de Vireventre, dans un ancien lit du Vistre. Il ne nous reste aucun document qui nous apprenne la date précise de sa construction, mais il est certain qu'il existait déjà au XIIIe siècle, puisqu'à cette époque tout le commerce maritime de Montpellier se faisait par Aiguesmortes. Du reste plusieurs anciens titres mentionnent ce canal.

En 1250, les habitants de Montpellier obtinrent des lettres patentes (2) de la reine Blanche qui *assigne devant elle les bourgeois de Montpellier et le seigneur de Lunel, afin d'entendre l'enquête qui sera faite au sujet d'un péage que ce dernier exigeait sur un canal placé auprès du port d'Aiguesmortes et qui défend au dit seigneur de rien exiger des dits bourgeois, jusqu'à ce que cette enquête soit terminée*... Pour mettre fin à ce débat, les consuls de mer échangèrent en 1251 (3) avec Gaucelin, seigneur de Lunel, l'exemption de péage sur ce canal contre la propriété de plusieurs maisons à Montpellier.

L'ancienne existence de ce canal est encore constatée par un rapport des marchands notables et autres personnes recommandables de Montpellier, relatif à la taxe des oboles perçues au port de Lattes (4).

Le 19 avril 1334, le Recteur demande aux notables qui avaient fait la visite des lieux, leur rapport sur la meilleure manière d'établir et de lever l'impôt. « *Toute personne qui en allant ou en*

(1) M. Jules Pagezy nous a dit que d'anciens actes désignent ce canal sous le nom de *Fossa*.

(2) Grand Talamus f° 59, v°, art. 148. Jules Pagezy, *Canal maritime du Lez*, page 17.

(3) Grand Talamus, f° 23, v°, art. 43. Jules Pagezy, *Canal maritime du Lez*, page 17.

(4) Archives de la mairie de Montpellier ; Ar. H. Cas. 5, n° 8, et Jules Pagezy, *Canal maritime du Lez*.

venant et passant par le canal de la Radelle ou par toutes autres parties du monde, viendra et abordera au port de Lattes avec des marchandises ou des denrées de toute autre espèce, sera tenue, en venant, allant ou revenant au port de Lattes, de payer comptant, dans le dit lieu de Lattes, la moitié de la redevance, leude ou péage qu'elle paye et qu'il est d'usage qu'elle paye en la dite Radelle, c'est-à-dire si elle paye 4 sols, elle comptera aux dits consuls 2 sols, et ainsi de suite ».

Deux anciens titres font encore mention de ce canal : l'un est un tarif du péage qu'on y percevait, daté du mois de mars 1336 (1); l'autre est une délibération du conseil de la commune d'Aiguesmortes, tenue en 1409, dans laquelle il fut constaté que ce canal appartenait dès longtemps à la ville (2).

Le canal de la Radelle traverse le nouveau lit du Vidourle ; mais comme il serait promptement obstrué par les limons que charrie la rivière lors de ses fréquents débordements, on a construit à ce point d'intersection deux demi-écluses que l'on ferme au moment de l'inondation pour obliger ainsi les eaux du Vidourle à rouler droit devant elles et à déverser leur limon dans l'étang du Repausset.

Le canal de la Radelle a été élargi et régularisé en 1820.

3° *Canal du Bourgidou.*

Ce canal prend naissance au-dessus du fort de Peccais et à l'extrémité de la roubine de ce nom ; il met en communication le canal de Sylvéréal avec ceux de Beaucaire, de la Grande Roubine et de la Radelle, en face duquel il vient déboucher.

Comme le précédent, le *canal du Bourgidou* est fort ancien ; il est positif aussi qu'il servait de communication, pendant le XIIIe siècle, entre Aiguesmortes, le Rhône et les étangs voisins.

(1) Archives de la ville d'Aiguesmortes.

(2) Archives de la ville d'Aiguesmortes, registre des délibérations de 1401 à 1410, f° 141. Di Pietro, *Histoire de la ville d'Aiguesmortes*, p. 79.

Il est probable même, ainsi que nous le démontrerons plus tard dans notre *seconde partie*, en traitant du delta du Rhône et des anciennes embouchures de ce fleuve, que ce canal a été creusé en partie dans une ancienne *brassière* du Rhône, dont les eaux venaient se perdre, même avant le règne de Saint Louis, dans l'étang de la Marette, d'où elles s'écoulaient à la mer par le canal Viel et le Grau Louis.

Au reste on voit encore aujourd'hui, entre Aiguesmortes et le mas Desmarets, un peu plus bas que le canal actuel du Bourgidou, une portion de cet ancien lit nommé le Vieux-Bourgidou, offrant tout à fait l'aspect d'un ancien bras du Rhône.

C'est ce bras en partie comblé, que Saint Louis, ou tout au moins son fils Philippe-le-Hardi, a dû faire recreuser pour établir une communication plus facile entre Aiguesmortes et le Rhône. Cette supposition est fondée sur une sentence rendue par le sénéchal de Beaucaire en avril 1283 (1).

Le canal du Bourgidou a beaucoup perdu de son importance depuis la construction du canal de Beaucaire à Aiguesmortes. Il est surtout utilisé aujourd'hui pour le transport des roseaux qui croissent dans les marais de l'étang du Leyran.

Ce canal est compris dans la concession de la compagnie du canal de Beaucaire à Aiguesmortes qui possède, au même titre, celui de la Radelle jusqu'au Canalet, limite des départements du Gard et de l'Hérault.

(1) « Cette sentence, relative à un différend qui s'était élevé pour un droit de » pêche entre les officiers du roi et l'abbaye de Psalmody, s'exprime ainsi au sujet » du canal dont il est question : *Robina facta per dominum Regem, quæ diri-* » *gitur ab Aquis-Mortuis versus Rhodanum*, etc. » Di Pietro, *Histoire d'Aigues-mortes*, p. 79, et *Archives de la préfecture du Gard*, titres concernant l'ancienne abbaye de Psalmody, vol. A, f° 257.

4° *Canal de Sylvéréal.*

Ce canal, creusé en grande partie dans l'ancien bras du Rhône dit le *Rhône mort*, met en communication le canal du Bourgidou et de Peccais avec le Petit Rhône dans lequel il vient déboucher près de la tour de Sylvéréal.

L'on ne connaît pas d'une manière bien précise la date des premiers travaux entrepris pour la construction de ce canal, mais ils ne doivent pas remonter au-delà du milieu du XVIe siècle, attendu qu'ils n'ont pu être exécutés que postérieurement à l'année 1532. C'est alors, en effet, que François Ier fit ouvrir le *Grau neuf* pour servir de nouvelle issue à la branche du Petit-Rhône, dite aujourd'hui le Rhône mort, qui n'était pas encore atterrie à cette époque, et qui venait décharger ses eaux dans les étangs voisins d'Aiguesmortes par le bras dit de Saint-Roman dont on ferma l'entrée.

Une carte dressée en 1635, par Vort-Camp, que nous avons vue aux archives de la ville d'Arles, représente ce canal avec son redressement près de l'écluse de Sylvéréal tel qu'il existe aujourd'hui.

Ce canal, avant la construction de celui de Beaucaire, servait de communication importante entre le Rhône et le canal de Languedoc ; il ne sert plus aujourd'hui qu'au transport des sels de Peccais qui doivent remonter l'Isère, la Saône et le Rhône jusqu'à l'entrepôt de Lyon, pour aller dans la Savoie, la Bourgogne et la Suisse.

Il appartient, comme les canaux du Bourgidou et de la Radelle, à la compagnie du canal de Beaucaire à Aiguesmortes.

5° *Canal de Peccais.*

Ce petit canal, connu sous la dénomination plus particulière de *Roubine de Peccais* est exclusivement destiné à transporter les sels des salins de Peccais ; il communique avec les canaux de Sylvéréal et du Bourgidou ; comme eux, il occupe l'emplacement d'un ancien lit du Rhône. Il appartient à la Compagnie des Salins.

6° *Canal de Capette.*

Ce canal a été ouvert par la compagnie des canaux de Beaucaire pour mettre en communication le Petit Rhône avec le canal de Beaucaire et pour l'arrosage et l'exploitation des marais. Mais l'inondation du Rhône de 1840 a détruit complétement les chaussées de ce canal comprises entre les Iscles et le pont de Gallician, et l'a rendu presque impraticable.

Le canal de Capette communique avec celui de Sylvéréal au moyen d'un petit canal de 7 kilomètres et demi dit la *Rigole des Fontanilles.*

7° *Canal de Beaucaire à Aiguesmortes.*

Mais de tous les canaux que nous venons de décrire, le plus important est celui de Beaucaire à Aiguesmortes. Il fut ouvert pour rattacher d'une manière plus directe le Rhône au canal du Midi, dont la communication ne pouvait avoir lieu que par les canaux de Sylvéréal, du Bourgidou et par celui de la Radelle qui allait autrefois déboucher dans l'étang de Mauguio.

Historique de la concession de ce canal.

Le canal du Midi, œuvre de l'immortel Riquet, était à peine terminé, que les Etats sentirent la nécessité de prolonger ce canal jusqu'au Rhône. Ils entreprirent d'abord la partie comprise entre les étangs de Thau et de Mauguio qui fut creusée à travers les étangs de Frontignan, de Maguelonne et de Pérols, et qui, à raison de cette position, prit le nom de *Canal des Etangs*.

Concession au maréchal de Noailles.

Par arrêt du conseil du roi, le maréchal de Noailles obtint, le 20 décembre 1701, la concession des marais compris entre Pérols, Aiguesmortes et Beaucaire, à charge de dessécher ces marais et de prolonger le canal des Etangs jusqu'au Rhône, à Beaucaire. Mais ces travaux n'ayant été entrepris ni par le maréchal de Noailles ni par les successeurs aux droits de cette concession, elle fut remise aux Etats de Languedoc le 8 novembre 1746. Ceux-ci la concédèrent, le 20 novembre 1752, au maréchal de Richelieu qui avait conçu le projet de pousser le canal des Etangs jusqu'au Rhône, mais en passant par Nimes et aboutissant au fleuve près le village de Comps. Ce projet n'obtint pas la sanction du gouvernement et fut abandonné.

Projet de concession au maréchal de Richelieu.

Les Etats de Languedoc reprirent donc le premier projet et en commencèrent l'exécution en 1777, auprès d'Aiguesmortes. Les travaux avaient déjà dépassé Saint-Gilles lorsqu'ils furent interrompus par la Révolution. Ils demeurèrent suspendus jusqu'en 1801, où la loi du 25 ventôse an XI autorisa la concession temporaire du canal de Beaucaire et la concession perpétuelle des marais qui en dépendent. Un traité passé le 17 mai suivant aliéna pour 80 ans la jouissance du canal à un concessionnaire représenté aujourd'hui par une compagnie organisée en société anonyme. Cette compagnie a fait terminer le canal, et en a ouvert la navigation dont elle perçoit les droits avec les autres produits.

Concession du canal de Beaucaire.

Concession du canal des Étangs.

Une autre compagnie a obtenu, par ordonnance royale du 30 janvier 1822, la jouissance du *canal des Etangs* pendant 29 ans et 9 mois, à la condition : 1° de prolonger le canal des Etangs jusqu'à celui de Beaucaire au moyen d'un canal latéral à l'étang de Mauguio, et de redresser une partie du canal d'embranchement de Lunel pour le faire aboutir à ce canal latéral ; 2° de curer et restaurer toutes les parties des anciens canaux *des Etangs* et de *la Peyrade* et d'en perfectionner les travaux.

Les concessions temporaires des deux canaux des Etangs et de Beaucaire faites aux deux compagnies prendront fin, pour le premier, le 30 octobre 1851, et pour le canal de Beaucaire, le 22 septembre 1881.

L'administration du canal de Beaucaire est confiée à deux comités dont l'un, appelé le *Comité central*, composé de 5 membres, réside à Paris : le président de ce comité est chef de toute l'administration. L'autre comité, appelé *Comité d'exécution* est composé de 7 membres ; son siége est à Montpellier.

Description du canal de Beaucaire.

Le canal d'Aiguesmortes à Beaucaire s'alimente dans le Rhône, près de cette dernière ville, au moyen d'une écluse courbe. L'étiage du fleuve est dans cette partie à 3^m64 au-dessus de la basse mer. Cette hauteur est répartie sur 4 biefs, dont l'inférieur, qui est au niveau de la basse mer, s'étend d'Aiguesmortes jusqu'à l'échelle de Broussan, sur une longueur de 34,240 mètres : c'est environ les 2/3 de la longueur totale du canal, dont le développement est de 50,334 mètres.

Le tirant d'eau du canal est de 2 mètres, et sa largeur de 10 mètres.

Le canal de Beaucaire donnait lieu, avant l'établissement du chemin de fer, à un tonnage de 80,000 tonnes par an.

Son utilité au point de vue du desséchement

L'utilité du canal de Beaucaire ne s'est pas bornée à rattacher directement le Rhône à la Garonne en prolongeant pour ainsi dire le canal du Midi jusqu'à Beaucaire : il a fourni un écoulement régulier aux eaux stagnantes de la plaine et contribué puissamment à assainir le pays.

En outre, l'écluse de défense que la compagnie a fait construire en avant de la ville d'Aiguesmortes, garantit de l'invasion des eaux de la mer les branches de tous les autres canaux qui se réunissent sous cette ville et la partie supérieure de son propre canal, qui, restant toujours à un niveau assez bas, peut recevoir les eaux douces que la compagnie conduit sur les terres pour les dessaler et les livrer un jour à l'agriculture.

Canal de Lunel.

La création de ce canal est très-ancienne : il paraît qu'elle remonte au règne de Philippe-le-Bel, à la fin du XIIIe siècle. Historique.

On trouve dans les archives de la ville de Lunel, une autorisation donnée le 13 des calendes de 1300 par le sénéchal de Nimes pour achever le canal de la Roubine, ainsi que des lettres patentes du roi confirmant cette autorisation aux conditions portées dans l'acte de concession de l'an 1299 (1).

A cette époque le canal existait depuis son embouchure dans l'étang de Mauguio, jusqu'à une distance de 2,200 mètres de la ville.

Le 15 septembre 1595, à la requête des habitants de Lunel, le roi Henri IV accorda des lettres patentes portant autorisation de continuer ce canal jusques sous les murs de la ville. Mais ce projet resta ajourné faute de ressources suffisantes.

En 1714, M. Senès, ingénieur du roi, dressa les plans et devis des travaux pour mener à bonne fin l'exécution de ce même projet. Ces plans approuvés par la communauté, le furent aussi par le roi : le 20 août 1715 des lettres patentes fixent le tarif des droits à percevoir sur les marchandises, autorisent la communauté à concéder ces droits et enjoignent à M. de Basville, intendant de la province de Languedoc, de procéder à l'adjudication.

Le 17 novembre 1717, Louis Coulomb, de Montpellier, proposa de se charger de ces travaux sous diverses conditions dont les suivantes seulement furent acceptées : Les travaux et toute la dépense qu'ils devaient entraîner concerneraient le dit Louis Coulomb seul, qui aurait en compensation l'aliénation à perpétuité de

(1) Archives de la ville, 1re armoire, 4e paquet ; inventaire de 1702, p. 57. Inventaire de 1830, n° XLIII.

la propriété du canal depuis l'étang de Mauguio jusqu'à la porte de Lunel, et des droits à percevoir sur toutes les marchandises qui y passeront, conformément au tarif consacré par les lettres patentes du 20 août 1715.

Louis Coulomb fut définitivement déclaré adjudicataire sous ces conditions le 25 janvier 1718, et l'adjudication ratifiée par un arrêt du conseil du roi le 5 mars suivant.

En 1821, la ville de Lunel, dans le but de favoriser le commerce, qui se plaignait des lenteurs apportées au transport des marchandises, passe une transaction avec les propriétaires du canal dans le but de donner un tirant d'eau supérieur et constant, même pendant l'étiage. A cet effet les plans et devis de M. Fauris, ingénieur architecte de la ville de Montpellier, portant l'élargissement du canal et la construction d'une écluse dans sa partie inférieure, sont adoptés.

Mais comme il résultait de ces plans une dépense à faire de 132,000 francs, il fut concédé en compensation une augmentation de droit de $\frac{25}{20}$, soit 1 et 1/4 en sus des droits perçus depuis l'arrêt du conseil d'Etat du 5 mars 1718. Cette transaction fut approuvée par ordonnance royale le 15 août 1821. Les propriétaires du canal s'empressèrent de percevoir l'augmentation des droits, mais ni l'écluse ni les réparations n'ont été exécutées jusqu'à ce jour.

Le canal de Lunel, utile au gouvernement pour le transport des sels, était destiné à l'embarquement des produits des vignobles de la contrée et servait à conduire à Lunel les grains et les farines que le commerce tirait du Haut Languedoc pour l'approvisionnement de Nimes et des Cévennes.

Lunel est resté longtemps un entrepôt de bois de construction, de houilles et de denrées coloniales, mais aujourd'hui, et surtout depuis l'établissement du chemin de fer, ce canal a perdu toute son importance ; il deviendrait même complétement inutile si le projet de chemin de fer d'Aiguesmortes à Lunel venait à s'exécuter.

Les quinze bassins hydrographiques, que nous avons précédemment décrits, renferment 440 cours d'eau grands ou petits, qui mettent en mouvement, dans le Gard, plus de 600 établissements industriels.

Le tableau suivant indique par ordre alphabétique ces divers cours d'eau ainsi que les lieux et la nature géologique du sol où ils ont leur source, le nom des arrondissements sur lesquels ils coulent, la longueur de leur parcours, les principaux établissements industriels qu'ils mettent en mouvement, les rivières dans lesquelles ils se perdent et, enfin, la désignation du bassin hydrographique où ils se trouvent compris.

TABLEAU des cours d'eau qui sillonnent le département du Gard.

NOM ET DÉSIGNATION du COURS D'EAU.	COMMUNE où IL PREND SA SOURCE.	ARRONDISSEMENT sur LEQUEL IL PASSE.	Longueur de son parcours.	PRINCIPAUX établissements industriels qu'il fait rouler.	COURS D'EAU dans lequel IL SE JETTE (1).	NOM du bassin hydrographique dans lequel il est situé.	Nature géologique DU SOL où il prend sa source.
			Kilomètres				
ABAU, ruisseau	Bonnevaux	Alais et départemt de l'Ardèche	6	»	Gagnière D.	Cèze	Schistes.
AGRÈNES	Bagard	Alais	2	»	Carriol G.	Gardon	Oxf.
AIGUALADE	Combas	Nimes	10	1 Moulin à farine 1 Moulin à huile	Vidourle G.		Néoc.
AIGUEBLANQUE	Collorgues	Uzès	3 1/2	1 Moulin à farine	Bourdic D.		Lac.
AIGUILLE (L')	Valbonne	Uzès	10	3 Briquetteries	Ardèche D.		Cenom.
AIGUILLON (L')	Vallerargues	Uzès	12	3 Moulins à farine	Cèze D.		Néoc.
ALAUZÈNE	Seynes	Alais	17	»	Auzonnet D.	Cèze	Néoc.
ALBAGNE	Arigas	Vigan	1/2	»	L'Aumessas D.	Hérault	Granite.
ALLARENQUE	Saint-Benezet	Alais	4	2 Moulins à farine	Gard. d'Anduze D.	Gardon	Néoc.
ALZON, ruisseau	Saint-Paul-la-Coste	Alais	11	3 Moulins à farine 1 Moulin à soie	Gard. d'Alais D.	Gardon	Lias.
ALZON ou RIVIÈRE DE VALLABRIX	La Capelle	Uzès	24	14 Moulins à farine 4 Moulins à huile 1 Moulin à fouler 1 Moulin à vernis 6 Fabriq. à ouvrer la soie 1 Lavage de laines 1 Blanchisserie 4 Tanneries	Gardon G.		Aptien.
AMALETH	Génolhac	Alais	17	3 Moulins à farine	Homol G.	Cèze	Schistes.
AMOUS (Petite rivière d')	Saint-Sébastien	Alais	9 1/2	5 Moulins à farine 4 Moulins à huile	Gard. d'Anduze G.	Gardon	Lias.
ANDORGE (L'), torrent	Sainte-Cécile	Alais	3	»	Gard. d'Alais G.	Gardon	Schistes.
ARBOUSSIÈRE (L')	Durfort	Vigan	1	»	Pisse-Cabre	Vidourle	Lias.
ARDÈCHE (L')	St-Étienne-de-Lugdarès	Alais	22 dans le Gard.	»	Rhône D.		Granite.
ARÈNE (L'), fossé torrentiel	Vauvert	Nimes	4 1/2	»	Vistre G.		Subap.
ARGENSON	Rousson	Alais	6	»	Auzonnet D.	Cèze	Lac.
ARGENTESSE (L')	Cézas	Vigan	10	»	Vidourle D.		Lias.
ARIAS	Rousson	Alais	7	»	Avène D.	Gardon	Oxford.

(1) Les lettres D. G. indiquent si l'affluent est situé sur la rive droite ou sur la rive gauche.

NOM ET DÉSIGNATION du COURS D'EAU.	COMMUNE où IL PREND SA SOURCE.	ARRONDISSEMENT sur LEQUEL IL PASSE.	Longueur de son parcours.	PRINCIPAUX établissements industriels qu'il fait rouler.	COURS D'EAU dans lequel IL SE JETTE.	NOM du bassin hydrographique dans lequel il est situé.	Nature géologique DU SOL où il prend sa source.
			kilomètres				
ARIASSE (L')	Beauvoisin	Nimes	4	»	Vistre G.		Subap.
ARIGAS (L')	Arigas	Vigan	5 1/2	2 Moulins à farine	Arre G.	Hérault	Granite.
ARNAUDE	St-Félix-des-Pallières	Vigan	2	1 Moulin à farine	Salindres D.	Gardon	Keuper.
ARNAVE (L')	Carsan	Uzès	7	2 Moulins à farine	Rhône D.		Turonien.
ARRE (L')	Alzou	Vigan	27	7 Moulins à farine 1 Moulin à plâtre 2 Filatures 1 Papeterie	Hérault D.		Trias.
ARRIÈRE (L')	Manduel	Nimes	2	»	Vistre G.		Subap.
ARRIÈRE (L')	Nages	Nimes	1 1/2	»	Rhony G.	Vistre	Néoc.
ARRIÈRE (L')	Garrigues	Uzès	4	»	Bourdic D.	Gardon	Lacustre.
ARTIGUE	Pompignan	Vigan	4	»	Rieumassel G.	Vidourle	Néoc.
AUBAROU	Servas	Alais	6	»	Alauzène	Cèze	Lacustre.
AUMESSAS	Aumessas	Vigan	10	2 Moulins à farine	Arre G.	Hérault	Granite.
AUZIGUE	Sabran	Uzès	4	1 Moulin à farine	Brives G.	Cèze	Ucétien.
AUZONET (L')	Portes	Alais	25	18 Moulins à farine 2 Moulins à huile 2 Moulins à foulons 1 Papeterie	Cèze D.		Houiller.
AVEDON	Uzès	Uzès	3 1/2	»	Alzon D.	Gardon	Mol. coq.
AVÈGNE	Vallerargues	Uzès	14	»	Aiguillon D.	Cèze	Néoc.
AVÈNE	Laval	Alais	24	3 Moulins à farine	Gard. d'Alais G.	Gardon	Schistes.
BAGNE	Saint-Gervais	Uzès	1 1/2	2 Moulins à farine	Cèze G.		Cal. à hip.
BAGNIÈRES	Saint-Maurice	Alais	2	»	Droude G.	Gardon	Lacustre.
BAISSASSE (La)	Villevieille	Nimes	2	1 Moulin à farine	Vidourle G.		Mol. coq.
BAIX (Le)	Saint-Jean-de-Serres	Vigan	11	1 Usine	Crieulon G.	Vidourle	Néoc.
BALCOUZE	Saint-Martial	Vigan	6	»	Rieutort D.	Hérault	Granite.
BASTARDEL	Manduel	Nimes	2	»	Buffalon G.	Vistre	Alluv.
BASTIDE (Fontaine de la)	Goudargues	Uzès	1 1/2	1 Moulin à farine	Cèze D.		Néoc.
BASTIDE (La)	Gaillan	Vigan	1 1/2	»	Vidourle D.		Néoc.
BAUMELLE (La)	Mialet	Alais	1/2	1 Moulin à farine	Gard. de Mialet G.	Gardon	Lias.
BAUMES (Évent du moulin des)	Montclus	Uzès	1/2	1 Moulin à farine	Cèze G.		Néoc.
BAVIÈRE (La)	Montignargues	Uzès	4	»	Braune G.	Gardon	Néoc.
BEDOUS	Mandagout	Vigan	1 1/2	»	Courbière	Hérault	Calc. crist.
BÉNOVIE	Département de l'Hérault	Nimes	4	»	Vidourle D.		Oxford.
BERLAUDE	St-Hilaire-de-Brethmas	Alais	4	2 Moulins à farine	Gard. d'Alais G.	Gardon	Lacustre.
BEZONS	Département de la Lozère	Alais	5	1 Moulin à farine	Conne	Cèze	Schistes.
BOIS (Le) ou RUISSEAU DE FONTFRÈDE	Robiac	Alais	1	»	Cèze D.		Keuper.

NOM ET DÉSIGNATION du COURS D'EAU.	COMMUNE où IL PREND SA SOURCE.	ARRONDISSEMENT sur LEQUEL IL PASSE.	Longueur de son parcours.	PRINCIPAUX établissements industriels qu'il fait rouler.	COURS D'EAU dans lequel IL SE JETTE.	NOM du bassin hydrographique dans lequel il est situé.	Nature géologique DU SOL où il prend sa source.
			kilomètres				
Boisseson	Sainte-Croix-de-Caderle	Vigan	2	1 Moulin à farine	Gard. de St-André D	Gardon	Granite.
Bonheur ou Bramabiou	Valleraugue	Vigan	6 1/2	»	Trèvezels D.	Dourbie	Schistes.
Bonpeyrier	St-Marc-de-Fons-Fouille	Vigan	3	»	La Borgne D.	Gardon	Schistes.
Bordarié	Bessas (Ardèche)	Alais	5 1/2	»	Romejac D.	Ardèche	Néoc.
Borgne (La)	St-Marc-de-Fons-Fouille	Vigan	10	»	Gard. de St-André D	Gardon	Schistes.
Bornègre	Argillers	Uzès	2 1/2	»	Alzon G.	Gardon	Néoc.
Bourdiguet ou Rivière de Bourdic	Aigaliers	Uzès	17	4 Moulins à farine	Gardon G.		Néoc.
Bouregade	St-Géniès-de-Malgoirès	Uzès	7	»	Braune G.	Gardon	Néoc.
Bourel	Bonnevaux	Alais	1 1/2	»	Abau G.	Cèze	Schistes.
Bourlu (Source)	Cardet	Alais	1/2	»	Allarenque G.	Gardon	Néoc.
Bournaves	Malons	Alais	3	3 Moulins à farine	Cèze G.		Schistes.
Bournègre ou Vallat de la Bégude de Sernhac	Sernhac	Nimes	3 1/2	1 Moulin à farine	Fossés de la Bégude	Gardon	
Bragueirolles	Saint-Paul-la-Coste	Alais	1	»	Galeizon D.	Gardon	Lias.
Brassière d'Aramon	Aramon	Nimes	4	»	Rhône D.		Alluv.
Braune, torrent	Saint-Mamert	Nimes. Uzès	12	6 Moulins à farine	Gardon D.		Lacustre.
Bréaunèze	Aulas	Vigan	10	2 Moulins à farine	Condoulier D.	Hérault	Granite.
Brégou ou des Capelans, ruisseau	Anduze	Alais	2	»	Gard. d'Anduze D		Ool.
Brémo	Blannaves	Alais	4	»	Gard. d'Alais D.	Gardon	Schistes.
Brestalou	Claret (Hérault)	Vigan	21	1 Moulin à farine	Vidourle D.		Néoc.
Briançon	Estézargues	Uzès. Nimes	10	3 Moulins à farine	Gardon G.		Subap.
Briançon	Saint-Just-et-Vaquières	Alais	8	»	Candouillère D.	Gardon	Néoc.
Brié	Combas	Nimes	7	»	Vidourle G.		Néoc.
Brives, Diole à son origine	Saint-Laurent-la-Vernède	Uzès	12	»	Tave G.	Cèze	Aptien.
Brosse (La)	Valbonne	Uzès	7	»	Aiguille G.	Ardèche	Cénomanien.
Brousson	Portes	Alais	2	»	Luech D.	Cèze	Houiller.
Bruguière (La)	Saint-Benezet	Alais	4	»	Gardon D.		Néoc.
Bruège	Saint-Privat-des-Vieux	Alais	5	»	Grabieu G.	Gardon	Lacustre.
Buffalon	Bezouce	Nimes	10	1 Moulin à farine	Vistre G.		Néoc.
Buffinières	Arigas	Vigan	1	1 Moulin à farine	L'Estelle G.	Hérault	Schistes.
Bustardel	Générac	Nimes	6	»	Vistre G.		Subap.
Cabassan	Beauvoisin	Nimes	2	»	Vistre G.		Subap.
Campagnolles, écoulement de la Font des Agronès	Générac	Nimes	5	1 Moulin à farine	Vistre G.		Subap.
Campmaurel	Blannave	Alais	1	2 Moulins à farine	Gard. d'Alais D.	Gardon	Schistes.
Canabière (La)	Bouquet	Alais	3	»	Aiguillon D.	Cèze	Néoc.
Canabou	Saint-Gervasy	Nimes	6	4 Moulins à farine	Vistre D.		Néoc.
Canal des prés de Saint-Jean, dérivé du Gardon d'Alais	St-Martin-de-Valgalgues	Alais	2 1/2	3 Moulins à farine	Gard. d'Alais G.	Gardon	
Canaux (Les)	Le Garn	Uzès	11	1 Moulin à farine	Ardèche D.		Lacustre.

NOM ET DÉSIGNATION du COURS D'EAU.	COMMUNE où IL PREND SA SOURCE.	ARRONDISSEMENT sur LEQUEL IL PASSE.	Longueur de son parcours.	PRINCIPAUX établissements industriels qu'il fait rouler.	COURS D'EAU dans lequel IL SE JETTE.	NOM du bassin hydrographique dans lequel il est situé.	Nature géologique DU SOL où il prend sa source.
			Kilomètres				
Canellieu	Seynes	Alais	1	2 Moulins à farine	Alauzène G	Cèze	Néoc.
Canet, source au bord de la Cèze	St-Privat-de-Champclos	Alais	»	»	Cèze G		Néoc.
Candouillère (La)	Saint-Maurice	Alais	7	2 Moulins à farine 1 Moulin à huile	Droude G	Gardon	Lacustre.
Cantarel	Castelnau	Alais	3 1/2	2 Moulins à farine	Droude G	Gardon	Lacustre.
Cantérane	Crespian	Vigan	3	»	Doulibre	Vidourle	Néoc.
Cantéronne	Saint-Romans	Vigan	5	3 Filat. de soie au moyen de puits	Rieutord G	Hérault	Schistes.
Carreisse (La)	Valbonne	Uzès	3	»	Sablier G	Ardèche	Cénom.
Carriol	Bagard	Alais	6	»	Gard. d'Alais D	Gardon	Oxford.
Carte-Ravelle	Cannes et Clairan	Vigan	2 1/2	»	Courme D	Vidourle	Néoc.
Cassande (La)	Générac	Nîmes	7	»	Marais	Canal de Beaucaire	Subap.
Caussinadel	Saint-Brès	Alais	3	»	Cèze G		Ool.
Cèze (La)	St-And.-de-Cap-Cèze (Loz.)	Alais, Uzès	132		Rhône D	Cèze	Schistes.
Chalcier	Bonnevaux	Alais	1	»	Abau	Cèze	Schistes.
Chandouillère (La)	Malons	Alais	2 1/2	2 Moulins à farine	Cèze G		Schistes.
Charlèpe	Bonnevaux	Alais	1/2	»	Perras	Cèze	Schistes.
Chassezac	Département de la Lozère	Alais	6 dans le Gard.	»	Ardèche D		
Chaudebois	Saint-Jean-du-Pin	Alais	3	1 Moulin à farine	Gard. d'Alais D	Gardon	Schistes.
Claisse	St-Paul-le-Jeune (Ardèche)	Alais	17	4 Moulins à farine	Cèze G		Keuper.
Clapouse (La)	Bonnevaux	Alais	1/2	»	Abau	Cèze	Schistes.
Claou	Puechredon	Vigan	2	»	Reyanne	Vidourle	Néoc.
Clarou	Valleraugue	Vigan	8	»	Hérault G		Schistes.
Clau	Boucoiran	Alais	1/2	»	Gardon D		Néoc.
Claud	Cardet	Alais	1	»	Gard. d'Anduze D	Gardon	Néoc.
Cledas	Fons-sur-Lussan	Uzès	3 1/2	»	Merderis D	Cèze	Néoc.
Colcrubairol	Cannes et Clairan	Vigan	1 1/2	»	Courme D	Vidourle	Néoc.
Combebonne	Saint-Martial	Vigan	4 1/2	»	Balcouze	Hérault	Granite.
Combebonne	Valleraugue	Vigan	1 1/2	1 Moulin à farine	Hérault G		Schistes.
Combe-de-Neige	Saint-Just	Alais	2	»	Droude D	Gardon	Néoc.
Combe-Jullien	Boucoiran	Alais	1/2	»	Gardon D		Néoc.
Combe-Prigonne	Clarensac	Nîmes	1 1/2	»	Rhony D	Vistre	Néoc.
Combes-Caudes	Valleraugue	Vigan		»	Hérault		Schistes.
Conduzorgues	Montdardier	Vigan	5	»	Vis G	Hérault	Oxford.
Conne	Concoules	Alais	3	1 Moulin à farine	Cèze D		Granite.
Contry	Saint-Félix-de-Pallières	Vigan	1 1/2	1 Moulin à farine	Ribou G	Vidourle	Keuper.
Conturbie	Monoblet	Vigan	9	»	Crespenou G	Vidourle	Lias.
Corbière	Aujargues	Nîmes	10	2 Moulins à farine	Vidourle G		Lacustre.

NOM ET DÉSIGNATION du COURS D'EAU.	COMMUNE où IL PREND SA SOURCE.	ARRONDISSEMENT sur LEQUEL IL PASSE.	Longueur de son parcours.	PRINCIPAUX établissements industriels qu'il fait rouler.	COURS D'EAU dans lequel IL SE JETTE.	NOM du bassin hydrographique dans lequel il est situé.	Nature géologique DU SOL où il prend sa source.
			kilomètres				
Coudoulous	Arphi	Vigan	13	6 Moulins à farine 2 Foulons 1 Moulin à huile 1 Filature soie	Arre G.	Hérault	Granite.
Coularou	Saint-Bresson	Vigan	4 1/2	1 Filature de coton	Arre D.	Hérault	Calc. prim.
Coulès	Aspères	Nimes	2	»	Vidourle D.		Oxford.
Couligne	Colognac	Vigan	4 1/2	1 Moulin à farine	Salindres D.	Gardon	Granite.
Couloubry	Saint-Jean-de-Serre	Alais	2	»	Gard. d'Anduze D.	Gardon	Néoc.
Courbière	Mandagout	Vigan	3	»	Arre D.	Hérault	Granite.
Courme	Saint-Benezet	Alais Nimes Vigan	15	2 Moulins à farine	Vidourle G.		Néoc.
Courmeiret	Montmirat	Nimes	3	»	Courme G.	Vidourle	Néoc.
Crenze	Saint-Laurent-le-Minier	Vigan	4	1 Filature	Vis G.	Hérault	Schistes.
Crespenou	Monoblet	Vigan	9 1/2	2 Moulins à farine	Vidourle G.		Lias.
Crieulon	Saint-Féliz-de-Pallières	Vigan	21	2 Moulins à farine 1 Moulin à huile	Vidourle G.		Lias.
Cros (Le)	Valleraugue	Vigan	3 1/2	»	Hérault G.		Schistes.
Crouzelle (La)	Beauvoisin	Nimes	2	»	Vistre G.		Subap.
Cubelle	Aubais	Nimes	10	»	Vistre D.		Mol. coq.
Cuègne	St-Marcel-de-Carreiret	Uzès	3 1/2	»	Aiguillon G.	Cèze	Paulétien
Dartigue (voir Artigue).							
Davègne (voir Avègne).							
Derbeze ou Passadouire	Vénéjan	Uzès	7	»	Cèze G.		Lacustre.
Devès	Aramon	Nimes	3	2 Moulins à farine	Rhône D.		Néoc.
Doulibre	Crespian	Nimes, Vigan	5	»	Vidourle G.		Néoc.
Dourbie (La)	Mt de l'Espérou	Vigan	25	»	Tarn G.	Dourbie	Granite.
Droude (La)	Saint-Just	Alais, Uzès	20	8 Moulins à farine 1 Moulin à huile	Gardon G.		Néoc.
Ensumène ou Rieutord	Saint-Martial	Vigan	13	9 Moulins à farine	Hérault G.		Granite.
Escaillon	Générac	Nimes	4	»	Vistre G.		Subap.
Escattes	Congéniès	Nimes	6 1/2	6 Moulins à farine	Rhony D.	Vistre	Néoc.
Etang, écoulement de l'étang de Tresque	Tresque	Uzès	2 1/2	»	Cèze D.		Turonien.
Evillières	Arigas	Vigan	1 1/2	»	Estelle	Hérault	Calc. prim.
Eure (Fontaine d')	Uzès	Uzès	1/2	1 Moulin à farine 1 Filature de soie	Alzon G.	Gardon	Néoc.

NOM ET DÉSIGNATION du COURS D'EAU.	COMMUNE où IL PREND SA SOURCE.	ARRONDISSEMENT sur LEQUEL IL PASSE.	Longueur de son parcours.	PRINCIPAUX établissements industriels qu'il fait rouler.	COURS D'EAU dans lequel IL SE JETTE.	NOM du bassin hydrographique dans lequel il est situé.	Nature géologique DU SOL où il prend sa source.
			kilomètres				
Faille	Servas	Alais	2	»	Alauzène G.	Ceze	Lacustre.
Faissière	St-Romans-de-Codières	Vigan	2	»	Vidourle D.		Lias.
Falguières	Lozère	Alais	2	1 Moulin à farine	Gard. de Mialet G.	Gardon	Schistes.
Fan (Fontaine de)	Lussan	Uzès	1/2	1 Moulin à blé	Aiguillon G.	Cèze	Néoc.
Faux	La Melouse	Alais	3	»	Galeizon G.	Gardon	Schistes.
Faveirol	Monteils	Alais	1	»	Droude G.	Gardon	Lacustre.
Faverolles	St-Marcel-de-Fons-Fouile.	Vigan	»	»	Borgne G.	Gardon	Schistes.
Fès	Combas	Nimes	4	»	Brie D.	Vidourle	Néoc.
Fons (Les)	St-Julien-de-Valgalgue	Alais	2	1 Moulin à farine 1 Fabrique de soie	Grabieu D.	Gardon	Houiller.
Fons du mas Dieu	Laval	Alais	3	1 Moulin à farine	Gard. d'Alais G.	Gardon	Lias.
Fontaine		Alais	1/4	»	Droude D.	Gardon	Lacustre.
Fontaine	Brouzet	Alais	1	»	Alauzène G.	Cèze	Néoc.
Fontaine d'Anduze	Anduze	Alais	1/2	3 Moulins à farine	Gard. d'Anduze G.	Gardon	Keuper.
Fontaine de Bagnols	Bagnols	Uzès	1 1/2	2 Moulins à farine	Cèze D.		Turon.
Fontaine de Nimes (La)	Nimes	Nimes	4	6 Moulins à farine 1 Filature de soie 1 Fabriq. déchets de soie. 1 Fabrique de carton	Vistre D.		Néoc.
Fontaine de Salinelles	Salinelles	Nimes	»	»	Vidourle D.		Lacustre.
Fontaine de Sauve	Sauve	Vigan	»	»	Vidourle D.		Oxf.
Fontaine de Saze	Saze	Uzès	1	»	La Roubine D.		Subap.
Fontaine de Tavel	Tavel	Uzès	4	3 Moulins à farine	Roubine de l'étang du Pujaut G.		Néoc.
Fontaine de Vallier	Castillon	Uzès	1/2	»	La Valliguière G.	Gardon	Néoc.
Fontaine de Vers	Vers	Uzès	2	»	Gardon G.		Mol. coq.
Fontanieux	Salinelles	Nimes	2	»	Vidourle D.		Lacustre.
Fontarame	Saint-Cosme	Nimes	2	»	Rieutort G.	Vistre	Néoc.
Fontbrune	Crespian	Nimes	1	»	Courme G.	Vidourle	Néoc.
Font-Coude	St-Martin-de-Saussenac	Vigan	8	»	Crieulon G.	Vidourle	Lias.
Font-Couverte	Barjac	Alais	3	»	Cèze G.		Lacustre.
Font de Naval ou Esquielle	Mauressargues	Uzès	5	6 Moulins à farine	Gardon D.		Néoc.
Font du Loup	Brouzet	Alais	1	»	Alauzène D.	Cèze	Néoc.
Font-Fossat (Ravin de)	Anduze	Alais	1	»	Gard. d'Anduze D.	Gardon	
Font-Fumeiran	Manduel	Nimes	2	»	Buffalon G.	Vistre	Subap.
Font longue	Saint-Brès	Alais	5	»	Cèze G.		Oxf.
Fontou ou Fontaine gaillarde	Aujargues	Nimes	1 1/2	2 Moulins à farine	Corbière G.	Vidourle	Lacustre.
Font publique	Massanes	Alais	1/2	»	Allarenque D.	Gardon	Néoc.
Fonts (Les)	Connaux	Uzès	4	3 Moulins à farine	Tave D.	Cèze	Néoc.

NOM ET DÉSIGNATION du COURS D'EAU.	COMMUNE où IL PREND SA SOURCE.	ARRONDISSEMENT sur LEQUEL IL PASSE.	Longueur de son parcours.	PRINCIPAUX établissements industriels qu'il fait rouler.	COURS D'EAU dans lequel IL SE JETTE.	NOM du bassin hydrographique dans lequel il est situé.	Nature géologique DU SOL où il prend sa source.
			kilomètres				
FONT-SAUSSE	St-Martin-de-Saussenac	Vigan	9	»	Le Carsonnaux	Vidourle	Ool.
FOSSE MALE	Vabres	Vigan	2	»	Salindres D.	Gardon	Granite.
FOURNELS (Vallat des)	Trèves	Vigan	1	»	Trevezels G.	Dourbie	Keuper.
FRIGOUILLÈRES	Bagard	Alais	2	»	Liquairol G.	Gardon	Lacustre.
FUMADES (Les)	Rousson	Alais	1	»	Auzonnet D.	Cèze	Lacustre.
GAGNIÈRES	Malons	Alais. Ardèche	20	Plusieurs moulins	Cèze G.		Schistes.
GAIZOT	Saint-Brès	Alais	1	»	Gammale	Cèze	Oxford.
GALEIZON	Lozère	Alais	13	3 Moulins à farine 1 Fabrique de soie	Gard. d'Alais D.	Gardon	Schistes.
GAMMALE	Saint-Brès	Alais	2	»	Cèze G.		Oxford.
GARDON D'ALAIS	Lozère	Lozère. Alais	68	12 Moulins	Gard. d'Anduze G.		Schistes.
— D'ANDUZE	Résulte de la réunion des deux suivantes	Alais	17	Plusieurs moulins	Gard. d'Alais D.		
— DE MIALET	Lozère	Alais	46	Plusieurs moulins	Gard. de St-André G		Schistes.
— DE SAINT-ANDRÉ-DE-VALBORGNE	La Can-de-l'Hospitalet	Vigan. Alais	46	Idem	Gard. de Mialet G.		Lias.
— DE SAINT-GERMAIN-DE-CALBERTE	Lozère	Lozère		Idem	Gard. de Mialet G.		Schistes.
— PRINCIPAL OU GARDON RÉUNIS	Prend cette dénomination au pont de Ners	Alais. Nîmes. Uzès	52	Idem	Rhône D.		
GARDONETTE	Génolhac	Alais	4	4 Moulins à farine	Homol G.	Cèze	Schistes.
GARONNE	Monoblet	Vigan	3	»	Conturbie	Vidourle	Lias.
GISFORT (Source de)	Uzès	Uzès		»	Alzon D.	Gardon	Néoc.
GLÈPE (La)	Montdardier	Vigan	1 1/2	1 Moulin à farine 1 Fabr. de pierres lithog.	Arre D.	Hérault	Keuper.
GORGE (La)	Bonnevaux	Alais	1	»	Abau	Cèze	Schistes.
GOUDARGUES (Fontaine de)	Goudargues	Uzès	1/2	1 Moulin à farine	Cèze D.		Néoc.
GOURGES	Salindres	Alais	1	»	Avène D.	Gardon	Lacustre.
GOUR FARAUX	Saint-Nazaire-de-Gardies	Vigan	2	»	Baix D.	Vidourle	Néoc.
GOURGON	Nages	Nîmes	1 1/2	»	L'Agau	Vistre	Néoc.
GOURS	Cézas	Vigan	2	»	Les Avens	Vidourle	Lias.
GRABIEU	St-Julien-de-Valgalgue	Alais	7	1 Moulin à farine 1 Fabrique de soie	Gard. d'Alais G.	Gardon	Lias.
GRAND'COMBE (Ravin)	Grand'Combe	Alais		»	Gard. d'Alais G.	Gardon	Houiller.
GRANDE-PALLIÈRE	Thoiras	Alais	4	3 Moulins à farine 1 Moulin à huile	Gard. de St-André D		Granite.
GRAND-VALLAT	Bonnevaux	Alais	1	»	Abau	Cèze	Schistes.
GRAND-VALLAT	Castelnau	Alais	1	»	Droude G.	Gardon	Lacustre.
GRANGES	Cardet	Alais	2	»	Gard. d'Alais D.	Gardon	Néoc.
GRANOUILLET	Saint-Laurent-des-Arbres	Uzès	1	»	Nizon G.	Rhône	Subap.

NOM ET DÉSIGNATION du COURS D'EAU.	COMMUNE où IL PREND SA SOURCE.	ARRONDISSEMENT sur LEQUEL IL PASSE.	Longueur de son parcours.	PRINCIPAUX établissements industriels qu'il fait rouler.	COURS D'EAU dans lequel IL SE JETTE.	NOM du bassin hydrographique dans lequel il est situé.	Nature géologique DU SOL où il prend sa source.
			kilomètres				
GRAVEROL	Saint-Ambroix	Alais	4	4 Filatures au moyen de pompes	Cèze D.		Lias.
GRAVIER	Anduze	Alais	4	»	Gard. d'Anduze	Gardon	Trias.
GRÈS (Roubine du)	Tavel	Uzès		3 Moulins à farine	Rhône D.		Alluvions.
GRIMES	Boisset	Alais	2	»	Gard. d'Anduze G.	Gardon	Lacustre.
HABIMES	Rousson	Alais	1	»	Alauzène G.	Cèze	Lacustre.
HÉRAULT (L')	Valleraugue	Vigan et département de l'Hérault	30 dans le Gard.	Plusieurs usines	Méditerranée	Hérault	Schistes.
HIENNET (L')	Génolhac	Alais	1	4 Moulins à farine	Gardonette D.	Cèze	Schistes.
HOMOL (L')	Lozère	Alais	16	7 Moulins à farine	Cèze D.		Granite
HORTS (Vallat des)	Sabran	Uzès	4	3 Moulins à farine 1 Moulin à huile	Vionne D.	Cèze	Ucétien.
ISIS (Fontaine d')	Vigan	Vigan	»	Alimente les fontaines publiques de la ville du Vigan	Arre G.	Hérault	Calc. prim.
ISSARTS	Cornillon	Uzès	3	1 Moulin à farine	Cèze G.		Ucétien.
JONNENQUE	Salindres	Alais	1/2	»	Avène G.	Gardon	Lacustre.
JONQUIÈRES (Roubine de l'étang de)	Jonquières	Nimes	2	»	Fossès du territoire	Etang de Jonquières	Subap.
LABORIE	Bessas (Ardèche)	Alais	9	2 Moulins à farine	Cèze G.		Néoc.
LAC (Ruisseau du)	Nimes	Nimes, Uzès	3	»	Braune D.	Gardon	Néoc.
LADEVÈZE	Bonnevaux	Alais	1/2	»	Perras	Cèze	Schistes.
LADOT	Bonnevaux	Alais	1	»	Abau	Cèze	Schistes.
LAFAGE	St-Romans-de-Codières	Vigan	10	»	Vidourle		Lias.
LAFOUS	Roquedur	Vigan	1 1/2	1 Moulin à farine	Hérault D.		Calc. prim.
LAGAL	Saint-Hippolyte-le-Fort	Vigan	1 1/2	7 Tanneries 3 Moulins à farine 5 Teintureries	Vidourle G.		Oxford.
LAGAU	Saint-Bauzély	Nimes, Uzès	8	2 Moulins à farine	Braune G.	Gardon	Lacustre.
LAGAU	Nimes	Nimes	6	4 Moulins à farine	Vistre D.		Subap.
LAGAU	Grand-Gallargues	Nimes	2	»	Razil D.	Vistre	Subap.
LAGAU DE NAGES	Nages	Nimes	2	»	Rhony G.	Vistre	Néoc.
LALLE	Vabres	Vigan	8	3 Moulins à farine	Salindres D.	Gardon	Keuper.
LANDER	Bagard	Alais	4	»	Gard. d'Anduze G.		Néoc.
LAROQUE	Sainte-Cécile	Alais	1	»	Andorge G.	Gardon	Schistes.
LASTOURS	Combas	Nimes	3	»	Brié D.	Vidourle	Néoc.
LAPLANE	Vabres	Vigan	2	»	Lalle D.	Gardon	Lias.

NOM ET DÉSIGNATION du COURS D'EAU.	COMMUNE où IL PREND SA SOURCE.	ARRONDISSEMENT sur LEQUEL IL PASSE.	Longueur de son parcours.	PRINCIPAUX établissements industriels qu'il fait rouler.	COURS D'EAU dans lequel IL SE JETTE.	NOM du bassin hydrographique dans lequel il est situé.	Nature géologique DU SOL où il prend sa source.
			kilomètres				
LAPIEYRE	Valleraugue	Vigan	3	»	Hérault		Schistes.
LAUFILLE	Blannaves	Alais	1	»	Gard. d'Alais D	Gardon	Schistes.
LAURET	Saint-Paul-la-Coste	Alais	1	1 Moulin à farine	Gard. de Mialet G.	Gardon	Lias.
LAURIOL	Nozières	Uzès	4	1 Moulin à farine	Gardon D.		Néoc.
LAURIOL	Mauressargues	Alais, Uzès	1		Gardon D.	Gardon	Néoc.
LAVENT	St-Julien-de-Valgalgue	Alais	3	1 Fabrique de soie	Grabieu D.	Gardon	Lias.
LENS (Les)	Montmirat	Nimes	2	1 Moulin à farine	Braune G.	Gardon	Néoc.
LEVADE (La)	Portes	Alais	3 1/2	1 Moulin à farine	Gard. d'Alais G.	Gardon	Houiller.
LEVRAILLES	Ardèche	Alais	6	»	Laborie	Cèze	
LIQUAIROL	Bagard	Alais	2	»	Gardon D.	Gardon	Oxford.
LIRON	Lézan	Alais	2 1/2	»	Gard. d'Anduze D	Gardon	Néoc.
LORIOL	Domessargues	Alais	4	1 Moulin à farine	Gardon D.		Néoc.
LUECH	Lozère	Alais	7 1/2	»	Cèze D.		Schistes.
LYONNET	Saint-Jean-du-Pin	Alais	2	»	Alzon D.	Gardon	Oxford.
MALAFOSSE	Boucoiran	Alais	2	»	Gardon D.		Néoc.
MALTRÈS (Le)	La Rouvière	Uzès	1/2	»	L'Esquielle D.		Lacustre.
MALAYGUES	Blauzac	Uzès	.....	»	Seyne D.	Gardon	Aptien.
MANDELLE	Saint-Bresson	Vigan	.....	»	Vis G.	Hérault	Calc. prim.
MARTIN	Salindres	Alais	1/2	»	Avène G.	Gardon	Lacustre.
MAS BRUN	Bagard	Alais	1 1/2		Carriol G.	Gardon	Oxford.
MASSAGNES	Montpezat	Nimes	7	1 Moulin à farine	Aigualade	Vidourle	Néoc.
MASSORGUES	Saint-Félix-de-Pallières	Vigan	3 1/2	»	Crieulon G.	Vidourle	
MAURATET	Saint-Bénezet	Alais	2	»	Gard. d'Anduze D	Gardon	Néoc.
MAUVALLAT	Beauvoisin	Nimes	3	»	Vistre G.		Subap.
MERDANSON	Cézas	Vigan	4 1/2	»	L'Hérault G	Hérault	Lias.
MERDERIS	Fons-sur-Lussan	Uzès	1 1/2	»	Aiguillon G	Cèze	Néoc.
MÉLARÈDE	Sainte-Cécile	Alais	3 1/2	»	Gard. d'Alais G.	Gardon	Schistes.
MERLANSON	Saint-André-d'Olérargues	Uzès	8	»	Aiguillon D.	Cèze	Paulétien.
MER ROUGE	Beauvoisin	Nimes	3	»	Vistre G.		Subap.
MESLANÇON	La Capelle	Uzès	5	1 Moulin à farine	Alzon	Gardon	Tavien.
MILLERINE	St-Martin-de-Corconac	Vigan	5	1 Moulin à farine	Gard. de St-André D	Gardon	Schistes.
MOMONTEL	Bonnevaux	Alais	1	»	Abau	Cèze	Schistes.
MONNA	Saint-Martial	Vigan	6 1/2	1 Moulin à farine	Valnierette	Hérault	Granite.
MONEZILLES	Saumane	Vigan	5	»	Gard. de St-André D	Gardon	Schistes.
MONTEILS (Fontaine de)	Monteils	Alais	3	»	Droude G.	Gardon	Lacustre.
MOURÈDES	Bordezac	Alais	.....	2 Moulins à farine	Cèze G.	Cèze	Trias.
MOZE	Salazac	Uzès	7	2 Moulins à farine	Ardèche G.		Cénomanien.

NOM ET DÉSIGNATION du COURS D'EAU.	COMMUNE où IL PREND SA SOURCE.	ARRONDISSEMENT sur LEQUEL IL PASSE.	Longueur de son parcours.	PRINCIPAUX établissements industriels qu'il fait rouler.	COURS D'EAU dans lequel IL SE JETTE.	NOM du bassin hydrographique dans lequel il est situé.	Nature géologique DU SOL où il prend sa source.
			Kilomètres				
Naduel	Pommiers	Vigan	4	1 Moulin à farine	Crenze	Hérault	Schistes trans.
Nay	Redessan	Nimes	2	»	Vistre G.		Subap.
Niverhette	Ponteils	Alais	3 1/2	»	Cèze		Schistes.
Nizon	Lirac	Uzès	18	7 Moulins à farine 1 Moulin à soie	Rhône D.		Néoc.
Ourne (L')	Saint-Félix-de-Pallières	Vigan, Alais	8	2 Moulins à farine	Gard. d'Anduze D.	Gardon	Lias.
Parlonguerie	Saint-Bresson	Vigan	2	»	Vis G.	Hérault	Calc. prim.
Pastre (Vallat du)	St-Geniès-de-Malgoirès	Uzès	1	»	Lauriol D.	Gardon.	Lacustre.
Pautier	Clarensac	Nimes	2 1/2	»	Rhony D.	Vistre	Néoc.
Pepin	Sabran	Uzès	6	2 Moulins à farine	Tave G.		Ucétien.
Perras (Le)	Bonnevaux	Alais	2	»	Abau	Cèze	Schistes.
Pierre (La)	Valleraugue	Vigan	3	»	Hérault G.		Schistes.
Pierron (Le)	Gajan	Nimes, Uzès	1	»	Braune D.	Gardon	Lacustre.
Pisse-Cabre	Durfort	Vigan	2	»	Vassorgues	Vidourle	Lias.
Peyrefiche	Mandagout	Vigan	3	»	Courbière G.	Hérault	Granite.
Plagnols (Les)	Collorgues	Uzès	4	»	Gardon G.		Lacustre.
Planque (La)	Mandagout	Vigan	»	4 Moulins à farine 2 Moulins à huile	Courbière D.	Hérault	Granite.
Pondres	Caveirac	Nimes	7	»	Vistre D.		Néoc.
Pont	La Melouse	Alais	4	»	Galeizon G.	Gardon	Schistes.
Pont ou Ruisseau de Parignargues	Parignargues	Nimes	6	1 Moulin à farine	Vallat des Crottes G	Gardon	Néoc.
Pousseau ou Pouzéran	Aspères	Nimes	1	»	Se perd dans les fossés du territoire.	Vidourle	Lacustre.
Quiquillan ou Coquilhan	Carnas	Vigan, Nimes	8	1 Moulin à farine	Vidourle G.		Oxf.
Rang	Boucoiran	Alais	3	»	Gardon D.		Néoc.
Rat (Le)	Mars	Vigan	5	»	Breaunèze	Hérault	Granite.
Raucou	Salindres	Alais	1/2	»	Avène G.	Gardon	Lacustre.
Razal	Saint-Laurent-le-Minier	Vigan	2	»	Crenze D.	Hérault	Schistes.
Razil	Aiguesvives	Nimes	5	»	Cubelle G.	Vistre	Subap.
Réal	Montfrin	Nimes	2	1 Moulin à farine	Gardon G.		Subap.
Rébejoux	Saint-Jean-de-Maruéjols	Alais	2	»	Claisse D.	Cèze	Lacustre.
Rebeyrette	Chamborigaud	Alais	1	2 Moulins à farine	Luech D.	Cèze	Schistes.
Recodier	St-Romans-de-Codières	Vigan	10	4 Moulins à farine 2 Filatures 1 Moulin à huile	Ensumène G.	Hérault	Schistes.
Reynas	Valleraugue	Vigan	1 1/2	»	Hérault		Schistes.

NOM ET DÉSIGNATION du COURS D'EAU.	COMMUNE où IL PREND SA SOURCE.	ARRONDISSEMENT sur LEQUEL IL PASSE.	Longueur de son parcours.	PRINCIPAUX établissements industriels qu'il fait rouler.	COURS D'EAU dans lequel IL SE JETTE.	NOM du bassin hydrographique dans lequel il est situé.	Nature géologique DU SOL où il prend sa source.
			Kilomètres				
REYANNE	Saint-Theodorit	Vigan	5	»	Baix	Vidourle	Néoc.
RHÔNE (Fleuve du)	Suisse	Uzès, Nimes	145	Plusieurs moulins et les moulins barques de Beaucaire	Méditerranée		
RHONY (Le)	Caveyrac	Nimes	21	11 Moulins à farine	Vistre D.		Néoc.
RIAL (Le)	Mars	Vigan	3	»	Rat	Hérault	Granite.
RIANZE	Caveirac	Nimes	1	»	Baix	Vidourle	Néoc.
RIBÉRETTE	Canaule	Vigan	4	»	Pondres G.	Vistre	Néoc.
RIEISSE	Lédignan	Vigan	2	»	Baix	Vidourle	Néoc.
RIEU	Alais	Alais	2	»	Avène	Gardon	
RIEU (Écoulement de Fontcouverte)	La Calmette	Uzès	2 1/2	»	Braune D.	Gardon	Néoc.
RIEU	Saint-Benezet	Alais	5	2 Moulins à farine 1 Moulin à huile	Gard. d'Anduze D.	Gardon	Néoc.
RIEU (Le)	Saint-Quintin	Uzès	1/2	»	Alzon	Gardon	Mol. coq.
RIEU (Vallat du)	Aspères	Nimes	1	»	Se perd dans le territoire	Vidourle	Néoc.
RIEU D'AUBAIS	Congénies	Nimes	3	1 Moulin à farine	Vidourle G.		Néoc.
RIEU DE MOZE (voyez Moze).							
RIEU IGOUNENC	Bréau	Vigan	3	»	Braunèze	Hérault	Granite.
RIEUMASSEL OU ARTIGUE (voyez ce mot).							
RIEUMASSEL	Pompignan, du côté de Ferrières	Vigan	10 1/2	2 Moulins à farine	Vidourle D.		Néoc.
RIEU OBSCUR	Saumane	Vigan	1	1 Moulin à farine	Gard de St-André D.	Gardon	Schistes.
RIEU PUBLIC	Bellegarde	Nimes	3 1/2	3 Moulins à farine	Canal de Beaucaire		Subap.
RIEUSSET	Sousteile	Alais	3 1/2	»	Galeizon D.	Gardon	Lias.
RIEUTORD OU ENSUMÈNE	Saint-Romans	Vigan	13	9 Moulins à farine	Hérault G.		Granite.
RIEUTOR DU RHONY	Saint-Cosme	Nimes	3	1 Moulin à farine	Rhony D.	Vistre	Néoc.
RODIÈRES (Ruisseau de)	Salazac	Uzès	9	1 Moulin à farine	Cèze G.		Aptien.
ROQUE (La)	Sainte-Cécile	Alais	»	»	Andorge	Gardon	Schistes.
ROQUEFEUILLE	Saint-Paul-la-Coste	Alais	2	»	Gard. de Mialet G.	Gardon	Lias.
ROU (Le)	Ardèche	Alais	2	»	Claisse G	Cèze	Néoc.
ROUBINE DE L'ÉTANG DU PUJAUT OU VALLAT BLAUD	Saze	Uzès	21	3 Moulins à farine	Rhône D.		Alluv.
ROUMEJON	Blannaves	Alais	1	2 Moulins à farine	Gard. d'Alais D.	Gardon	Keuper.
ROUVIÈRE	Rousson	Alais	4	1 Moulin à farine	Alauzène G.	Cèze	Lacustre.
RUISSEAU DES BOIS	Cavezac	Nimes	2	»	Rhony D.	Vistre	Néoc.
RUSSAND	Alais	Alais	1 1/2	2 Moulins à farine 2 Fabriques de soie	Gard. d'Alais D.	Gardon	
SABLIER (Le)	Carsan	Uzès	9	5 Moulins à farine	Ardèche D.		Paulétien.

NOM ET DÉSIGNATION du COURS D'EAU.	COMMUNE où IL PREND SA SOURCE.	ARRONDISSEMENT sur LEQUEL IL PASSE.	Longueur de son parcours.	PRINCIPAUX établissements industriels qu'il fait rouler.	COURS D'EAU dans lequel IL SE JETTE.	NOM du bassin hydrographique dans lequel il est situé.	Nature géologique DU SOL où il prend sa source.
			kilomètres				
Saint-Bonnet (Fontaine de)	Saint-Bonnet	Nimes, Uzès	3	3 Moulins à farine. 1 Tannerie	Gardon D.		Néoc.
Saint-Georges	Saint-Privat	Alais	1 1/2	»	Avène D.	Gardon	Lacustre.
Saint-Julian ou Saint-Julien-du-Pistrin (Vallat de)	Sabran	Uzès	4 1/2	2 Moulins à farine. 1 Martinet à forger le fer.	Cèze D.		Ucétien.
Saint-Loup	Roquedur	Vigan	2	»	Hérault D.		Calc. de trans.
Saint-Martin	Blannaves	Alais	1/2	2 Moulins à farine	Gard. d'Alais D.	Gardon	Keuper.
Saint-Peyre	Parignargues	Nimes	1 1/2	3 Moulins à farine	Braune D.	Gardon	Néoc.
Saint-Romans	Saumane	Vigan	6	1 Moulin à farine	Gard. de St-André G	Gardon	Schistes.
Saintinière	Congéniès	Nimes	1 1/2	»		Vidourle	Néoc.
Salindres (Salindrinque ou Gardon de la Salle)	Soudorgues	Vigan	12	Plusieurs moulins	Gard. de St-André-de-Valborgne D.	Gardon	Granite.
Salindres	Lozère	Alais	2	»	Galeizon	Gardon	Schistes.
Salliem	Saumane	Vigan	6	»	Gard. de St-André G	Gardon	Schistes.
Savel (Le)	Saint-Romans	Vigan	5	2 Moulins à farine	Rieutord G.	Hérault	Schistes.
Sauclièrettes	Saint-Bresson	Vigan	2	»	Arre D.	Hérault	Calc. prim.
Saule de Brun	Gailhan	Vigan	8	»	Vidourle D.		Néoc.
Séguisson	Bouquet	Alais	11	1 Moulin à farine	Alauzène D.	Cèze	Néoc.
Seynes	Seynes	Alais, Uzès	20	7 Moulins à farine. 1 Moulin à huile	Alzon D.	Gardon	Néoc.
Sivelou	Saint-Félix-de-Pallières	Vigan	1	1 Moulin à farine	Crieulon G.	Vidourle	Lias.
Soleirot	Alais	Alais	1 1/2	»	Gard. d'Alais	Gardon	
Sourry ou Ruisseau de Massanes	Saint-Félix	Vigan	8	»	Ribou	Vidourle	Lias.
Tableau (Le)	Lozère	Alais	1 1/2	»	Cèze G.		Schistes.
Tail (Le)	Clarensac	Nimes	2 1/2	»	Rhony D.	Vistre	Néoc.
Taleyrac	Valleraugue	Vigan	1	»	Hérault G.		Schistes.
Tamon (Le)	Tornac	Alais	1	»	Gard. d'Anduze D	Gardon	Ool.
Tave (La)	Fontarèche	Uzès	17	12 Moulins à farine. 1 Papeterie 1 Moulin à huile	Cèze D.		Cénomanien.
Tayrel	St-Romans-de-Codières	Vigan	1 1/2	»	Vidourle G.		Schistes.
Tertuillers	Rousson	Alais	2	»	Auzonnet D.	Cèze	Lacustre.
Tiérette	Rousson	Alais	1/2	1 Moulin à farine	Rouvière	Cèze	Lacustre.
Tombarel	Combas	Nimes	3	»	Brié G.	Vidourle	Lacustre.
Torte	Saint-Martial	Vigan	8	»	Ensumène D.	Hérault	Granite.
Toulon	Moulezan	Nimes	8 1/2	2 Moulins à farine	Braune G.	Gardon	Néoc.
Touroucelles	Gajan	Nimes, Uzès	2	»	Braune D.	Gardon	Lacustre.

NOM ET DÉSIGNATION du COURS D'EAU.	COMMUNE où IL PREND SA SOURCE.	ARRONDISSEMENT sur LEQUEL IL PASSE.	Longueur de son parcours.	PRINCIPAUX établissements industriels qu'il fait rouler.	COURS D'EAU dans lequel IL SE JETTE.	NOM du bassin hydrographique dans lequel il est situé.	Nature géologique DU SOL où il prend sa source.
			kilomètres				
TOURRIÈS	Souvignargues	Nimes	3 1/2	1 Moulin à farine	Aigualade G.	Vidourle	Néoc.
TRASLEPUY	Roquemaure	Uzès	8	Plusieurs moulins	Rhône D.		Alluvions.
TRESPON	Clarensac	Nimes	2 1/2	»	Rhony D.	Vistre	Néoc.
TRÉVEZELS (Le)	Valleraugue	Vigan	21	7 Moulins à farine	Dourbie D.		Schistes trans.
TROUBADOUR	Saint-Just	Alais	5	1 Moulin à farine	Candouillère D.	Gardon	Néoc.
TROUCHE (La)	Grand'Combe	Alais	3 1/2	»	Gard. d'Alais G.	Gardon	Houiller.
TROUNE	Seynes	Alais	1	1 Moulin à farine	Alauzène G.	Cèze	Néoc.
TRUEL (Le)	Roquemaure	Uzès	3 1/2	2 Moulins à farine	Rhône D.		Alluvions.
TUILERIE (La)	Carnas	Vigan	6	»	Brestalou D.	Vidourle	Néoc.
VAGNIERETTE	La Rouvière	Vigan	7 1/2	5 Moulins à farine	Hérault G.		Schistes.
VAILLEN	Saint-Alexandre	Uzès	1/2	»	Arnave G.		Turon.
VALADAS	Saint-Clément	Nimes	2	1 Moulin à farine	Fossés du territoire	Vidourle	Néoc.
VALADAS	Saint-Gilles	Nimes		»	Canal de Beaucaire		Subap.
VALADAS	Saint-Bauzély	Nimes	2	»	Lagau	Vistre	Néoc.
VALATOUJÉS	Saint-Hippolyte	Vigan	2 1/2	»	Vidourle D.		Lias.
VALBONNE ou SAUT DU MULET (Vallat du)	Salazac	Uzès	4	»	Cèze D.		Cénomanien.
VALENSOLE	St-Martin-de-Sossenac	Vigan	1 1/2	»	Crieulon	Vidourle	Lias.
VALENTINE	Puech-Redon	Vigan	2 1/2	1 Moulin à farine	Claou G.	Vidourle	Néoc.
VALESTALIÈRE	Monoblet	Vigan	2 1/2	»	Vidourle G.		Oolite inférieure.
VALETTE (La)	Bez	Vigan	3	»	Arre G.	Hérault	Schistes.
VALLIGUIÈRES	Valliguières	Uzès	12	3 Moulins à farine	Gardon G.		Néoc.
VALMALE	Chamborigaud	Uzès	1	2 Moulins à farine	Luech	Cèze	Schistes.
VALOUSSIÈRE	Sainte-Cécile	Alais	3	»	Gard. d'Alais G.	Gardon	Schistes.
VEIRAC	Anduze	Alais	2	3 Moulins à farine 1 Moulin à huile	Gard. d'Anduze D.	Gardon	Oolite.
VERNÈDES	Blannaves	Alais	3	2 Moulins à farine	Gard. d'Alais D.	Gardon	Keuper.
VERRE	Corconne	Vigan	5 1/2	2 Moulins à farine	Brestalou G.	Vidourle	Néoc.
VÉRUNE	Montpezat	Uzès	2	»	Braune D.	Gardon	Lacustre.
VEYRE	La Bruguière	Uzès	24	»	Tave D.	Cèze	Aptien.
VEZENOBRES	Pommiers	Vigan	1 1/2	1 Filature	Arre D.	Hérault	Calc. prim.
VIDOURLE (Le)	St-Romans-de-Codières	Vigan, Nimes	57	17 Moulins à blé	Etang du Repausset		Keuper.
VIGÉ	Rousson	Alais	1	1 Moulin à farine	Arias	Gardon	Néoc.
VIGNEROL	Saumane	Vigan	3	»	Gard. de St-André D.	Gardon	Schistes.
VIONNE	St-Marcel-de-Carreiret	Uzès	8	5 Moulins à farine	Cèze D.		Turonien.
VIRENQUE	Aveyron	Vigan	25	1 Moulin à farine	Vis D.	Hérault	Granite.
VIS (La)	Arrigas	Vigan	52	5 Moulins à blé 1 Papeterie	Hérault D.		Granite.
VISTRE (Le)	Bezouce	Nimes	51	27 Moulins à farine	Canal de la Radelle		Alluvion.

Les tables d'Oltmanns semblent être les plus commodes de toutes celles qui ont été publiées pour faciliter le calcul des altitudes : Nous nous en sommes servi dans toutes nos opérations barométriques, et nous les rapportons ici pour éviter des recherches à ceux qui voudraient les employer. Nous avons cru devoir, pour faciliter plus encore le calcul, étendre la première aux nombres correspondants aux dixièmes de millimètres (1).

(1) Voir chapitre II, Orographie, p. 97.

1re TABLE D'OLTMANNS

étendue en partie aux dixièmes de millimètres.

Argument H et H'.

Millimètres.	MÈTRES.	DIXIÈMES DE MILLIMÈTRES.									DIFFÉRENCE.
		0,1	0,2	0,3	0,4	0,5	0,6	0,7	0,8	0,9	
570	3859,7	3861,1	3862,5	3863,9	3865,3	3866,7	3868,1	3869,5	3870,9	3872,3	1,40
571	3873,7	3875,1	3876,5	3877,9	3879,3	3880,6	3882,0	3883,4	3884,9	3886,2	1,39
572	3887,6	3889,0	3890,4	3891,8	3893,2	3894,5	3895,9	3897,3	3898,7	3900,1	1,39
573	3901,5	3902,9	3904,3	3905,7	3907,1	3908,4	3909,8	3911,2	3912,6	3914,0	1,39
574	3915,4	3916,8	3918,2	3919,6	3921,0	3922,3	3923,7	3925,1	3926,5	3927,9	1,39
575	3929,3	3930,7	3932,1	3933,4	3934,8	3936,2	3937,6	3939,0	3940,3	3941,7	1,38
576	3943,1	3944,5	3945,9	3947,2	3948,6	3950,0	3951,4	3952,8	3954,1	3955,5	1,38
577	3956,9	3958,3	3959,7	3961,0	3962,4	3963,8	3965,2	3966,6	3967,9	3969,3	1,38
578	3970,7	3972,1	3973,5	3974,8	3976,2	3977,6	3979,0	3980,4	3981,7	3938,1	1,38
579	3984,5	3985,9	3987,2	3988,6	3990,0	3991,3	3992,7	3994,1	3995,4	3996,8	1,37
580	3998,2	3999,6	4000,9	4002,3	4003,7	4005,0	4006,4	4007,8	4009,2	4010,5	1,37
581	4011,9	4013,3	4014,6	4016,0	4017,4	4018,7	4020,1	4021,5	4022,9	4024,2	1,37
582	4025,6	4027,0	4028,3	4029,7	4031,1	4032,4	4033,8	4035,2	4036,6	4037,9	1,37
583	4039,3	4040,7	4042,0	4043,4	4044,7	4046,1	4047,5	4048,8	4050,2	4051,5	1,37
584	4052,9	4054,3	4055,6	4057,0	4058,4	4059,7	4061,1	4062,5	4063,9	4065,2	1,36
585	4066,6	4068,0	4069,3	4070,7	4072,0	4073,4	4074,8	4076,1	4077,5	4078,8	1,36
586	4080,2	4081,6	4082,9	4084,3	4085,6	4087,0	4088,4	4089,7	4091,1	4092,4	1,36
587	4093,8	4095,1	4096,5	4097,8	4099,2	4100,5	4101,9	4103,2	4104,6	4105,9	1,35
588	4107,3	4108,6	4110,0	4111,3	4112,7	4114,0	4115,4	4116,7	4118,1	4119,4	1,35
589	4120,8	4122,1	4123,5	4124,8	4126,2	4127,5	4128,9	4130,2	4131,6	4132,9	1,35
590	4134,3	4135,6	4137,0	4138,3	4139,7	4141,0	4142,4	4143,7	4145,1	4146,4	1,35
591	4147,8	4149,1	4150,5	4151,8	4153,2	4154,5	4155,9	4157,2	4158,6	4159,9	1,35
592	4161,3	4162,6	4164,0	4165,3	4166,7	4168,0	4169,3	4170,7	4172,0	4173,4	1,34
593	4174,7	4176,0	4177,4	4178,7	4180,1	4181,4	4182,7	4184,1	4185,4	4186,8	1,34
594	4188,1	4189,4	4190,8	4192,1	4193,5	4194,8	4196,1	4197,5	4198,8	4200,2	1,34
595	4201,5	4202,8	4204,2	4205,5	4206,9	4208,2	4209,5	4210,9	4212,2	4213,6	1,34
596	4214,9	4216,2	4217,6	4218,9	4220,2	4221,5	4222,9	4224,2	4225,5	4226,9	1,33
597	4228,2	4229,5	4230,9	4232,2	4233,6	4234,9	4236,2	4237,6	4238,9	4240,3	1,34
598	4241,6	4242,9	4244,3	4245,6	4246,9	4248,2	4249,6	4250,9	4252,2	4253,6	1,33

Millimètres.	MÈTRES.	DIXIÈMES DE MILLIMÈTRES. 0,1	0,2	0,3	0,4	0,5	0,6	0,7	0,8	0,9	DIFFÉRENCE.
599	4254,9	4256,2	4257,6	4258,9	4260,2	4261,5	4262,9	4264,2	4265,5	4266 9	1,33
600	4268,2	4269,5	4270,8	4272,2	4273,5	4274,8	4276,1	4277,4	4278,8	4280,1	1,32
601	4281,4	4282,7	4284,1	4285,4	4286,7	4288,0	4289,4	4290,7	4292,0	4293,4	1,33
602	4294,7	4296,0	4297,3	4298,7	4300,0	4301,3	4302,6	4303,9	4305,3	4306,6	1,32
603	4307,9	4309,2	4310,5	4311,9	4313,2	4314,5	4315,8	4317,1	4318,5	4319,8	1,32
604	4321,1	4322,4	4323,7	4325,1	4326,4	4327,7	4329,0	4330,3	4331,7	4333,0	1,32
605	4334,3	4335,6	4336,9	4338,2	4339,5	4340,8	4342,2	4343,5	4344,8	4346,1	1,31
606	4347,4	4348,7	4350,0	4351,3	4352,6	4353,9	4355,3	4356,6	4357,9	4359,2	1,31
607	4360,5	4361,8	4363,1	4364,4	4365,8	4367,1	4368,4	4369,7	4371,1	4372,4	1,32
608	4373,7	4375,0	4376,3	4377,6	4378,9	4380,2	4381,5	4382,8	4384,1	4385,4	1,30
609	4386,7	4388,0	4389,3	4390,6	4391,9	4393,2	4394,6	4395,9	4397,2	4398,5	1,31
610	4399,8	4401,1	4402,4	4403,7	4405,0	4406,3	4407,6	4408,9	4410,2	4411,5	1,30
611	4412,8	4414,1	4415,4	4416,7	4418,0	4419,3	4420,7	4422,0	4423,3	4424,6	1,31
612	4425,9	4427,2	4428,5	4429,8	4431,1	4432,4	4433,7	4435,0	4436,3	4437,6	1,30
613	4438,9	4440,2	4441,5	4442,8	4444,1	4445,4	4446,7	4448,0	4449,3	4450,6	1,30
614	4451,9	4453,2	4454,5	4455,8	4457,1	4458,3	4459,6	4461,9	4462,2	4463,5	1,29
615	4464,8	4466,1	4467,4	4468,7	4470,0	4471,2	4472,5	4473,8	4475,1	4476,4	1,29
616	4477,7	4479,0	4480,3	4481,6	4482,9	4484,2	4485,5	4486,8	4488,1	4489,4	1,30
617	4490,7	4492,0	4493,3	4494,6	4495,9	4497,1	4498,4	4499,7	4501,0	4502,3	1,29
618	4503,6	4504,9	4506,2	4507,4	4508,7	4510,0	4511,3	4512,6	4513,8	4515,1	1,28
619	4516,4	4517,7	4519,0	4520,3	4521,6	4522,8	4524,1	4525,4	4526,7	4528,0	1,29
620	4529,3	4530,6	4531,9	4533,1	4534,4	4535,7	4537,0	4538,3	4539,5	4540,8	1,28
621	4542,1	4543,4	4544,7	4545,9	4547,2	4548,5	4549,8	4551,1	4552,3	4553,6	1,28
622	4554,9	4556,2	4557,5	4558,7	4560,0	4561,3	4562,6	4563,9	4565,1	4566,4	1,28
623	4567,7	4569,0	4570,3	4571,5	4572,8	4574,1	4575,4	4576,7	4577,9	4579,2	1,28
624	4580,5	4581,8	4583,0	4584,3	4585,6	4586,8	4588,1	4589,4	4590,7	4591,9	1,27
625	4593,2	4594,5	4595,8	4597,0	4598,3	4599,6	4600,9	4602,2	4603,4	4604,7	1,28
626	4606,0	4607,3	4608,5	4609,8	4611,1	4612,3	4613,6	4614,9	4616,2	4617,4	1,27
627	4618,7	4620,0	4621,2	4622,5	4623,8	4625,0	4626,3	4627,6	4628,9	4630,1	1,27
628	4631,4	4632,7	4633,9	4635,2	4636,4	4637,7	4639,0	4640,2	4641,5	4642,7	1,26
629	4644,0	4645,3	4646,5	4647,8	4649,1	4650,3	4651,6	4652,9	4654,2	4655,4	1,27
630	4656,7	4658,0	4659,2	4660,5	4661,7	4663,0	4664,3	4665,5	4666,8	4668,0	1,26
631	4669,3	4670,6	4671,8	4673,1	4674,4	4675,6	4676,9	4678,2	4679,5	4680,7	1,27
632	4682,0	4683,2	4684,5	4685,7	4687,0	4688,2	4689,5	4690,7	4692,0	4693,2	1,25
633	4694,5	4695,8	4697,0	4698,3	4699,5	4700,8	4702,1	4703,3	4704,6	4705,8	1,26

Millimètres.	MÈTRES.	DIXIÈMES DE MILLIMÈTRES. 0,1	0,2	0,3	0,4	0,5	0,6	0,7	0,8	0,9	DIFFÉRENCE.
634	4707,1	4708,4	4709,6	4710,9	4712,1	4713,4	4714,7	4715,9	4717,2	4718,4	1,26
635	4719,7	4720,9	4722,2	4723,4	4724,7	4725,9	4727,2	4728,4	4729,7	4730,9	1,25
636	4732,2	4733,4	4734,7	4735,9	4737,2	4738,4	4739,7	4740,9	4742,2	4743,4	1,25
637	4744,7	4745,9	4747,2	4748,4	4749,7	4750,9	4752,2	4753,4	4754,7	4755,9	1,25
638	4757,2	4758,4	4759,7	4760,9	4762,2	4763,4	4764,7	4765,9	4767,2	4768,4	1,25
639	4769,7	4770,9	4772,2	4773,4	4774,7	4775,9	4777,1	4778,4	4779,6	4780,9	1,24
640	4782,1	4783,3	4784,6	4785,8	4787,1	4788,3	4789,6	4790,8	4792,1	4793,3	1,25
641	4794,6	4795,8	4797,1	4798,3	4799,6	4800,8	4802,0	4803,3	4804,5	4805,8	1,24
642	4807,0	4808,2	4809,5	4810,7	4812,0	4813,2	4814,4	4815,7	4816,9	4818,2	1,24
643	4819,4	4820,6	4821,9	4823,1	4824,3	4825,5	4826,8	4828,0	4829,2	4830,5	1,23
644	4831,7	4832,9	4834,2	4835,4	4836,7	4837,9	4839,1	4840,4	4841,6	4842,9	1,24
645	4844,1	4845,3	4846,6	4847,8	4849,0	4850,2	4851,5	4852,7	4853,9	4855,2	1,23
646	4856,4	4857,6	4858,9	4860,1	4861,3	4862,5	4863,8	4865,0	4866,2	4867,5	1,23
647	4868,7	4869,9	4871,2	4872,4	4873,6	4874,8	4876,1	4877,3	4878,5	4879,8	1,23
648	4881,0	4882,2	4883,5	4884,7	4885,9	4887,1	4888,4	4889,6	4890,8	4892,1	1,23
649	4893,3	4894,5	4895,8	4897,0	4898,2	4899,4	4900,7	4901,9	4903,1	4904,4	1,23
650	4905,6	4906,8	4908,0	4909,3	4910,5	4911,7	4912,9	4914,1	4915,4	4916,6	1,22
651	4917,8	4919,0	4920,2	4921,5	4922,7	4923,9	4925,1	4926,3	4927,6	4928,8	1,22
652	4930,0	4931,2	4932,4	4933,7	4934,9	4936,1	4937,3	4938,5	4939,8	4941,0	1,22
653	4942,2	4943,4	4944,6	4945,9	4947,1	4948,3	4949,5	4950,7	4952,0	4953,2	1,22
654	4954,4	4955,6	4956,8	4958,1	4959,3	4960,5	4961,7	4962,9	4964,2	4965,4	1,22
655	4966,6	4967,8	4969,0	4970,2	4971,4	4972,6	4973,9	4975,1	4976,3	4977,5	1,21
656	4978,7	4979,9	4981,1	4982,4	4983,6	4984,8	4986,0	4987,2	4988,5	4989,7	1,22
657	4990,9	4992,1	4993,3	4994,5	4995,7	4996,9	4998,2	4999,4	5000,6	5001,8	1,21
658	5003,0	5004,2	5005,4	5006,6	5007,8	5009,0	5010,3	5011,5	5012,7	5013,9	1,21
659	5015,1	5016,3	5017,5	5018,7	5019,9	5021,1	5022,4	5023,6	5024,8	5026,0	1,21
660	5027,2	5028,4	5029,6	5030,8	5032,0	5033,2	5034,4	5035,6	5036,8	5038,0	1,20
661	5039,2	5040,4	5041,6	5042,8	5044,0	5045,2	5046,4	5047,6	5048,8	5050,0	1,20
662	5051,2	5052,4	5053,6	5054,8	5056,0	5057,2	5058,5	5059,7	5060,9	5062,1	1,21
663	5063,3	5064,5	5065,7	5066,9	5068,1	5069,3	5070,5	5071,7	5072,9	5074,1	1,20
664	5075,3	5076,5	5077,7	5078,9	5080,1	5081,2	5082,4	5083,6	5084,8	5086,0	1,19
665	5087,2	5088,4	5089,6	5090,8	5092,0	5093,2	5094,4	5095,6	5096,8	5098,0	1,20
666	5099,2	5100,4	5101,6	5102,8	5104,0	5105,2	5106,4	5107,6	5108,8	5110,0	1,20
667	5111,2	5112,4	5113,6	5114,8	5116,0	5117,1	5118,3	5119,5	5120,7	5121,9	1,19
668	5123,1	5124,3	5125,5	5126,7	5127,9	5129,0	5130,2	5131,4	5132,6	5133,8	1,19

Millimètres.	MÈTRES.	DIXIÈMES DE				MILLIMÈTRES.					DIFFÉRENCE.
		0,1	0,2	0,3	0,4	0,5	0,6	0,7	0,8	0,9	
669	5135,0	5136,2	5137,4	5138,6	5139,8	5140,9	5142,1	5143,3	5144,5	5145,7	1,19
670	5146,9	5148,1	5149,3	5150,5	5151,7	5152,8	5154,0	5155,2	5156,4	5157,6	1,19
671	5158,8	5160,0	5161,2	5162,3	5163,5	5164,7	5165,9	5167,1	5168,2	5169,4	1,18
672	5170,6	5171,8	5173,0	5174,2	5175,4	5176,5	5177,7	5178,9	5180,1	5181,3	1,19
673	5181,5	5183,7	5184,9	5186,0	5187,2	5188,4	5189,6	5190,8	5191,9	5193,1	1,18
674	5194,3	5195,5	5196,7	5197,8	5199,0	5200,2	5201,4	5202,6	5203,7	5204,9	1,18
675	5206,1	5207,3	5208,5	5209,6	5210,8	5212,0	5213,2	5214,4	5215,5	5216,7	1,18
676	5217,9	5219,1	5220,3	5221,4	5222,6	5223,8	5225,0	5226,2	5227,3	5228,5	1,18
677	5229,7	5230,9	5232,0	5233,2	5234,4	5235,5	5236,7	5237,9	5239,1	5240,2	1,17
678	5241,4	5242,6	5243,8	5244,9	5246,1	5247,3	5248,5	5249,7	5250,8	5252,0	1,18
679	5253,2	5254,4	5255,5	5256,7	5257,9	5259,0	5260,2	5261,4	5262,6	5263,7	1,17
680	5264,9	5266,1	5267,2	5268,4	5269,6	5270,7	5271,9	5273,1	5274,3	5275,4	1,17
681	5276,6	5277,8	5278,9	5280,1	5281,3	5282,4	5283,6	5284,8	5286,0	5287,1	1,17
682	5288,3	5289,5	5290,6	5291,8	5293,0	5294,1	5295,3	5296,5	5297,7	5298,8	1,17
683	5300,0	5301,2	5302,3	5303,5	5304,6	5305,8	5307,0	5308,1	5309,3	5310,4	1,16
684	5311,6	5312,8	5313,9	5315,1	5316,0	5317,4	5318,6	5319,7	5320,9	5322,0	1,16
685	5323,2	5324,4	5325,5	5326,7	5327,8	5329,0	5330,2	5331,3	5332,5	5333,6	1,16
686	5334,8	5336,0	5337,1	5338,3	5339,4	5340,6	5341,8	5342,9	5344,1	5345,2	1,16
687	5346,4	5347,6	5348,7	5349,9	5351,0	5352,2	5353,4	5354,5	5355,7	5356,8	1,16
688	5358,0	5359,2	5360,3	5361,5	5362,6	5363,8	5365,0	5366,1	5367,3	5368,4	1,16
689	5369,6	5370,7	5371,9	5373,0	5374,2	5375,3	5376,5	5377,6	5378,8	5379,9	1,15
690	5381,1	5382,3	5383,4	5384,6	5385,7	5386,9	5388,1	5389,2	5390,4	5391,5	1,16
691	5392,7	5393,8	5395,0	5396,1	5397,3	5398,4	5399,6	5400,7	5401,9	5403,0	1,15
692	5404,2	5405,3	5406,5	5407,6	5408,8	5409,9	5411,1	5412,2	5413,4	5414,5	1,15
693	5415,7	5416,8	5418,0	5419,1	5420,3	5421,4	5422,6	5423,7	5424,9	5426,0	1,15
694	5427,2	5428,3	5429,5	5430,6	5431,8	5432,9	5434,1	5435,2	5436,4	5437,5	1,15
695	5438,7	5439,8	5441,0	5442,1	5443,3	5444,4	5445,5	5446,7	5447,8	5449,0	1,14
696	5450,1	5451,2	5452,4	5453,5	5454,7	5455,8	5456,9	5458,1	5459,2	5460,4	1,14
697	5461,5	5462,6	5463,8	5464,9	5466,1	5467,2	5468,3	5469,5	5470,6	5471,8	1,14
698	5472,9	5474,4	5475,2	5476,3	5477,5	5478,6	5479,7	5480,9	5482,0	5483,2	1,14
699	5484,3	5485,4	5486,6	5487,7	5488,9	5490,0	5491,1	5492,3	5493,4	5494,6	1,14
700	5495,7	5496,8	5498,0	5499,1	5500,3	5501,4	5502,5	5503,7	5504,8	5506,0	1,14
701	5507,1	5508,2	5509,4	5510,5	5511,6	5512,7	5513,9	5515,0	5516,1	5517,2	1,13
702	5518,4	5519,5	5520,7	5521,8	5523,0	5524,1	5525,2	5526,4	5527,5	5528,7	1,14
703	5529,8	5530,9	5532,1	5533,2	5534,3	5535,4	5536,6	5537,7	5538,8	5540,0	1,13

Millimètres.	MÈTRES.	DIXIÈMES DE MILLIMÈTRES.									DIFFÉRENCE.
		0,1	0,2	0,3	0,4	0,5	0,6	0,7	0,8	0,9	
704	5541,1	5542,2	5543,4	5544,5	5545,6	5546,7	5547,9	5549,0	5550,1	5551,3	1,13
705	5552,4	5553,5	5554,7	5555,8	5556,9	5558,0	5559,2	5560,3	5561,4	5562,6	1,13
706	5563,7	5564,8	5566,0	5567,1	5568,2	5569,3	5570,5	5571,6	5572,7	5573,9	1,13
707	5575,0	5576,1	5577,2	5578,4	5579,5	5580,6	5581,7	5582,8	5584,0	5585,1	1,12
708	5586,2	5587,3	5588,5	5589,6	5590,7	5591,8	5593,0	5594,1	5595,2	5596 4	1,13
709	5597,5	5598,6	5599,7	5600,9	5602,0	5603,1	5604,2	5605,3	5606,5	5607,6	1,12
710	5608,7	5609,8	5610,9	5612,1	5613,2	5614,3	5615,4	5616,5	5617,7	5618,8	1,12
711	5619,9	5621,0	5622,1	5623,3	5624,4	5625,5	5626,6	5627,7	5628,9	5630,0	1,12
712	5631,1	5632,2	5633,3	5634,4	5635,5	5636,6	5637,8	5638,9	5640,0	5641,1	1,11
713	5642,2	5643,3	5644,4	5645,6	5646,7	5647,8	5648,9	5650,0	5651,2	5652,3	1,12
714	5653,4	5654,5	5655,6	5656,8	5657,9	5659,0	5660,1	5661,2	5662,4	5663,5	1,12
715	5664,6	5665,7	5666,8	5667,9	5669,0	5670,1	5671,3	5672,4	5673,5	5674,6	1,11
716	5675,7	5676,8	5677,9	5679,0	5680,1	5681,2	5682,4	5683,5	5684,6	5685,7	1,11
717	5686,8	5687,9	5689,0	5690,1	5691,2	5692,3	5693,5	5694,6	5695,7	5696,8	1,11
718	5697,9	5699,0	5700,1	5701,2	5702,3	5703,4	5704,6	5705,6	5706,8	5707,9	1,11
719	5709,0	5710,1	5711,2	5712,3	5713,4	5714,5	5715,7	5716,8	5717,9	5719,0	1,11
720	5720,1	5721,2	5722,3	5723,4	5724,5	5725,6	5726,7	5727,8	5728,9	5730,0	1,10
721	5731,1	5732,2	5733,3	5734,4	5735,5	5736,6	5737,7	5738,8	5739,9	5741,0	1,10
722	5742,1	5743,2	5744,3	5745,4	5746,5	5747,6	5748,7	5749,8	5750,9	5752,0	1,10
723	5753,1	5754,2	5755,3	5756,4	5757,5	5758,6	5759,8	5760,9	5762,0	5763,1	1,11
724	5764,2	5765,3	5766,4	5767,5	5768,6	5769,6	5770,7	5771,8	5772,9	5774,0	1,09
725	5775,1	5776,2	5777,3	5778,4	5779,5	5780,6	5781,7	5782,8	5783,9	5785,0	1,10
726	5786,1	5787,2	5788,3	5789,4	5790,5	5791,6	5792,7	5793,8	5794,9	5796,0	1,10
727	5797,1	5798,2	5799,3	5800,4	5801,5	5802,5	5803,6	5804,7	5805,8	5806,9	1,09
728	5808,0	5809,1	5810,2	5811,3	5812,4	5813,5	5814,6	5815,7	5816,8	5817,9	1,10
729	5819,0	5820,1	5821,2	5822,3	5823,4	5824,4	5825,5	5826,6	5827,7	5828,8	1,09
730	5829,9	5831,0	5832,1	5833,2	5834,3	5835,3	5836,4	5837,5	5838,6	5839,7	1,09
731	5840,8	5841,9	5843,0	5844,1	5845,2	5846,2	5847,3	5848,4	5849,5	5850,6	1,09
732	5851,7	5852,8	5853,8	5854,9	5856,0	5857,1	5858,2	5859,3	5860,3	5861,4	1,08
733	5862,5	5863,6	5864,7	5865,8	5866,9	5867,9	5869,0	5870,1	5871,2	5872,3	1,09
734	5873,4	5874,5	5875,6	5876,6	5877,7	5878,8	5879,9	5880,9	5882,0	5883,1	1,08
735	5884,2	5885,3	5886,4	5887,5	5888,6	5889,6	5890,7	5891,8	5892,9	5894,0	1,09
736	5895,1	5896,2	5897,3	5898,3	5899,4	5900,5	5901,6	5902,7	5903,7	5904,8	1,08
737	5905,9	5907,0	5908,1	5909,1	5910,2	5911,3	5912,4	5913,5	5914,5	5915,6	1,08
738	5916,7	5917,8	5918,9	5919,9	5921,0	5922,1	5923,2	5924,3	5925,3	5926,4	1,08

Millimètres.	MÈTRES.	DIXIÈMES DE				MILLIMÈTRES.					DIFFÉRENCE
		0,1	0,2	0,3	0,4	0,5	0,6	0,7	0,8	0,9	
739	5927,5	5928,6	5929,6	5930,7	5931,8	5932,8	5933,9	5935,0	5936,1	5937,1	1,07
740	5938,2	5939,3	5940,4	5941,4	5942,5	5943,6	5944,7	5945,8	5946,8	5947,9	1,08
741	5949,0	5950,1	5951,1	5952,2	5953,3	5954,3	5955,4	5956,5	5957,6	5958,6	1,07
742	5959,7	5960,8	5961,8	5962,9	5964,0	5965,0	5966,1	5967,2	5968,3	5969,3	1,07
743	5970,4	5971,5	5972,6	5973,6	5974,7	5975,8	5976,9	5978,0	5979,0	5980,1	1,08
744	5981,2	5982,3	5983,3	5984,4	5985,5	5986,5	5987,6	5988,7	5989,8	5990,8	1,07
745	5991,9	5993,0	5994,0	5995,1	6996,1	5997,2	5998,3	5999,3	6000,4	6001,4	1,06
746	6002,5	6003,6	6004,6	6005,7	6006,8	6007,8	6008,9	6010,0	6011,1	6012,1	1,07
747	6013,2	6014,3	6015,3	6016,4	6017,4	6018,5	6019,6	6020,6	6021,7	6022,7	1,06
748	6023,8	6024,9	6025,9	6027,0	6028,0	6029,1	6030,2	6031,2	6032,3	6033,3	1,06
749	6034,4	6035,5	6036,5	6037,6	6038,7	6039,7	6040,8	6041,9	6043,0	6044,0	1,07
750	6045,1	6046,2	6047,2	6048,3	6049,3	6050,4	6051,5	6052,5	6053,6	6054,6	1,06
751	6055,7	6056,8	6057,8	6058,9	6059,9	6061,0	6062,1	6063,1	6064,2	6065,2	1,06
752	6066,3	6067,4	6068,4	6069,5	6070,5	6071,6	6072,7	6073,7	6074,8	6075,8	1,06
753	6076,9	6078,0	6079,0	6080,1	6081,1	6082,2	6083,3	6084,3	6085,4	6086,4	1,06
754	6087,5	6088,5	6089,6	6090,6	6091,7	6092,7	6093,8	6094,8	6095,9	6096,9	1,05
755	6098,0	6099,1	6100,1	6101,2	6102,2	6103,3	6104,4	6105,4	6106,5	6107,5	1,06
756	6108,6	6109,6	6110,7	6111,7	6112,8	6113,8	6114,9	6115,9	6117,0	6118,0	1,05
757	6119,1	6120,1	6121,2	6122,2	6123,3	6124,3	6125,4	6126,4	6127,5	6128,5	1,05
758	6129,6	6130,6	6131,7	6132,7	6133,8	6134,8	6135,9	6136,9	6138,0	6139,0	1,05
759	6140,1	6141,1	6142,2	6143,2	6144,3	6145,3	6146,4	6147,4	6148,5	6149,5	1,05
760	6150,6	6151,6	6152,7	6153,7	6154,8	6155,8	6156,9	6157,9	6159,0	6160,0	1,05
761	6161,1	6162,1	6163,2	6164,2	6165,3	6166,3	6167,3	6168,4	6169,4	6170,5	1,04
762	6171,5	6172,5	6173,6	6174,6	6175,7	6176,7	6177,8	6178,8	6179,9	6180,9	1,05
763	6182,0	6183,0	6184,1	6185,1	6186,2	6187,2	6188,2	6189,3	6190,3	6191,4	1,04
764	6192,4	6193,4	6194,5	6195,5	6196,6	6197,6	6198,6	6199,7	6200,7	6201,8	1,04
765	6202,8	6203,8	6204,9	6205,9	6207,0	6208,0	6209,0	6210,1	6211,1	6212,2	1,04
766	6213,2	6214,2	6215,3	6216,3	6217,4	6218,4	6219,4	6220,5	6221,1	6222,6	1,04
767	6223,6	6224,6	6225,7	6226,7	6227,8	6228,8	6229,8	6230,9	6231,9	6233,0	1,04
768	6234,0	6235,0	6236,1	6237,1	6238,2	6239,2	6240,2	6241,3	6242,3	6243,4	1,04
769	6244,4	6245,4	6246,5	6247,5	6248,5	6249,5	6250,6	6259,6	6252,6	6253,7	1,03
770	6254,7	6255,7	6256,8	6257,8	6258,8	6259,8	6260,9	6261,9	6262,9	6264,0	1,03
771	6265,0	6266,0	6267,1	6268,1	6269,2	6270,2	6271,2	6272,3	6273,3	6274,4	1,04
772	6275,4	6276,4	6277,5	6278,5	6279,5	6280,5	6281,6	6282,6	6283,6	6284,7	1,03
773	6285,7	6286,7	6287,8	6288,8	6289,8	6290,8	6291,9	6292,9	6293,9	6294,0	1,03

Millimètres.	MÈTRES.	DIXIÈMES DE MILLIMÈTRES.									DIFFÉRENCE.
		0,1	0,2	0,3	0,4	0,5	0,6	0,7	0,8	0,9	
774	6296,0	6297,0	6298,0	6299,1	6300,1	6301,1	6302,1	6303,1	6304,2	6305,2	1,02
775	6306,2	6307,2	6308,3	6309,3	6310,3	6311,3	6312,4	6313,4	6314,4	6315,5	1,03
776	6316,5	6317,5	6318,5	6319,6	6320,6	6321,6	6322,6	6323,6	6324,7	6325,7	1,02
777	6326,7	6327,7	6328,8	6329,8	6330,8	6331,8	6332,9	6333,9	6334,9	6336,0	1,03
778	6337,0	6338,0	6339,0	6340,1	6341,1	6342,1	6343,1	6344,1	6345,2	6346,2	1,02
779	6347,2	6348,2	6349,2	6350,3	6351,3	6352,3	6353,3	6354,3	6355,4	6356,4	1,02
780	6357,4	6358,4	6359,4	6360,5	6361,5	6362,5	6363,5	6364,5	6365,6	6366,6	1,02
781	6367,6	6368,6	6369,6	6370,7	6371,7	6372,7	6373,7	6374,7	6375,8	6376,8	1,02
782	6377,8	6378,8	6379,8	6380,9	6381,9	6382,9	6383,9	6384,9	6386,0	6387,0	1,02
783	6388,0	6389,0	6390,0	6391,1	6392,1	6393,1	6394,1	6395,1	6396,2	6397,2	1,02
784	6398,2	6399,2	6400,2	6401,2	6402,2	6403,2	6404,3	6405,3	6406,3	6407,3	1,01
785	6408,3	6409,3	6410,3	6411,4	6412,4	6413,4	6414,4	6415,4	6416,5	6417,5	1,02
786	6418,5	6419,5	6420,5	6421,5	6422,5	6423,5	6424,6	6425,6	6426,6	6427,6	1,01
787	6428,6	6429,6	6430,6	6431,6	6432,6	6433,6	6434,7	6435,7	6436,7	6437,7	1,01
788	6438,7	6439,7	6440,7	6441,7	6442,7	6443,7	6448,8	6445,8	6446,8	6447,8	1,01
789	6448,8	6449,8	6450,8	6451,8	6452,8	6453,8	6454,9	6455,9	6456,9	6457,9	1,01
790	6458,9	6459,9	6460,9	6461,9	6462,9	6463,9	6465,0	6466,0	6467,0	6468,0	1,01

TABLE N° 2

Argument T — T'

THERMOMÈTRE CENTIGRADE DU BAROMÈTRE.

O.	M.	O.	M.	O.	M.	O.	M.
0,2	0,3	5,2	7,6	10,2	15,0	15,2	22,4
0,4	0,6	5,4	7,9	10,4	15,3	15,4	22,7
0,6	0,9	5,6	8,2	10,6	15,6	15,6	22,9
0,8	1,2	5,8	8,5	10,8	15,9	15,8	23,2
1,0	1,5	6,0	8,8	11,0	16,2	16,0	23,5
1,2	1,8	6,2	9,1	11,2	16,5	16,2	23,8
1,4	2,1	6,4	9,4	11,4	16,8	16,4	24,1
1,6	2,3	6,6	9,7	11,6	17,1	16,6	24,4
1,8	2,6	6,8	10,0	11,8	17,4	16,8	24,7
2,0	2,9	7,0	10,3	12,0	17,6	17,0	25,0
2,2	3,2	7,2	10,6	12,2	17,9	17,2	25,3
2,4	3,5	7,4	10,9	12,4	18,2	17,4	25,6
2,6	3,8	7,6	11,2	12,6	18,5	17,6	25,9
2,8	4,1	7,8	11,5	12,8	18,8	17,8	26,2
3,0	4,4	8,0	11,8	13,0	19,1	18,0	26,5
3,2	4,7	8,2	12,1	13,2	19,4	18,2	26,8
3,4	5,0	8,4	12,4	13,4	19,7	18,4	27,1
3,6	5,3	8,6	12,6	13,6	20,0	18,6	27,4
3,8	5,6	8,8	12,9	13,8	20,3	18,8	27,7
4,0	5,9	9,0	13,2	14,0	20,6	19,0	28,0
4,2	6,2	9,2	13,5	14,2	20,9	19,2	28,2
4,4	6,5	9,4	13,8	14,4	21,2	19,4	28,5
4,6	6,8	9,6	14,1	14,6	21,5	19,6	28,8
4,8	7,1	9,8	14,4	14,8	21,8	19,8	29,1
5,0	7,4	10,0	14,7	15,0	22,1		

TABLE N° 3

Arguments. Latitude sexagésimale du lieu et hauteur approchée.

(Correction toujours additive).

Hauteur approchée.	40°	45°	50°
200	0m,6	0m,6	0m,6
400	1 ,4	1 ,2	1 ,0
600	2 ,0	1 ,8	1 ,6
800	2 ,8	2 ,4	2 ,0
1000	3 ,4	3 ,1	2 ,6
1200	4 ,2	3 ,6	3 ,1
1400	4 ,8	4 ,2	3 ,6
1600	5 ,6	4 ,8	4 ,1
1800	6 ,3	5 ,4	4 ,6
2000	7 ,0	6 ,0	5 ,1
2200	7 ,6	6 ,6	5 ,6
2400	8 ,4	7 ,2	6 ,1
2600	9 ,2	8 ,0	6 ,8
2800	10 ,0	8 ,8	7 ,4
3000	10 ,8	9 ,4	8 ,0
3200	11 ,5	10 ,1	8 ,6
3400	12 ,4	10 ,9	9 ,2
3600	13 ,4	11 ,6	9 ,8
3800	14 ,3	12 ,4	10 ,5
4000	15 ,1	13 ,1	11 ,2
4200	15 ,9	14 ,0	12 ,0
4400	16 ,9	15 ,0	12 ,9
4600	18 ,0	15 ,9	13 ,6
4800	19 ,0	16 ,7	14 ,3
5000	19 ,9	17 ,4	15 ,0
5200	20 ,8	18 ,2	15 ,7
5400	21 ,7	19 ,1	16 ,4
5600	22 ,6	19 ,9	17 ,2
5800	23 ,6	20 ,7	17 ,8
6000	24 ,6	21 ,5	18 ,5

FIN

de la première partie.

TABLE DES MATIÈRES

PREMIÈRE PARTIE.

CONSTITUTION PHYSIQUE.

CHAPITRE I.

Pages.

CHAPITRE II.

CHAPITRE III.

FIN DE LA TABLE DES MATIÈRES.

Nimes. — Typ. Clavel-Ballivet, rue Pradier, 12.

www.ingramcontent.com/pod-product-compliance
Ingram Content Group UK Ltd.
Pitfield, Milton Keynes, MK11 3LW, UK
UKHW012204240726
13966UKWH00002B/572

9 782012 877337